Hartmut Grabinski

Theorie und Simulation von Leitbahnen

Signalverhalten auf Leitungssystemen
in der Mikroelektronik

Mit 86 Abbildungen

Springer-Verlag
Berlin Heidelberg NewYork
London Paris Tokyo
Hong Kong Barcelona Budapest

Dr.-Ing. Hartmut Grabinski
Laboratorium für Informationstechnologie
Universität Hannover
Schneiderberg 32
W-3000 Hannover 1

ISBN-13: 978-3-540-53957-5   e-ISBN-13: 978-3-642-47599-3
DOI: 10.1007/978-3-642-47599-3

Satz: Reproduktionsfertige Vorlage vom Autor

68/3020-543210 Gedruckt auf säurefreiem Papier

Vorwort

Die Berücksichtigung von Leitungseinflüssen auf das Signalverhalten in nachrichtentechnischen Systemen gewinnt mit der in den letzten Jahren in großem Umfange stattfindenden Verbreitung integrierter (und dabei weitgehend digitaler) Schaltungstechnik eine neue Dimension. Genügte es vorher, sich hinsichtlich der Betrachtung von Leitungseinflüssen bestenfalls nur auf Verbindungsleitungen *zwischen* einzelnen nachrichtentechnischen Geräten zu konzentrieren, so stellt sich bei zunehmender Signalverarbeitungsgeschwindigkeit und gleichzeitig wachsender Integrationsdichte elektronischer Schaltungen die Frage, welche Einflüsse denn die Leitbahnen *innerhalb* einzelner Schaltungen und Module auf das Signalverhalten ausüben und inwieweit diese Einflüsse bereits beim Schaltungsentwurf zu berücksichtigen sind. Eine entsprechende Entwicklung spiegelt sich auch in der hierüber verfügbaren Literatur wider: zwar existiert eine große Anzahl von Büchern über Leitungstheorie, aber die gerade im Zusammenhang mit der Behandlung von Leitbahnen auf integrierten Schaltungen, Boards sowie weiterer Trägersubstraten auftretenden spezifischen Probleme wurden bisher, wenn überhaupt, nahezu ausschließlich in Spezialaufsätzen angesprochen. Mit dem vorliegenden Buch wird versucht, diese Lücke zu schließen.

Zwei Schwierigkeiten stehen bei der Behandlung von Leitungseinflüssen in analogen aber insbesondere in digitalen Schaltungen im Vordergrund. Erstens verfügt der einzelne Schaltungsdesigner i.a. noch über zu geringe Erfahrungen auf dem insbesondere im Zusammenhang mit der Signalausbreitung auf Leitbahnen wichtigen Gebiet der Elektrodynamik. Dies führt dazu, daß die simulationstechnische Erfassung von Leitungseinflüssen oft auf recht heuristische Weise erfolgt und insbesondere keine sicheren Kenntnisse darüber bestehen, ob die dabei getroffenen Maßnahmen die Realität tatsächlich hinreichend gut beschreiben. Die zweite Schwierigkeit besteht darin, daß, selbst wenn hinreichend detaillierte Kenntnisse über die elektrodynamischen Vorgänge auf Leitbahnen vorhanden sind, über die unterschiedlichen Simulationstechniken gerade für große Leitungssysteme meist nur wenig bekannt ist. Das ist umso schwerwiegender, als daß die Schaltungssimulation wesentlicher Bestandteil beim Design integrierter Schaltungen ist.

Dieses Buch besteht im wesentlichen aus den beiden Teilen "Theorie der Leitbahnen" und "Simulation des Signalverhaltens". Im ersten Teil wird die Theorie der Wellenausbreitung auf Verbindungsleitungen ausführlich beschrieben, wobei die Ergebnisse der theoretischen Betrachtungen von vornherein so dargestellt sind, daß sie später unmittelbar für die Simulation verwendbar sind. So erfolgt etwa die Behandlung der Leitungen im Gegensatz zu den üblichen Darstellungen nahezu vollständig im Zeitbereich[*). Dies ist deshalb notwendig, weil die Schaltungssimulation aufgrund der hierbei zu berücksichtigenden nichtlinearen Bauelemente typischerweise ebenfalls im Zeitbereich erfolgen muß. Neben einer Vorbereitung zum besseren Verständnis der später behandelten Simulationstechniken ist es das Ziel der theoretischen Betrachtungen, dem Leser das benötigte Grundwissen über die elektrodynamischen Vorgänge auf Leitbahnen zu vermitteln, ohne daß hierzu das Studium einer größeren Anzahl von Büchern und Fachaufsätzen nötig ist. Damit soll der Leser in die Lage versetzt werden, bekannte Verfahren zur Leitungssimulation beurteilen und eigene, auf den speziellen Anwendungsfall zugeschnittene Simulationsverfahren entwickeln zu können, ohne daß Unsicherheiten hinsichtlich der Wirksamkeit und der Grenzen der ergriffenen Maßnahmen auftreten.

Im zweiten Teil werden die wesentlichsten Simulationsverfahren vorgestellt und vergleichend diskutiert. Auch hier wird der Behandlung im Zeitbereich eine besondere Bedeutung beigemessen, und es werden entsprechende Verfahren im Detail entwickelt. Dabei wurde für die normalerweise recht aufwendige mathematische Beschreibung verlustbehafteter Leitungssysteme im Zeitbereich ein neuer Multiplikationsoperator derart definiert, daß die Beschreibung von Leitungs*systemen* völlig analog und damit genauso einfach wie die Beschreibung von *Einzel*leitungen erfolgen kann. Mit Hilfe der Ausführungen im zweiten Teil dieses Buches soll der Leser befähigt werden, auf einfache Weise und innerhalb kurzer Zeit sehr effizient arbeitende Programme zur Leitungssimulation zu entwickeln, die den in der Praxis typischerweise recht unterschiedlichen Anforderungen jeweils entsprechen.

[*)Ausnahmen bilden lediglich die Betrachtungen zum Skin-Effekt sowie die Untersuchungen über die Einflüsse des Substrats auf die Wellenausbreitung und die Leitungskopplung.

Das vorliegende Buch wendet sich in erster Linie an im Bereich des Schaltungsdesigns arbeitende Ingenieure und Physiker sowie ebenfalls an Studierende wissenschaftlicher Hochschulen und Fachhochschulen, die sich mit der Theorie und/oder Simulation von Leitbahnen beschäftigen wollen. An Kenntnissen wird hierbei lediglich ein allgemeines Grundwissen über Maxwellsche Theorie sowie über Vektoranalysis und Matrizenrechnung vorausgesetzt, wie es üblicherweise im Rahmen eines Studiums der Elektrotechnik oder der Physik an wissenschaftlichen Hochschulen erworben wird. Darüberhinausgehende Kenntnisse (etwa auf dem Gebiet der linearen Algebra) werden jeweils dort vermittelt, wo sie benötigt werden. Zusammenhänge, die dem Lernenden erfahrungsgemäß Schwierigkeiten bereiten, werden durch Beispiele illustriert, die in Form von Aufgabenstellungen zusammen mit ausführlichen Lösungen formuliert sind. Die Beispiele sind als integraler Bestandteil des Buches konzipiert und sollten möglichst mit bearbeitet werden. Sie wurden derart gewählt, daß sie alle typischerweise auftretenden Probleme weitgehend berücksichtigen.

Mein besonderer Dank gilt meinem akademischen Lehrer, Herrn Professor Dr.-Ing. Joachim Mucha, dem ich nicht nur die Anregung zu diesem Buch verdanke, sondern der auch insbesondere durch manche wertvolle Diskussion und viele Hinweise zur Erstellung dieses Buches beigetragen hat.

Ebenfalls danken möchte ich Herrn Dipl.-Ing. Klaus-Peter Dyck, der die meisten der in diesem Buch behandelten Simulationen durchgeführt hat, sowie Herrn Dipl.-Ing. Stefan Zaage für die Durchführung von Messungen, deren Ergebnisse hier ebenfalls wiedergegeben sind. Weiterhin gilt mein Dank den Mitarbeitern des Springer-Verlages für die angenehme Zusammenarbeit. Danken möchte ich außerdem meinem Freund und Kollegen Herrn Dr.-Ing. Michael J. Ohletz für seine stete Bereitschaft, einzelne Kapitel kritisch durchzusehen und zu diskutieren. Last but not least danke ich noch meiner Frau Marion sowie meinen Kindern André und Daniela für ihr Verständnis und ihre oft strapazierte Geduld.

Hildesheim, im Dezember 1990

Hartmut Grabinski

Inhaltsverzeichnis

1 Einleitung

Die Verarbeitung von Signalen und die Signalübertragung sind von jeher miteinander verkoppelt: das eine ist ohne das andere nicht sinnvoll. Beides zusammen bildet ein nachrichtentechnisches System, wobei die Beschreibung derartiger Systeme zunächst abstrakt, d.h. rein mathematisch, erfolgen kann. Der Bezug zur Physik wird im wesentlichen bei der *Realisierung* nachrichtentechnischer Systeme hergestellt. Wenngleich dies auf unterschiedlichste Art erfolgen kann, so dominiert eindeutig die elektrotechnische Realisierung, d.h. die Ausnutzung elektrischer Erscheinungen zur Erreichung der in der Nachrichtentechnik gewünschten Ziele [1]. Der Grund hierfür liegt bekanntlich darin, daß die im Bereich der Elektrotechnik auftretenden physikalischen Erscheinungen vorwiegend gerade jene Eigenschaften aufweisen, die bei der Realisierung moderner nachrichtentechnischer Systeme den an sie gestellten Anforderungen besonders gut genügen. Zu nennen sind dabei im wesentlichen die hohe Arbeitsgeschwindigkeit elektronischer Bauelemente, die hohe Übertragungsgeschwindigkeit elektrischer Signale auf Leitungen und die Möglichkeit der schnellen Signalübertragung durch den freien Raum. Als weitere wichtige Punkte kommen die heutzutage erzielbare hohe Integrationsdichte elektronischer Schaltungen sowie deren relativ kostengünstige Herstellung hinzu.

Die Eignung elektronischer Schaltungen zur Realisierung nachrichtentechnischer Systeme ist so gut, daß es lange Zeit nicht oder kaum notwendig war, bei der Lösung nachrichtentechnischer Probleme die im Rahmen der elektrotechnischen Realisierung auftretenden physikalischen Effekte in besonderer Weise zu berücksichtigen. Vielmehr konnte die oben erwähnte abstrakte Systembeschreibung ohne größere Schwierigkeiten *direkt* auf die realen Systeme übertragen werden. Mit wachsenden Anforderungen an die moderne Nachrichtentechnik zeigte sich aber bald, daß speziell das *dynamische* Verhalten elektrischer bzw.

elektronischer Schaltungen schon bei der Konzeption nachrichtentechnischer Systeme sehr frühzeitig Berücksichtigung finden mußte und muß[1]. Hierfür ist es notwendig, zunächst besonders zeitkritische Schaltungsteile auf ihr dynamisches Verhalten hin zu untersuchen. Solche Teile können z.B. einzelne Transistoren sein, und tatsächlich bemüht man sich seit Jahrzehnten erfolgreich, die Transistorschaltzeiten durch konstruktive Maßnahmen wie auch durch Einsatz spezieller Materialien mehr und mehr zu verkürzen.

Ebenfalls Einfluß auf die Schaltungsdynamik haben aber nicht nur die aktiven, sondern auch die passiven Elemente. Eine besondere Rolle spielen hierbei die Verbindungsleitungen zwischen den aktiven Elementen bzw. den einzelnen Systemkomponenten: während alle übrigen passiven wie die aktiven Schaltungselemente im wesentlichen der Signal*verarbeitung* dienen und entsprechend der gewünschten Funktion bewußt vom Schaltungsentwickler eingesetzt und (im Rahmen der jeweiligen technischen Möglichkeiten) dimensioniert werden können, dienen die Leitungen i.a. der Signal*übertragung*, bilden also Schaltungselemente, die zwar notwendig, aber nicht unbedingt erwünscht sind. Insbesondere weisen derartige Leitungen aufgrund der nicht beliebigen Plazierung der mit ihrer Hilfe verbundenen Bauelemente bzw. Systemkomponenten eine Mindestlänge auf, die vom Schaltungsdesigner nicht unterschritten werden kann.

Die Art der Leitungseinflüsse auf die Schaltungsdynamik hängt wesentlich vom Einsatz der Leitungen ab. So ist es sinnvoll, zwischen Leitungen auf speziellen, i.a. *keine* aktiven Bauelemente enthaltenden Trägersubstraten (z.B. Leiterplatten = Boards) und Leitungen auf hochintegrierten Schaltungen (Chips) zu unterscheiden[2]: zwar kann die theoretische Behandlung beider Leitertypen einheitlich erfolgen, aufgrund unterschiedlicher Geometrien und Materialien machen sich auftretende Effekte aber verschieden stark bemerkbar.

---

[1]Dies gilt nicht allein für das dynamische, sondern auch für das thermische Verhalten sowie die Berücksichtigung des technologisch Machbaren. Geht man aber davon aus, daß es gelingt, z.B. die erwünschte Komplexität einer Schaltung technologisch zu realisieren sowie durch geeignete Maßnahmen eine Schaltung im thermischen Gleichgewicht zu halten, so bleibt allein die Berücksichtigung des dynamischen Verhaltens.

[2]Zusätzlich könnten noch freie Verbindungsleitungen, d.h. Kabelverbindungen zwischen unterschiedlichen Systemen, betrachtet werden. Bei diesen Verbindungsleitungen wird es aber i.a. möglich sein, durch geeignete Maßnahmen (Abschirmung, Einbau spezieller Treiberverstärker etc.) die Einflüsse dieser Leitungen auf die Schaltungsdynamik auf die reinen Laufzeiteffekte zu beschränken, so daß derartige Leitungen oder Leitungssysteme hier nicht speziell angesprochen werden müssen.

Während sich die Leitungseinflüsse beispielsweise bei schnellen Großrechnern schon recht frühzeitig durch störende Reflexionen und Laufzeiteffekte auf den Verbindungsleitungen zwischen einzelnen Systemkomponenten bemerkbar machten, spielten diese Effekte z.B. auf den Leiterplatten nur eine untergeordnete und auf den Chips scheinbar gar keine Rolle. Mit steigender Integrationsdichte und wachsender Arbeitsgeschwindigkeit moderner integrierter Schaltungen zeigt es sich aber, daß das dynamische Verhalten (und damit letztlich die Leistungsfähigkeit (Performance)) sowohl einzelner Schaltungen wie auch von Systemen solcher Schaltungen durch die Leitungen auf den Chips und auf den sonstigen Trägersubstraten stark beeinflußt und zum Teil sogar dominiert wird. Dies ist insofern nicht verwunderlich, als die für die Chipverdrahtung aufgewandte Fläche bereits heute von gleicher Größenordnung ist, wie die von den aktiven Elementen beanspruchte Fläche (siehe auch Abschn. 2.1), mithin die Leitungslängen außerordentlich groß werden.

Der Versuch, Leitungseinflüsse bereits beim Schaltungsdesign oder zumindest bei der Schaltungssimulation zu berücksichtigen, ist nur sehr bedingt erfolgreich. Beim Schaltungsdesign ist man auf die (negativen) Erfahrungen des Designers angewiesen, da bisher hierfür keine allgemeingültigen Entwurfsregeln existieren; bei der Schaltungssimulation mangelt es an geeigneten, alle zu berücksichtigenden Leitungseffekte beschreibenden Modellen.

In den folgenden Kapiteln sollen deshalb neben einer systematischen Behandlung der Theorie des Signalverhaltens auf Verbindungsleitungen für unterschiedliche Substratmaterialien insbesondere ausführliche Betrachtungen zur Rechnersimulation dieses Signalverhaltens stattfinden. Hierzu werden in Kapitel 2 die im Zusammenhang mit Leitungen und Leitungssystemen auftretenden und die Schaltungsdynamik beeinflussenden *physikalischen* Effekte erläutert. Des weiteren werden die unterschiedlichen Abstraktionsebenen der mathematisch-physikalischen Schaltungsbeschreibung miteinander verglichen und bezüglich der Leitungsbeschreibung diskutiert. Abschließend findet ein Vergleich der im Bereich der Nachrichtentechnik sowohl auf Boards (stellvertretend für inaktive Trägersubstrate) wie auch auf Chips verwendeten Leitbahnen mit den aus der Hochfrequenztechnik bekannten Streifenleitungen (Microstrips) statt. Kapitel 3 behandelt in ausführlicher Form die *Theorie der Leitbahnen* sowohl für Einzelleitungen wie auch für Leitungssysteme (elektrisch und magnetisch gekoppelte Leitungen) beliebiger Größe. Hierbei wird besonders Bezug auf die in Kapitel 2 erörterten Formen der Schaltungsbeschreibung genommen. Weiterhin werden

die Einflüsse der Substrate auf die Wellenausbreitung qualitativ und auch quantitativ diskutiert und hieraus schließlich Netzwerkmodelle für Leitungen entwickelt. Die *Simulation des
Signalverhaltens* auf Einzelleitungen und Leitungssystemen behandelt Kapitel 4 in detaillierter Form. Dabei wird im ersten Teil des Kapitels (bis einschließlich Abschn. 4.5) die
Einzelleitung bzw. das Leitungssystem zunächst als *Einzelelement*, also noch nicht innerhalb der im Bereich der Nachrichtentechnik typischerweise vorkommenden großen und i.a.
viele Leitungssysteme enthaltenden Schaltungen, betrachtet. In Abschn. 4.6 wird ein Ausblick auf Verfahren gegeben, die geeignet sind, das Verhalten einer großen Anzahl von
Leitungssystemen in großintegrierten Schaltungen zu beschreiben. Anhand von Beispielen
werden Simulationsverfahren erörtert und miteinander verglichen, die zum einen im Frequenzbereich, zum anderen im Zeitbereich arbeiten. Schließlich wird ein spezieller Algorithmus vorgestellt, der es gestattet, große verlustbehaftete Leitungssysteme auf besonders
einfache Weise im Zeitbereich zu behandeln. Aufbauend auf diesem Algorithmus erfolgt
die Entwicklung eines speziellen Simulators, mit dessen Hilfe verlustbehaftete Leitungssysteme innerhalb einer nichtlinearen Schaltungsumgebung simuliert werden können. Kapitel 5 geht auf *spezielle Leitungsgeometrien* wie Leitungsknicke, sich kreuzende Leitungssysteme etc. und sonstiger Inhomogenitäten ein. Die Behandlung von *Skin- und Proximityeffekten* erfolgt schließlich in Kapitel 6, wobei die Simulation sowohl im Frequenz- wie
auch im Zeitbereich behandelt wird.

2 Verbindungsleitungen in nachrichtentechnischen Systemen

Um die Leistungsfähigkeit (Performance) elektronischer Schaltungen weiter zu steigern, ist man bemüht, sowohl deren Integrationsdichte wie auch die maximale Arbeitsgeschwindigkeit zu erhöhen. Hinzu kommen Trends zu Systemlösungen in Silizium, d.h. komplette Systeme finden auf einem einzigen Wafer Platz (Wafer Scale Integration = WSI). Wie bereits in Kapitel 1 angedeutet führen diese Maßnahmen zu einem Anwachsen sowohl der Anzahl der Verbindungsleitungen wie auch der Leitungslängen. Bild 2.1 zeigt am Beispiel von Gate Arrays die Zunahme der für die Verdrahtung benötigten Chipfläche als Funktion der Schaltungsgröße, repräsentiert durch die Anzahl der auf dem Chip befindlichen Gates: während mit zunehmender Schaltungsgröße die für die Kontaktierung benötigte (relative) Fläche (Pad-Fläche) kontinuierlich abnimmt und die inaktive Fläche praktisch verschwindet, wächst die für die Verdrahtung aufzuwendende Fläche stark an. Betrachtet man beispielsweise eine Schaltung

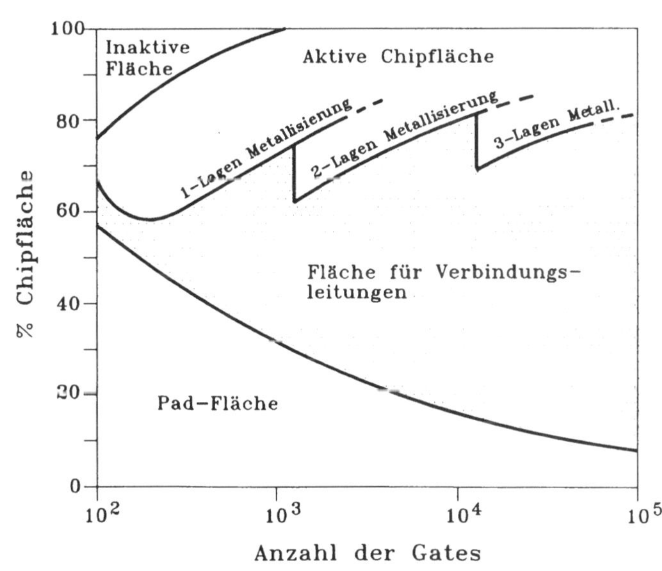

Bild 2.1. Zunahme des für die Verdrahtung aufzuwendenden Chipflächenanteils in Abhängigkeit von der Schaltungsgröße [2]

bestehend aus 2000 Gates, so ergibt sich aus Bild 2.1 ein für aktive Elemente zur Verfügung stehender Chipflächenanteil von 34 % und ein für die Verdrahtung aufzuwendender Flächenanteil von 40 % unter Zugrundelegung zweier Metallisierungsebenen. Steht nur *eine* Verdrahtungsebene zur Verfügung, so werden für die Verdrahtung bereits 52 % der Fläche benötigt, während für die aktiven Elemente nur noch 22 % der Gesamtfläche zur Verfügung stehen. Hieraus ist im übrigen sehr gut erkennbar, daß bei größeren Schaltungen in jedem Fall mehrere Verdrahtungsebenen benötigt werden. Im Zusammenhang mit dem oben erwähnten Bestreben nach Strukturverkleinerung und Arbeitsgeschwindigkeitserhöhung bedeutet dies, daß mit einem starken Einfluß des Leitungssignalverhaltens auf die Dynamik und damit die Performance der Gesamtschaltung zu rechnen ist. Um diesen Einfluß quantitativ zu erfassen (und damit schließlich z.B. zu geeigneten Entwurfsregeln bezüglich des Designs von Leitungssystemen zu gelangen), ist es einerseits notwendig, die verantwortlichen physikalischen Effekte zu kennen und andererseits geeignete mathematische Beschreibungsformen zu wählen.

2.1 Leitungseinflüsse und Notwendigkeit der nichtquasistationären Betrachtungsweise

Von Leitungen ist allgemein bekannt, daß folgende Effekte mehr oder weniger stark auftreten können [3 - 6]:

- Laufzeit,

- Dispersion,

- Reflexion,

- elektromagnetische Kopplung und

- Abstrahlung.

Hierbei sollen unter *Laufzeit* jene Effekte zusammengefaßt werden, die aus der endlichen Wirkungsausbreitungsgeschwindigkeit resultieren. Unter Wirkungsausbreitungsgeschwindigkeit versteht man die Geschwindigkeit, mit der beliebige (klassische[3]) physikalische

---

[3]Unter klassischer Physik werden i.a. jene physikalischen Effekte zusammengefaßt, zu deren Beschreibung keine quantenmechanischen Methoden herangezogen werden müssen. Inwieweit im Bereich der Quantenmechanik von Fernwirkungen ausgegangen werden muß, die nicht durch endliche (aber natürlich auch nicht durch unendliche) Wirkungsausbreitungsgeschwindigkeiten erklärbar sind, ist für die hier durchgeführten Betrachtungen irrelevant. Der interessierte Leser sei hierzu auf z.B. [7-9] verwiesen.

Ereignisse an einem anderen Ort als dem ihres Geschehens eine Wirkung hervorrufen. Die maximale Wirkungsausbreitungsgeschwindigkeit ist bekanntlich die Vakuumlichtgeschwindigkeit.

Dispersion tritt stets auf, wenn die Phasengeschwindigkeit monochromatischer Signale, also von Signalen einer *einzigen* Frequenz, von dieser Frequenz abhängig ist. Bei *beliebigen* Signalen führt dies dann zu (i.a. unerwünschten) Verzerrungen der Signalform, weil unterschiedliche Anteile des Signals zu unterschiedlichen Zeiten den Empfänger erreichen.

Reflexion tritt an Leitungsdiskontinuitäten auf, also an Stellen, an denen der Wellenwiderstand z.B. infolge von Änderungen der Leitungsgeometrie seinen Wert ändert: die sich ausbreitende Welle teilt sich dort in eine durchgehende Welle, welche dieselbe Ausbreitungsrichtung wie die ursprüngliche Welle hat, und in eine reflektierte Welle mit entgegengesetzter Ausbreitungsrichtung. Die reflektierte (und natürlich auch die durchgehende) Welle kann ihrerseits wieder reflektiert werden (z.B. am Leitungsanfang), was u.U. letztlich zu z.B. unerwünschtem Mehrfachschalten bei Digitalschaltungen führen kann.

Die *elektromagnetische Kopplung* zwischen den Leitungen bewirkt, daß Signale sowohl auf elektrischem wie auch auf magnetischem Wege in benachbarte Leitungen eingekoppelt werden können. Dies gilt letztlich auch für die Signaleinkopplung durch Fremdfelder. Der Effekt der Kopplung ist umso stärker, je enger die Leitungen benachbart sind und je schneller sich die Signale zeitlich ändern.

In Bild 2.2 sind die unmittelbaren Auswirkungen der bisher beschriebenen physikalischen Effekte für Digitalschaltungen dargestellt. Eine eingehende Erläuterung spezieller Auswirkungen (z.B. der Kopplung auf auf die Signalverzögerung = Delay) wird in den folgenden Kapiteln gegeben.

Sind die Schaltzeiten sehr kurz, enthält das Signalspektrum also sehr hochfrequente Anteile nicht mehr zu vernachlässigender Energiedichten, so kann es zu einer merklichen *Abstrahlung* elektromagnetischer Wellen kommen, wobei die Leitungen wie Antennen wirken. Die

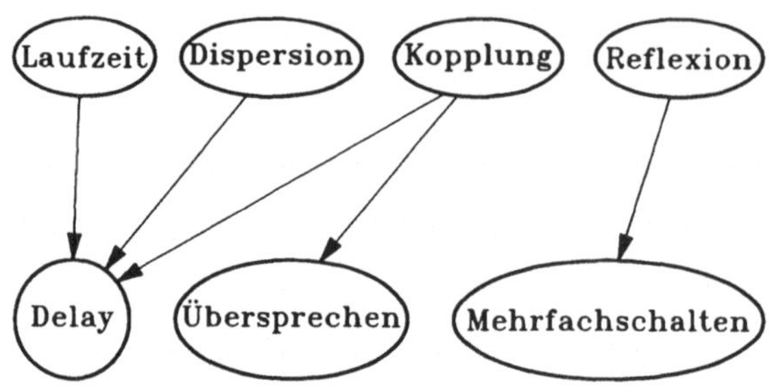

Bild 2.2. Auswirkungen der auftretenden Effekte in Digitalschaltungen

dabei abgestrahlte Energie ist allerdings bei den gegenwärtigen Digitalschaltungen so gering, daß das Verhalten der Schaltung selbst hierdurch praktisch nicht beeinflußt wird. Dies bedeutet aber nicht, daß schnelle Digitalschaltungen keine elektromagnetischen Störungen in entsprechenden Empfangsanlagen hervorrufen können, was allerdings nicht Gegenstand der hier durchzuführenden Betrachtungen sein soll. Mit Ausnahme spezieller Schaltungen der Hoch- und Höchstfrequenztechnik gilt das oben Gesagte auch für die im Bereich der Nachrichtentechnik eingesetzten Analogschaltungen.

Um die Einflüsse der gerade aufgeführten physikalischen Effekte auf die Schaltungsdynamik bestimmen zu können, ist eine mathematische Beschreibung dieser Effekte notwendig. Hierzu soll exemplarisch zunächst eine Leitungskonfiguration betrachtet werden, wie sie auf integrierten Schaltungen typisch ist, in ähnlicher Form aber auch auf anderen Substraten auftritt: Bild 2.3 zeigt den stark vereinfachten Querschnitt einer integrierten Schaltung mit Leitungen[4]. Es ist nun sinnvoll, eine

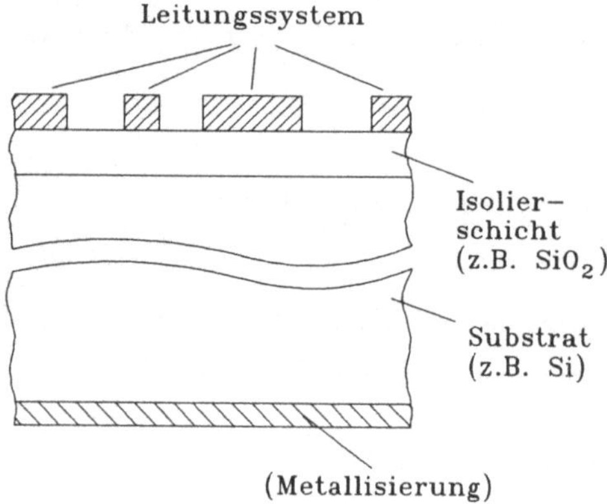

Bild 2.3. Stark vereinfachte Querschnittsdarstellung einer integrierten Schaltung

Klassifizierung der möglichen mathematischen Beschreibungsarten nach der Anzahl der berücksichtigten Dimensionen vorzunehmen, wie im folgenden deutlich wird:

---

[4]Die dargestellte Metallisierung ist nicht generell bei allen integrierten Schaltungen vorhanden (siehe hierzu auch Abschn. 3.2).

Der allgemeinste Fall einer mathematischen Beschreibung besteht im Ansetzen der Maxwellschen Gleichungen und in deren Lösung. Jeder, der einmal versucht hat, auf diese Weise ein Feldproblem zu lösen, erkennt sofort, daß dies selbst unter Berücksichtigung der in Bild 2.3 vorgenommenen Vereinfachungen (Leiter mit Rechteckquerschnitt, fehlende Passivierung etc.) auf ein außerordentlich kompliziertes Randwertproblem führte, und daß kaum Hoffnung besteht, zu einer analytischen Lösung zu gelangen. Es bleibt i.a. nur die Möglichkeit einer numerischen Lösung, und in der Tat wurden solche Berechnungen für sog. Microstrip-Lines (siehe Abschn. 2.2), wenn auch vorwiegend im Frequenzbereich, mit Erfolg durchgeführt [10]. Allerdings beschränkten sich diese Berechnungen auf sehr kleine Leitungssysteme, i.a. auf Einzelleitungen, waren aber in der Regel dennoch mit einem verhältnismäßig großen Aufwand an Rechenzeit verbunden. Erfolgt die Simulation zusätzlich im Zeitbereich[5], müssen insgesamt vier Dimensionen berücksichtigt werden: die drei Dimensionen des Anschauungsraums und die Zeit als vierte Dimension. Dabei wird der Rechenaufwand so groß, daß auf diese Weise eine Rechnersimulation kaum noch in vertretbarem Rahmen möglich ist.

Zu weniger zeitaufwendigen Simulationen gelangt man durch Reduzierung der oben erwähnten vier Dimensionen auf eine geringere Dimensionszahl. Hierauf wird in Abschn. 3.1 im Detail eingegangen. Im Extremfall kommt man dabei, weiterhin Simulation im Zeitbereich vorausgesetzt, auf eine eindimensionale, nämlich rein zeitliche Beschreibung, wobei die drei räumlichen Dimensionen nur noch durch Angabe einer entsprechenden Topologie berücksichtigt werden[6]. Man spricht dann auch von einem sog. Netzwerkmodell. Der Vorteil einer solchen Vorgehensweise ist, daß die so entstandene Schaltung mit Hilfe bekannter Netzwerkanalyseprogramme auf recht einfache Weise in ihrem Verhalten simuliert werden kann. Ein Nachteil besteht darin, daß der aufgrund der Dimensionsreduzierung[7] auftretende Informationsverlust bezüglich des tatsächlichen (physikalischen)

---

[5]Auf die Frage, inwieweit eine Beschreibung im Zeitbereich notwendig ist, wird in Abschn. 2.2 eingegangen.

[6]Von topologischer Struktur oder (kürzer) Topologie spricht man als einer bestimmten Zuordnung, bei welcher Elementen einer Menge im Gegensatz zu metrischen Räumen kein Abstand (bzw. eine Metrik), sondern ein sog. Umgebungssystem zugeordnet wird (wobei jeder metrische Raum zugleich ein spezieller topologischer Raum ist), siehe z.B. [18]. In der Netzwerktheorie bietet sich eine topologische Beschreibung an, wobei diese Beschreibung mit Hilfe der bekannten Kirchhoffschen Gleichungen erfolgt [87].

[7]Mit "Dimensionsreduzierung" wird im folgenden die Reduktion der Anzahl der Dimensionen bezeichnet (und nicht etwa eine Maßstabsänderung).

Leitungssystems so groß sein kann (und es i.a. auch ist), daß durch das erzeugte Netzwerkmodell die Realität nur noch unzureichend beschrieben wird. Besonders deutlich ist dies dadurch zu erkennen, daß die mathematische Beschreibung hierbei durch *gewöhnliche* Differentialgleichungen erfolgt, während die (exakte) vierdimensionale Beschreibung auf *partielle* Differentialgleichungen (speziell: hyperbolische Dgln., d.h. Dgln. vom sog. Wellentyp) führt. Gewöhnliche Dgln. sind aber a priori nicht in der Lage Effekte zu beschreiben, die typisch für Wellenausbreitung sind, wie sie gerade auf Leitungen stattfindet. Speziell Effekte wie Laufzeit und Reflexionen werden hierbei *grundsätzlich* nicht berücksichtigt: die Beschreibung erfolgt vollständig quasistationär, d.h. jedes an einem Netzwerkknoten stattfindende Ereignis (z.B. eine Potentialänderung) teilt sich allen anderen Knoten *sofort* mit, also ohne jede Zeitverzögerung[8].

Eine Verbesserung des gerade geschilderten Verfahrens kann erzielt werden, indem man nachträglich eine "Pseudo-Dimension" derart einführt, daß die die Leitung beschreibenden Netzwerkelemente entsprechend der Leitungslänge einfach kaskadiert werden. Zum Beispiel könnte man versuchen, eine Leitung durch mehrere hintereinandergeschaltete RC-Glieder zu beschreiben. Nachteilig hierbei ist, daß die Simulationsdauer bei Verwendung von Netzwerkanalyseprogrammen sehr stark ansteigt und auch leicht numerische Instabilitäten bei der Simulation auftreten, wie in Abschn. 4.1 noch näher ausgeführt werden wird. Außerdem werden Laufzeiteffekte und Reflexionen natürlich ebenfalls nur näherungsweise berücksichtigt, da die Beschreibung nach wie vor durch Systeme *gewöhnlicher* Differentialgleichungen, also auch hier quasistationär, erfolgt. Dennoch ist dieses Verfahren am weitesten verbreitet, da es die Leitungssimulation mit Hilfe eines gewöhnlichen Netzwerkanalyseprogramms erlaubt.

Unterzieht man die Vorgehensweise beim zuletzt dargestellten Verfahren einer kritischen Analyse, so muß man zu dem Schluß kommen, daß dieses Verfahren zumindest sehr umständlich ist: ausgehend von der ursprünglichen *vier*dimensionalen Beschreibung reduziert man zunächst auf eine *ein*dimensionale Beschreibung, gibt also jede Information über die Leitungsgeometrie preis. Da der Anwender aber weiterhin um die endliche Längenausdehnung der Leitungen weiß, zerlegt er die Leitung in mehrere kurze Stücke, jedes durch ein entsprechendes Netzwerk beschrieben, und bringt auf diese Weise einen Teil der

---

[8]Eine exaktere Definition des Begriffes "quasistationär" wird in Abschn. 3.1 gegeben.

verlorenen Information wieder in die Beschreibung ein, was weiter oben "Einführung einer Pseudo-Dimension" genannt wurde. Ein sehr viel direkterer Weg besteht nun darin, die Dimensionen nicht zunächst von vier auf eins, sondern von vornherein nur auf zwei zu

Tabelle 2.1. Übersicht über die unterschiedlichen Beschreibungsarten

Nr.	Beschreibungsart	Erläuterung
1	4-D Beschreibung	Zeit + 3 räumliche Dimensionen
2	1-D Beschreibung	Zeit + Topologie = Netzwerkmodell
3	1-D Beschreibung + Pseudodimension	Zeit + Topologie + Leitungslänge = Netzwerkmodell mit kaskadierten Leitungen
4	n-D Beschreibung, n < 4	Zeit + "reduzierte" Topologie + (n-1) räumliche Dimensionen

reduzieren, nämlich die Zeitdimension und die Längenausdehnung der Leitung, wobei die übrigen Dimensionen wieder durch eine entsprechende topologische Beschreibung (hier auch "reduzierte Topologie" genannt) berücksichtigt werden. Hierdurch vereinfachen sich die das System beschreibenden Differentialgleichungen ebenfalls erheblich, allerdings sind die Gleichungen noch vom Wellentyp (hyperbolische Differentialgleichungen, mithin partielle Dgln.), so daß die für die Wellenausbreitung typischen Effekte weiterhin Berücksichtigung finden. Die Beschreibung erfolgt hierbei *längs* der Leitung nichtquasistationär, d.h. schnellveränderlich, *quer* zur Ausbreitungsrichtung aber weiterhin quasistationär. In Tabelle 2.1 ist eine Übersicht über die unterschiedlichen Beschreibungsarten gegeben.

Je nach Priorität der Betrachtungsweise (*in* Ausbreitungsrichtung oder *quer* zur Ausbreitungsrichtung) ordnen unterschiedliche Autoren die letzte Beschreibungsart auch unterschiedlich ein: bei J. Fischer [11] gehört sie z.B. zu den "nichtquasistationären Vorgängen" bzw. bei Becker/Sauter [12] und Landau/Lifschitz [14] in den Bereich "elektromagnetische Wellen", während Sommerfeld [16] und Simonyi [15] sie unter "quasi-

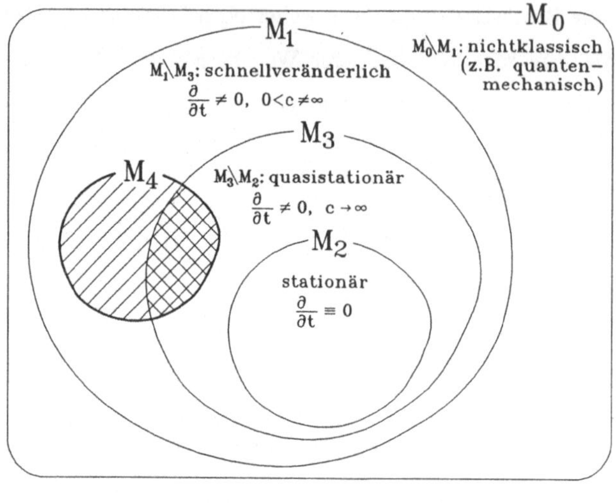

Bild 2.4. Beschreibung elektrodynamischer Vorgänge auf Leitbahnen

stationäre Ströme" bzw. "quasistationäre Vorgänge" einordnen, um nur einige Autoren zu nennen. Zum Teil wird auch gar keine Einteilung vorgenommen. So behandelt Feynman [13] die auf obige Weise beschriebenen Leitungen zwar unter dem Oberbegriff "Wellenleiter", vermeidet aber, im Gegensatz zu den übrigen erwähnten Autoren, die Aufteilung in quasistationär und schnellveränderlich. Da die Beschreibung, wie oben erläutert, tatsächlich sowohl quasistationär wie auch schnellveränderlich erfolgt, müßte man für sie eigentlich eine eigene Kategorie erfinden, vielleicht "schnellveränderlichtransversalquasistationär". Um aber Wortungetüme zu vermeiden, soll, trotz gewisser Bedenken, im folgenden die Bezeichnung "schnellveränderlich", ggf. auch "schnellveränderlich quasistationär" gewählt werden. Zur Verdeutlichung soll die Darstellung in Bild 2.4 beitragen: während M_0 die Menge aller möglichen Beschreibungsarten elektrodynamischer Vorgänge repräsentiert, soll M_1 die ausschließlich mit Hilfe der Maxwellschen Theorie erfolgten Beschreibungen enthalten. M_3 beinhaltet die Beschreibung sowohl stationär ($\partial/\partial t \equiv 0$) wie auch quasistationär verlaufender Ereignisse, also gerade jener Prozesse, für die die maximale Wirkungsausbreitungsgeschwindigkeit c in sehr guter Näherung als unendlich groß angenommen werden darf. Somit erfolgt die Beschreibung elektrischer Netzwerke also innerhalb M_3, während die Beschreibung typischer Hochfrequenzeffekte der Menge M_1 ohne die Menge M_3 (in Zeichen: $M_1\backslash M_3$) angehört (schnellveränderliche Felder). Der Menge M_4 entspricht dann die Beschreibung des Signalverhaltens auf Leitbahnen im unter Nr. 4, Tab. 2.1 diskutierten Sinn: *in* Ausbreitungsrichtung *schnellveränderlich*, *quer* (d.h. transversal) zur Ausbreitungsrichtung *quasistationär*.

Im weiteren wird von allen erläuterten Beschreibungsarten mehr oder weniger Gebrauch gemacht, wobei aber als Resultat aus den in diesem Abschnitt durchgeführten Diskussionen die dominierende Rolle der letzten Beschreibungsart (Nr. 4 $\in M_4$) zukommt.

Da jede Dimensionsreduzierung zwangsläufig zur Einführung integraler Beschreibungsgrößen (also z.B. Spannung, Strom, Ladung usw.) anstelle von Feldgrößen führt, muß natürlich in jedem Fall überprüft werden, unter welchen Voraussetzungen die Einführung solcher integraler Größen überhaupt zulässig ist. Dies wird in Abschn. 3.1 geschehen.

2.2 Vergleich mit Streifenleitungen in der HF-Technik

Alle in Abschn. 2.1 unter a) bis d) angeführten Effekte (die Abstrahlung wird im folgenden aufgrund ihrer Irrelevanz bezüglich des Verhaltens der meisten nachrichtentechnischen Schaltungen, wie bereits in Abschn. 2.1 erläutert, nicht weiter berücksichtigt) treten auch im Bereich der aus der Hochfrequenztechnik gebräuchlichen Mikro-Streifenleitungen (Microstrip-Lines) auf, und es erscheint naheliegend, die für "Microstrips" bereits seit langem bekannten Resultate einfach auf die hier vorgestellte Problematik anzuwenden. Bis zu einem gewissen Grade ist dies auch sinnvoll, allerdings zeigen sich bei näherer Betrachtung trotz formaler Ähnlichkeiten zum Teil erhebliche Unterschiede sowohl bezüglich des Leitungsaufbaus wie auch der sich auf den Leitungen ausbreitenden Signale. Es bezieht sich dies im wesentlichen auf

— *die verwendeten Materialien*:
  Während Microstrip-Lines bewußt zur Signalverarbeitung benutzt werden (z.B. als Filter, Resonatoren usw.), dienen Leitungen in Analog- und Digitalschaltungen der Nachrichtentechnik i.a. nur der Verbindung zwischen aktiven Bauelementen, wobei Signalbeeinflussungen (wie z.B. deren Verformung) unerwünscht sind. Mithin wird es bei Microstrip-Lines i.a. möglich sein, die für den gewünschten Verwendungszweck erforderlichen Materialien sowohl für die Leitbahnen, wie auch für das Substrat im Rahmen der technologischen Möglichkeiten frei zu wählen. Bei Digitalschaltungen sind die verwendeten Materialien häufig durch die in der Schaltung befindlichen aktiven Elemente vorgegeben (integrierte Schaltungen).

— *die Leitungsgeometrien*:

Die Geometrien der Microstrip-Lines sind deren Verwendungszweck angepaßt und entsprechend mannigfaltig. Leitungen auf integrierten Schaltungen oder z.B. auf Boards weisen vergleichsweise einfache, stets wiederkehrende Strukturen auf.

— *die Komplexität*:

In modernen nachrichtentechnischen Schaltungen, speziell in Digitalschaltungen, tritt häufig eine Vielzahl sehr großer Leitungssysteme auf, wie sie selbst in hochintegrierten Mikrowellenschaltungen nicht vorkommen.

— *die ohmschen Verluste*:

Aufgrund sehr geringer Leitungsquerschnitte, aber im wesentlichen infolge relativ großer Leitungslängen (im Vergleich zur Leiterbreite) und durch Verwendung nur mäßig gut leitenden Materials, sind die Widerstandsbeläge von Leitungen speziell auf integrierten Digitalschaltungen außerordentlich hoch (gegenwärtig zwischen ca. 30 kΩ/m bis ca. 10 MΩ/m), während man sich (i.a. mit Erfolg) bemüht, die ohmschen Verluste von Microstrip-Lines vernachlässigbar gering zu halten. Leitungen auf anderen Substraten, speziell auf Boards, weisen häufig auch vergleichsweise geringe ohmsche Widerstände pro Längeneinheit auf, allerdings können hier die Leitungslängen extrem groß werden.

— *die maximal zu übertragende Frequenz*:

Die zu verarbeitenden bzw. zu übertragenden Signalfrequenzen im Bereich der Microstrip-Lines bewegen sich zwischen ca. 3 und 200 GHz, im Bereich (digitaler) nachrichtentechnischer Schaltungen auf Chips oder Boards gegenwärtig bis ca. 2 GHz mit steigender Tendenz (z.B. bei GaAs).

— *die maximal zu übertragende relative Bandbreite*:

Der zu übertragende Frequenzbereich in den hier betrachteten nachrichtentechnischen Schaltungen beginnt bei 0 Hz (Gleichspannungsfall) und endet bei ca. 2 GHz. Sofern es überhaupt sinnvoll ist, hier eine relative Bandbreite (= Bandbreite geteilt durch Mittenfrequenz, also $2(f_{max} - f_{min})/(f_{max} + f_{min})$) anzugeben, liegt diese bei 2. Die relative Bandbreite für Microstrip-Lines ist um Größenordnungen geringer.

Tabelle 2.2. Vergleich zwischen Microstrip-Lines und Leitungen auf integrierten (digitalen) Schaltungen sowie Boards (typische Werte)

	Microstrip-Lines	Leitungen auf integrierten Schaltungen (Chips)	Leitungen auf gedruckten Schaltungen (Boards)
Materialien	Substrate: Al_2O_2, Saphir, Quarzglas, BeO, TiO_2, GaAs, $BaTi_4O_9$, Si usw. Leiter: Cu, Au usw.	Substrate: Si, GaAs SOS Leiter: Al, Polysilizium, Silizide	Substrate: Keramik, Epoxidharz etc. Leiter: i.a. Cu
Leitungsgeometrien	mannigfaltig, entsprechend dem jeweiligen Verwendungszweck	vergleichsweise einfache, stets wiederkehrende Strukturen	vergleichsweise einfache, stets wiederkehrende Strukturen
Komplexität	klein bis mittel	sehr groß	i.a. groß
Verluste	klein, häufig vernachlässigbar	*sehr* groß	mittel, mitunter vernachlässigbar
max. Frequenz	hoch: 3 GHz bis 200 GHz	"niedrig": bis ca. 2 GHz	"niedrig": bis ca. 2 GHz
rel. Bandbreite	klein ($<\,<2$)	maximal ($=2$)	maximal ($=2$)
Schaltungsumgebung	i.a. linear oder schwach nichtlinear	*stark* nichtlinear	*stark* nichtlinear

Eine Übersicht gibt Tabelle 2.2 [17], wobei stellvertretend für unterschiedliche Leitungsstrukturen in nachrichtentechnischen Systemen integrierte Schaltungen auf Halbleitersubstrat sowie Boards gewählt wurden.

Zusammenfassend folgt hieraus, daß es sich bei den hier zu betrachtenden Leitungen im Gegensatz zu Microstrip-Lines um sehr große Leitungssysteme vergleichsweise einfacher und stets wiederkehrender Struktur handelt, deren ohmsche Verluste nur in Einzelfällen vernachlässigbar, i.a. aber außerordentlich hoch sind. Hinzu kommt, daß aufgrund der sehr hohen relativen Bandbreite der zu übertragenden Signale in digitalen Schaltungen eine Analyse im Frequenzbereich im Gegensatz zu den Microstrip-Lines kaum mehr sinnvoll ist. Selbst eine Berechnung im Frequenzbereich und anschließende Rücktransformation in den Zeitbereich (z.B. vermittels FFT = Fast Fourier Transformation) kann nicht ohne weiteres angewandt werden, da, speziell im großen Bereich der Digitalschaltungen, Großsignalverhalten vorliegt, d.h. die die Leitungen steuernden Transistoren arbeiten bis weit in ihren nichtlinearen Bereich hinein, während es sich bei der Fourier-Transformation (wie auch bei der Laplace-Transformation) bekanntlich um eine lineare Integraltransformation handelt[9].

Wenngleich Verfahren, wie sie zur mathematischen Behandlung von Mikrostrip-Lines bereits bekannt sind, durchaus mit Vorteil auf die hier zu behandelnden Leitungen und Leitungssysteme angewandt werden können und sollten, so unterscheiden sich HF-Streifenleitungen und Leitungen z.B. auf Boards oder integrierten Schaltungen doch teilweise so erheblich, daß es sich als notwendig erweist, zur Untersuchung des Einflusses von Verbindungsleitungen auf das dynamische Schaltungsverhalten insbesondere digitaler Schaltungen spezielle Algorithmen zu entwickeln, welche zum einen alle oben beschriebenen Effekte berücksichtigen, zum anderen aber noch die Simulation komplexer Schaltungen mit vertretbarem Aufwand an Rechenzeit zulassen.

---

[9]Die numerische Behandlung der Nichtlinearitäten *allein* (ohne die Leitungen) bereitet i.a. keine besonderen Schwierigkeiten und findet in den meisten Netzwerkanalyseprogrammen (z.B. SPICE) Berücksichtigung.

3   Theorie der Leitbahnen

Im vorherigen Kapitel wurden neben den auftretenden Leitungseinflüssen im wesentlichen die unterschiedlichen mathematischen Beschreibungsarten für das Signalverhalten auf Leitbahnen diskutiert. Daran anknüpfend soll, als Voraussetzung zur Entwicklung neuer bzw. zum Verständnis bereits bestehender Verfahren zur Simulation des Signalverhaltens, in diesem Kapitel die Theorie der Leitbahnen in ausführlicher Form vorgestellt werden. Dies geschieht unter Berücksichtigung speziell jener Arten von Leitbahnen, wie sie z.B. für hochintegrierte Schaltungen aber auch für Leiterplatten typisch sind.

Ausgehend von den Maxwellschen Gleichungen werden die folgenden Betrachtungen mit Rücksicht auf die leichtere Überschaubarkeit und einfachere mathematische Beschreibung

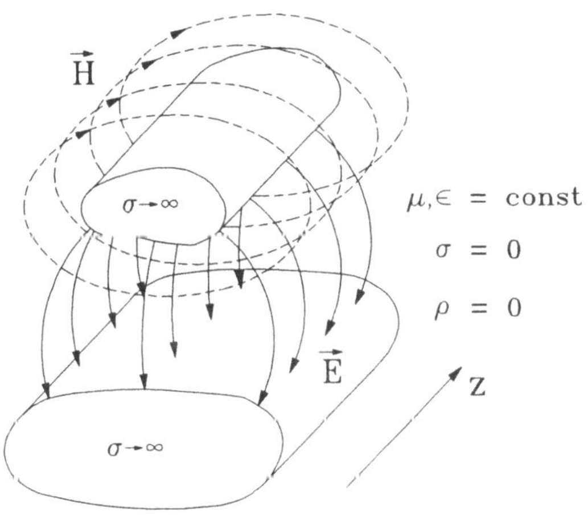

Bild 3.1. Verlustlose Einzelleitung

zunächst exemplarisch für Einzelleitungen durchgeführt, wobei die gewonnenen Aussagen aber sehr häufig auch bereits für Leitungs*systeme* (d.h. elektromagnetisch miteinander verkoppelte Leitungen) gelten. Die Theorie der Leitungssysteme wird in Abschn. 3.4 behandelt.

3.1 Ausbreitung elektromagnetischer Wellen auf Einzelleitungen

3.1.1 Die verlustlose Leitung

Die am einfachsten zu behandelnde Leitung ist die verlustlose Leitung. Bild 3.1 zeigt eine entsprechende Anordnung mit Hin- und Rückleiter[10] beliebiger Länge im ansonsten nichtleitenden ($\sigma = 0$), homogenen (μ, ε = const), isotropen (μ, ε richtungsunabhängig) sowie raumladungsfreien ($\rho = 0$) Raum. Längs dieser Leitung breite sich (als primitivster Ausbreitungsmode) eine TEM-Welle in z-Richtung aus. Die elektrische Feldstärke $\vec{E}$ und die magnetische Feldstärke $\vec{H}$ sind dann transversal gerichtet, d.h. $\vec{E}$ und $\vec{H}$ besitzen keine Feldkomponenten in Ausbreitungsrichtung (hier: z-Richtung). In z. B. kartesischen Koordinaten (x, y, z) gilt also[11]

$$[\vec{E}, \vec{H}] \, (x, y, z, t) = [\vec{E}_t, \vec{H}_t] \, (x, y, z, t), \qquad (3.1a,b)$$

wobei der Index "t" "transversal" bedeutet. Durch Einführung des transversalen Nabla-Operators $\vec{\nabla}_t$

$$\vec{\nabla} := \vec{e}_x \cdot \partial/\partial x + \vec{e}_y \cdot \partial/\partial y + \vec{e}_z \cdot \partial/\partial z =: \vec{\nabla}_t + \vec{e}_z \cdot \partial/\partial z \,, \qquad (3.2)$$

und unter Verwendung der Maxwellschen Gleichungen

$$\mathrm{rot}\, \vec{H} = \varepsilon \, \dot{\vec{E}} \quad , \quad \mathrm{div}\, \vec{H} = 0 \quad (\mu = \text{const}) \,, \qquad (3.3a,b)$$

$$\mathrm{rot}\, \vec{E} = -\mu \, \dot{\vec{H}} \quad , \quad \mathrm{div}\, \vec{E} = 0 \quad (\varepsilon = \text{const}, \, \rho = 0) \,, \qquad (3.4a,b)$$

folgt aus rot rot $[\vec{E}, \vec{H}] = -\Delta \, [\vec{E}, \vec{H}] = -\mu\varepsilon \, [\ddot{\vec{E}}, \ddot{\vec{H}}]$ schließlich (c = Lichtgeschwindigkeit [5, 6])

$$(\vec{\nabla}_t^2 + \partial^2/\partial z^2 - c^{-2} \, \partial^2/\partial t^2) \, [\vec{E}, \vec{H}] = \vec{0} \,. \qquad (3.5\ a,b)$$

---

[10]Wegen der i.a. zu erfüllenden Bedingung, daß auch Signale beliebig niedriger Frequenz noch übertragen werden sollen (z.B. in den meisten Digitalschaltungen), sind mindestens zwei Leiter erforderlich.

[11]Die Schreibweise $[\vec{E}, \vec{H}]$ bedeute, daß die entsprechende Gleichung sowohl für das jeweils erste wie auch das jeweils zweite Argument der eckigen Klammer gilt (es sich mithin also um *zwei* Gleichungen handelt).

Lösung der Wellengleichungen

Für den verlustfreien Fall sind die Lösungen der Differentialgleichungen (3.5) bekannt als Lösungen von d'Alembert:

$$[\vec{E}, \vec{H}]\,(P, t) = [\vec{E}_h, \vec{H}_h]\,(P_t, z\text{-}vt) + [\vec{E}_r, \vec{H}_r]\,(P_t, z\text{+}vt) \ . \qquad (3.6a,b)$$

Dabei stellt P einen beliebigen Punkt im Raum dar und P_t einen Punkt in der Ebene quer (transversal) zur Ausbreitungsrichtung (in kartesischen Koordinaten ist P z.B. durch x, y, z und P_t durch x, y zu ersetzen, in Zylinderkoordinaten P durch r, φ, z und P_t durch r, φ). Die Gleichungen (3.6) lassen sich durch Differentiation und anschließendes Einsetzen in (3.5) leicht verifizieren, wenn $v = c$ gesetzt wird. Wie durch Diskussion von (3.6) auf einfache Weise zu erkennen ist, beschreiben die mit "h" indizierten Feldgrößen eine sich in positiver z-Richtung ausbreitende Welle, während die mit "r" indizierten Feldgrößen eine sich in negativer z-Richtung ausbreitende Welle beschreiben[12]. Zwischen $\vec{E}$ und $\vec{H}$ gelten dann die Beziehungen

$$\vec{H}_h = \vec{e}_z \times \vec{E}_h / Z_w \qquad (3.7a)$$

und

$$\vec{H}_r = -\,\vec{e}_z \times \vec{E}_r / Z_w \qquad (3.7b)$$

mit dem Wellenwiderstand $Z_w := (\mu/\varepsilon)^{1/2}$.

Die Gültigkeit von (3.7) läßt sich folgendermaßen zeigen:

Aus (3.4a) folgt

$$(\vec{\nabla}_t + \vec{e}_z\, \partial/\partial z) \times \vec{E} = -\mu\,(\partial/\partial t)\,\vec{H}, \qquad (\#1)$$

mithin

$$\vec{\nabla}_t \times \vec{E} + \vec{e}_z\,(\partial/\partial z) \times \vec{E} = -\mu\,(\partial/\partial t)\,\vec{H}. \qquad (\#2)$$

Da $\vec{\nabla}_t \times \vec{E}$ z-gerichtet ist, während die übrigen Terme in (#2) transversal gerichtet sind, muß gelten:

---

[12]Betrachtet man die sich ausbreitende Welle z.B. am Ort z_1 zum Zeitpunkt t_1 und danach zum Zeitpunkt t_2, wobei die Welle jetzt den Ort z_2 erreicht haben möge, so erhält man mit $\Delta z := z_2\text{-}z_1$ und $\Delta t := t_2\text{-}t_1$ und wegen $z_1 + vt_1 = z_2 + vt_2$ (es wird ja *dasselbe*, nur örtlich verschobene Signal betrachtet) die Phasengeschwindigkeit $\Delta z/\Delta t = -v < 0$, d.h. die Wellenausbreitung erfolgt in negativer z-Richtung.

$$(\partial/\partial z)\,(\vec{e}_z \times \vec{E}) + (\partial/\partial t)\,(\mu\,\vec{H}) = \vec{0}. \tag{#3}$$

Analog aus (3.3a):

$$(\partial/\partial z)\,(\vec{e}_z \times \vec{H}) - (\partial/\partial t)\,(\varepsilon\,\vec{E}) = \vec{0}. \tag{#4}$$

Vektorielle Multiplikation von (3.6a) von links mit $\vec{e}_z$ und anschließende Differentiation nach z ergibt:

$$(\partial/\partial z)\,(\vec{e}_z \times \vec{E}) = [\partial/\partial(z\!-\!vt)]\,(\vec{e}_z \times \vec{E}_h) + [\partial/\partial(z\!+\!vt)]\,(\vec{e}_z \times \vec{E}_r). \tag{#5}$$

Entsprechend ergibt Differentiation von (3.6b) nach der Zeit:

$$(\partial/\partial t)\,(\mu\,\vec{H}) = \mu v \left\{ -[\partial/\partial(z\!-\!vt)]\,\vec{H}_h + [\partial/\partial(z\!+\!vt)]\,\vec{H}_r \right\}. \tag{#6}$$

Unter Berücksichtigung von (#3) erhält man aus (#5) und (#6):

$$[\partial/\partial(z\!-\!vt)]\,(\vec{e}_z \times \vec{E}_h - \sqrt{\mu/\varepsilon}\,\vec{H}_h) + [\partial/\partial(z\!+\!vt)]\,(\vec{e}_z \times \vec{E}_r + \sqrt{\mu/\varepsilon}\,\vec{H}_r) = \vec{0}. \tag{#7}$$

Auf die gleiche Weise ergibt sich durch vektorielle Multiplikation von (3.6b) von links mit $\vec{e}_z$, anschließende Differentiation nach z usw. mit (#4):

$$[\partial/\partial(z\!-\!vt)]\,(\vec{e}_z \times \vec{H}_h + \sqrt{\varepsilon/\mu}\,\vec{E}_h) + [\partial/\partial(z\!+\!vt)]\,(\vec{e}_z \times \vec{H}_r - \sqrt{\varepsilon/\mu}\,\vec{E}_r) = \vec{0}. \tag{#8}$$

Da hin- und rücklaufende Größen prinzipiell voneinander unabhängig sind, folgen aus (#7) und (#8) die vier Gleichungen:

$$[\partial/\partial(z\!-\!vt)]\,(\vec{e}_z \times \vec{E}_h - \sqrt{\mu/\varepsilon}\,\vec{H}_h) = \vec{0}, \tag{#9}$$

$$[\partial/\partial(z\!+\!vt)]\,(\vec{e}_z \times \vec{E}_r + \sqrt{\mu/\varepsilon}\,\vec{H}_r) = \vec{0}, \tag{#10}$$

$$[\partial/\partial(z\!-\!vt)]\,(\vec{e}_z \times \vec{H}_h + \sqrt{\varepsilon/\mu}\,\vec{E}_h) = \vec{0}, \tag{#11}$$

$$[\partial/\partial(z\!+\!vt)]\,(\vec{e}_z \times \vec{H}_r - \sqrt{\varepsilon/\mu}\,\vec{E}_r) = \vec{0}. \tag{#12}$$

Weil hier die Variablen z und t nur in der Kombination $z \pm t$ auftreten können und die Klammerausdrücke (...) in (#9 ... #12) unabhängig hiervon sind, müssen sie auch unabhängig von z und t sein, also:

$$\vec{e}_z \times \vec{E}_h - \sqrt{\mu/\varepsilon}\,\vec{H}_h = \vec{K}_1\,(x,\,y), \tag{#13}$$

$$\vec{e}_z \times \vec{E}_r + \sqrt{\mu/\varepsilon}\,\vec{H}_r = \vec{K}_2\,(x,\,y), \tag{#14}$$

$$\vec{e}_z \times \vec{H}_h + \sqrt{\varepsilon/\mu}\,\vec{E}_h = \vec{K}_3\,(x,\,y), \tag{#15}$$

$$\vec{e}_z \times \vec{H}_r - \sqrt{\varepsilon/\mu}\,\vec{E}_r = \vec{K}_4\,(x,\,y). \tag{#16}$$

Aus $\vec{E}_r \equiv \vec{0}$ muß $\vec{H}_r \equiv \vec{0}$ folgen bzw. aus $\vec{E}_h \equiv \vec{0}$ $\vec{H}_h \equiv \vec{0}$ und umgekehrt: $\vec{K}_1$ und $\vec{K}_2$ sind gleich dem Nullvektor:

$$\vec{e}_z \times \vec{E}_h - \sqrt{\mu/\varepsilon}\,\vec{H}_h = \vec{0}, \tag{#17}$$

$$\vec{e}_z \times \vec{E}_r + \sqrt{\mu/\varepsilon}\,\vec{H}_r = \vec{0}. \tag{#18}$$

Entsprechende Überlegungen gelten für $\vec{K}_3$ und $\vec{K}_4$.

Einsetzen von (3.7) in (3.6) ergibt schließlich:

$$\vec{E}\ (x,\ y,\ z,\ t)\ =\ \vec{E}_h\ (x,\ y,\ z\text{-}vt)\ +\ \vec{E}_r\ (x,\ y,\ z\text{+}vt)\ ,\qquad (3.8a)$$

$$\vec{H}\ (x,\ y,\ z,\ t)\ =\ \vec{e}_z\ \times\ (\vec{E}_h\ -\ \vec{E}_r)/Z_w\ .\qquad (3.8b)$$

$\vec{E}_h$ und $\vec{E}_r$ müssen aus den jeweiligen Randbedingungen bestimmt werden. Die oben beschriebenen Zusammenhänge sollen in Beispiel 3.1 verdeutlicht werden.

Beispiel 3.1:

Innerhalb eines unendlich langen Koaxialkabels mit dem Innenradius R_1 breite sich eine TEM-Welle in positiver z-Richtung aus (Bild 3.2a). Zeit- und Ortskoordinaten t und z seien so gewählt, daß die Wellenfront zum Zeitpunkt t = 0 gerade die Stelle z = 0 erreicht hat. Die Signalamplitude steige an der Wellenfront rampenförmig (beginnend mit dem Wert 0) an und erreiche nach der Zeit τ bzw. innerhalb des Längenabschnitts $\Delta z = v/\tau$ ein konstantes

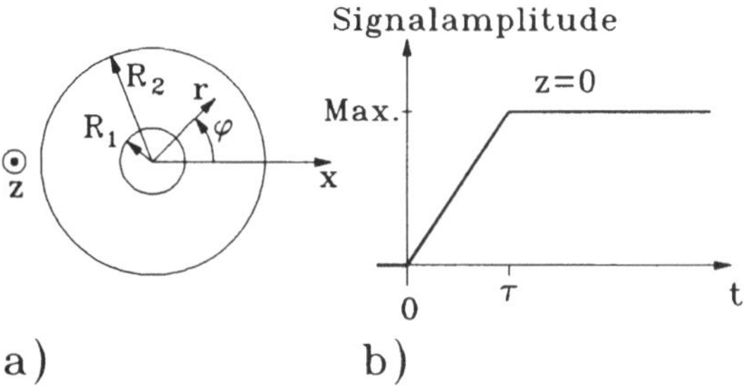

Bild 3.2. Querschnitt des Koaxialkabels (a) und Signalamplitude (b)

Maximum (Bild 3.2b). Die metallischen Leiter werden als ideal leitend vorausgesetzt, Dielektrizitätskonstante und magnetische Permeabilität des Dielektrikums seien $\varepsilon_o \approx 8{,}8543 \cdot 10^{-12}$ As/Vm bzw. $\mu_o = 4\pi \cdot 10^{-7}$ Vs/Am (Vakuum). Es sind $\vec{E}$ und $\vec{H}$ zu berechnen sowie $|\ \vec{E}\ (r_1,\ z,\ t)\ |$ als Funktion von z und t zu skizzieren ($R_1 \leq r_1 \leq R_2$ und $r_1 =$ const).

Lösung: Es handelt sich hier nur um eine "hinlaufende" Welle, außerdem kann $\vec{E}$ aus Symmetriegründen außer von z und t nur vom Radius r abhängen. $\vec{E}$ besitzt (ebenfalls aus Symmetriegründen) nur eine Radialkomponente. Mithin folgt aus (3.6a) in Zylinderkoordinaten

$$\vec{E}\ (P,\ t)\ =\ \vec{E}_h\ (r,\ z\text{-}vt)\ =\ E_h\ (r,\ z\text{-}vt)\ \vec{e}_r\qquad (B1)$$

mit dem Einheitsvektor $\vec{e}_r$ in radialer Richtung. Da eine TEM-Welle vorausgesetzt wurde, existiert zu jedem Zeitpunkt und an jedem Ort ein Feldbild, daß dem elektrostatischen Fall entspricht. E_h ist also die jeweilige "Momentaufnahme" des elektrostatischen Feldes eines Zylinderkondensators. Somit läßt sich E_h aus (B1) in der Form

$$E_h\ (r,\ z\text{-}vt)\ =\ E_o\ (z\text{-}vt)\ R_1/r\qquad (B2)$$

darstellen, wobei E_o den (momentanen) Wert des Feldes an der Innenelektrode darstellt. An der Stelle $z = 0$ soll gemäß Bild 3.2b gelten:

$$E_o\,(z\text{-}vt)\,\Big|_{z=0} = E_{Max}\cdot \begin{cases} 0 & & t < 0 \\ t/\tau & \text{für} \quad 0 \le & t < \tau \\ 1 & & \tau \le t \end{cases} \quad . \tag{B3}$$

E_{Max} ist die *maximale* Feldstärke an der Innenelektrode. An einer *beliebigen* Stelle $z \neq 0$ der Leitung gilt ebenfalls (B3), allerdings, da daß Signal für den Weg z die Zeit z/v benötigt, um eben diese Zeitspanne verschoben: t ist also im Rechtsterm von (B3) durch t-z/v zu ersetzen:

$$E_o\,(z\text{-}vt) = E_{Max}\cdot \begin{cases} 0 & & t\text{-}z/v < 0 \\ (t\text{-}z/v)/\tau & \text{für} \quad 0 \le & t\text{-}z/v < \tau \\ 1 & & \tau \le t\text{-}z/v \end{cases} \quad . \tag{B4}$$

In (B2) bzw. (B1) eingesetzt erhält man schließlich

$$\vec{E}\,(P,\,t) = -E_{Max}\,\frac{R_1}{r}\,\vec{e}_r\cdot \begin{cases} 0 & & 0 < & z\text{-}vt \\ \dfrac{z\text{-}vt}{v\tau} & \text{für} & -v\tau < & z\text{-}vt \le 0 \\ -1 & & & \text{sonst} \end{cases} \tag{B5}$$

mit $v \approx 3\cdot 10^8$ m/s.

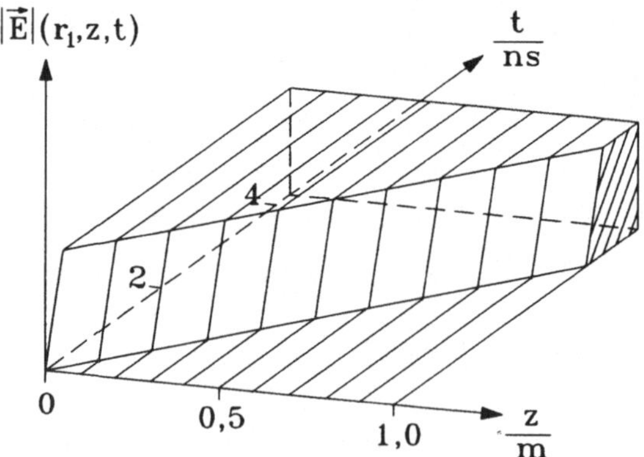

Bild 3.3. Elektrische Feldstärke als Funktion des Ortes und der Zeit

Aus (3.7a) ergibt sich unmittelbar $\vec{H}$ (P, t), ebenfalls in Zylinderkoordinaten ausgedrückt,

$$\vec{H}\,(P,\,t) = -\,\frac{E_{Max}}{Z_w}\,\frac{R_1}{r}\,\vec{e}_\varphi \cdot \begin{cases} 0 & 0 < \text{z-vt} \\ \dfrac{z\text{-}vt}{v\tau} & \text{für} \quad -v\tau < \text{z-vt} \le 0\,, \\ -1 & \text{sonst} \end{cases} \tag{B6}$$

mit dem Vakuumwellenwiderstand $Z_w \approx 377\ \Omega$.

In Bild 3.3 schließlich ist der Betrag von $\vec{E}$ an einer beliebigen Stelle $r = r_1$ ($R_1 \le r_1 \le R_2$ und $r_1 = $ const) als Funktion von z und t für $\tau = 300$ ps dargestellt. Man erkennt deutlich, wie sich die Wellenfront mit der Geschwindigkeit v in pos. z-Richtung bewegt ▮

Schnellveränderlich quasistationäre Betrachtungsweise

Im folgenden soll, wie bereits in Kapitel 2 erläutert, zur Vereinfachung der Beschreibung der elektrischen Vorgänge auf Leitungen eine Dimensionsreduzierung stattfinden: Während in (3.8) die Feldgrößen noch Funktionen der Raum-Zeit-Koordinaten x, y, z und t (bzw. vt = ct) sind, erfolgt die Beschreibung nun durch sog. *integrale* Größen, die nur noch eine Abhängigkeit von z und t aufweisen. Dabei sollen unter dem Begriff "integrale Größen" solche physikalischen Größen verstanden werden, die, im Gegensatz

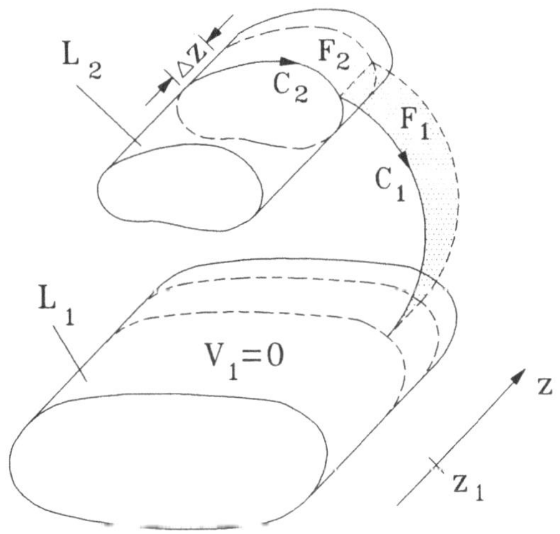

Bild 3.4. Verlustlose zylindrische Leitung im quasistationären Fall

zu den Feldgrößen, die Vorgänge nicht *lokal*, d.h. an einem bestimmten Ort des Raumes, beschreiben, sondern den *gesamten* Raum oder doch zumindest endliche Teile des Raumes in die Beschreibung mit einbeziehen. So ist es für integrale Größen typisch, daß sie durch Integration lokaler Größen über von Null verschiedene Bereiche des Raumes definiert sind. Zur Einführung integraler Größen im vorliegenden Fall werde ein Leitungselement entsprechend Bild 3.4 der Länge Δz betrachtet, und zusätzlich werden die Integrationswege C_1 und C_2

sowie die Flächen F_1 und F_2 eingeführt (Bild 3.4). C_1 sei ein in der Ebene $z_1 = $ const liegender aber ansonsten *beliebiger* Weg zwischen den beiden Leitern, und C_2 umschließe den Leiter L_2 auf dessen Oberfläche in derselben Ebene, in der C_1 liegt (also ebenfalls $z_1 = $ const). Die Flächen F_1 und F_2 entstehen dann durch Parallelverschiebung der Wege C_1 und C_2 in pos. z-Richtung um die beliebig kleine Strecke Δz.

Wird jetzt das Linienintegral längs C_1 über (3.8a) gebildet, so erhält man als erste integrale Größe die elektrische Potentialdifferenz V (z, t), wobei $\vec{ds}_1$ ein Linienelement auf C_1 in Richtung von C_1 sein möge:

$$V \, (z, \, t) := \int\limits_{C_1} \vec{E} \cdot \vec{ds}_1 = \int\limits_{C_1} \vec{E}_h \cdot \vec{ds}_1 + \int\limits_{C_1} \vec{E}_r \cdot \vec{ds}_1 \ . \tag{3.9}$$

Ohne Einschränkung der Allgemeinheit sei V (L_1) im folgenden zu Null normiert. Aufgrund der Voraussetzung, daß sich längs des Leiters eine TEM-Welle ausbreiten möge, daß Feldbild von $\vec{E}$ also zu jedem Zeitpunkt dem eines elektrostatischen Feldes äquivalent ist, gilt in der gesamten Ebene $z_1 = $ const die Gleichung rot $\vec{E} = \vec{0}$. Das Potential V ist also für beliebig gewählte Wege C_1 in der Ebene $z_1 = $ const dasselbe, mithin unabhängig von den Koordinaten x und y und also als integrale Größe zur Beschreibung der Wellenausbreitung auf Leitungen geeignet[13]. Entsprechend der in Abschn. 3.1.1 vorgenommenen Feldaufteilung in hin-und rücklaufende Welle werde in (3.9) sowohl ein die Wellenausbreitung in positiver z-Richtung wie auch ein die Wellenausbreitung in negativer z-Richtung beschreibendes Potential *definiert*:

$$V \, (z, \, t) = \int\limits_{C_1} \vec{E}_h \cdot \vec{ds}_1 + \int\limits_{C_1} \vec{E}_r \cdot \vec{ds}_1 =: V_h \, (z, \, t) + V_r \, (z, \, t) \ . \tag{3.10}$$

Bildet man nun das Linienintegral über der magnetischen Erregung (bzw. der magnetischen Feldstärke) $\vec{H}$ längs C_2, so erhält man als zweite integrale Größe den Strom I (z, t) durch L_2, wobei $\vec{ds}_2$ ein Linienelement auf C_2 in Richtung von C_2 sei[14]:

---

[13]Im allgemeinen Fall rot $\vec{E} \neq \vec{0}$ wäre V abhängig vom gewählten Integrationsweg C_1, d.h. die Angabe von V wäre nur in Verbindung mit der Angabe des gewählten Integrationsweges C_1 sinnvoll, wobei C_1 aber mit Hilfe der Koordinaten x und y beschrieben wird. Somit müßte man weiterhin alle räumlichen Koordinaten betrachten, und die beabsichtigte Dimensionsreduzierung hätte de facto nicht stattgefunden.

[14]Normalerweise liefert die vorgenommene Integration den *Gesamtstrom*, d.h. sowohl den Leiterstrom wie auch

$$I(z, t) = \oint_{C_2} \vec{H} \cdot d\vec{s}_2 \quad . \tag{3.11}$$

Einsetzen von (3.8b) ergibt:

$$Z_w \, I(z, t) = \oint_{C_2} (\vec{e}_z \times \vec{E}_h) \cdot d\vec{s}_2 - \oint_{C_2} (\vec{e}_z \times \vec{E}_r) \cdot d\vec{s}_2 \quad . \tag{3.12}$$

Es soll jetzt die auf der Fläche F_2 befindliche elektrische Ladung ΔQ bestimmt werden. Diese Ladung erhält man durch Integration der el. Verschiebungsdichte $\vec{D}$ über die Fläche F_2 (aus div $\vec{D} = \rho$):

$$\Delta Q = \int_{F_2} \vec{D} \cdot d\vec{f} = \int_{F_2} \vec{D} \cdot (d\vec{s}_2 \times \vec{e}_z) \, \Delta z \quad . \tag{3.13}$$

Mit Hilfe der abkürzenden Schreibweise $Q' := \Delta Q / \Delta z$ folgt:

$$Q'(z, t) = \varepsilon \oint_{C_2} (\vec{e}_z \times \vec{E}) \cdot d\vec{s}_2$$

$$= \varepsilon \left[\oint_{C_2} (\vec{e}_z \times \vec{E}_h) \cdot d\vec{s}_2 + \oint_{C_2} (\vec{e}_z \times \vec{E}_r) \cdot d\vec{s}_2 \right] \quad . \tag{3.14}$$

Unter der im weiteren noch näher zu erläuternden *Voraussetzung*, daß $Q'(z, t) \sim V(z, t)$ ist, also

$$Q'(z, t) = C' \, V(z, t) \tag{3.15}$$

mit C' als Proportionalitätskonstante (im folgenden "Kapazitätsbelag" genannt), lassen sich die Summanden in (3.14) interpretieren als (siehe (3.10))

---

den Maxwellschen Verschiebungsstrom. Da der Leiter aber als beliebig gut leitend vorausgesetzt wurde, die Verschiebungsdichte in z-Richtung (und im Leiter schlechthin) also identisch Null ist, braucht eine Verschiebestromdichte und damit ein Verschiebestrom hier nicht berücksichtigt zu werden.

$$V_h \,(z,\, t) = (\varepsilon/C') \oint_{C_2} (\vec{e}_z \times \vec{E}_h) \cdot d\vec{s}_2 \tag{3.16a}$$

und

$$V_r \,(z,\, t) = (\varepsilon/C') \oint_{C_2} (\vec{e}_z \times \vec{E}_r) \cdot d\vec{s}_2 \;, \tag{3.16b}$$

und unter Verwendung von (3.12) erhält man:

$$Z_w \, I \,(z,\, t) = [V_h \,(z,\, t) - V_r \,(z,\, t)] \,(C'/\varepsilon) \;. \tag{3.17}$$

Völlig analog wie gerade für die elektrische Ladung gezeigt ergibt sich der magnetische Fluß $\Delta\Phi$ durch F_1 ebenfalls durch Flächenintegration, diesmal der magnetischen Induktion $\vec{B} = \mu \vec{H}$ über die Fläche F_1, wobei $\Phi' := \Delta\Phi/\Delta z$ definiert wurde:

$$\Phi' := \Delta\Phi/\Delta z = \mu \int_{C_1} [\vec{e}_z \times (\vec{E}_h - \vec{E}_r)] \cdot (\vec{e}_z \times d\vec{s}_1)/Z_w \;. \tag{3.18}$$

Mit Hilfe der Lagrangeschen Identität (siehe z. B. [19]) $(\vec{a} \times \vec{b}) \cdot (\vec{c} \times \vec{d}) = (\vec{a} \cdot \vec{c})(\vec{b} \cdot \vec{d}) - (\vec{b} \cdot \vec{c})(\vec{a} \cdot \vec{d})$ folgt aus (3.18) schließlich:

$$\Phi' = (\mu/Z_w) \, [V_h \,(z,\, t) - V_r \,(z,\, t)] \;. \tag{3.19}$$

Wird auch hier, analog wie für $Q' \,(z,\, t)$ und $V \,(z,\, t)$, vorausgesetzt, daß $\Phi' \,(z,\, t) \sim I \,(z,\, t)$ ist, also

$$\Phi' \,(z,\, t) = L' \, I \,(z,\, t) \;, \tag{3.20}$$

mit L' als Proportionalitätskonstante (im folgenden "Induktivitätsbelag" genannt), dann wird aus (3.19)

$$I \,(z,\, t) = (\mu/L') \, [V_h \,(z,\, t) - V_r \,(z,\, t)]/Z_w \;. \tag{3.21}$$

Ein Koeffizientenvergleich zwischen (3.17) und (3.21) liefert wegen $v^{-2} = \mu\varepsilon$ die bekannte

Beziehung

$$v^2 = 1/(L'C') \ .$$
$$(3.22)$$

Definiert man einen neuen Wellenwiderstand, den Leitungswellenwiderstand Z_0, derart, daß sich mit (3.10) und (3.17) bzw. (3.21) schließlich das Gleichungssystem

$$V(z, t) = V_h(z-vt) + V_r(z+vt) \ ,$$
$$(3.23a)$$

$$Z_0 \, I(z, t) := V_h(z-vt) - V_r(z+vt)$$
$$(3.23b)$$

ergibt, dann muß für Z_0 die Beziehung gelten:

$$Z_0 = L' \, Z_w/\mu = (L'/C')^{1/2}.$$
$$(3.24)$$

Ganz analog zu (3.8) beschreiben (3.23) das elektrische Verhalten der Leitung. Der wesentliche Unterschied besteht darin, daß V_h und V_r allein aus den Abschlüssen der Leitung bestimmt werden können (es besteht *keine* Abhängigkeit mehr von den Koordinaten x und y). Die Lösung der Randwertaufgabe wurde also vom Problem der Beschreibung der Wellenausbreitung durch Einführen der Leitungsparameter L' und C' getrennt, also auf die Bestimmung von L' und C' reduziert.

Beispiel 3.2:

Die in Beispiel 3.1 begonnenen Betrachtungen hinsichtlich einer schnellveränderlich quasistationären Behandlung werden im folgenden fortgesetzt. Für die Anordnung aus Beispiel 3.1 (TEM-Welle in unendlich langem Koaxialkabel) sollen unter Zugrundelegung der dort bereits erzielten Resultate für $\vec{E}(P, t)$ und $\vec{H}(P, t)$ die Werte für $V(z, t)$, $Q'(z, t)$ und C' bestimmt werden. Entsprechend sind $I(z, t)$, $\phi'(z, t)$ und L' zu berechnen sowie schließlich der Leitungswellenwiderstand Z_0.

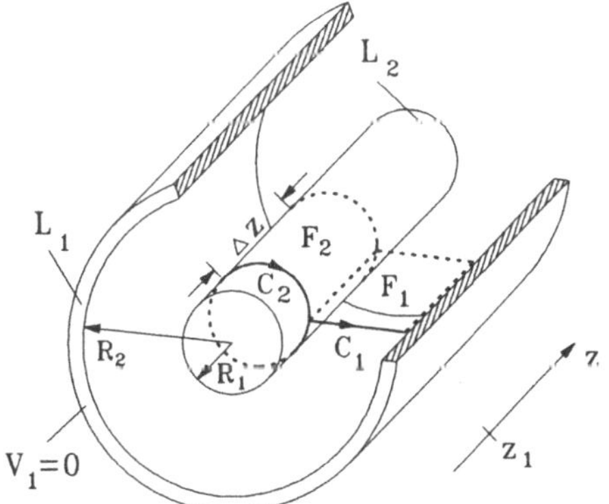

Bild 3.5. Verlustlose Koaxialleitung im quasistationären Fall

Lösung: Analog zur allgemeinen Darstellung in Bild 3.4 zeigt Bild 3.5 den Koaxialleiter aus Beispiel 3.1. Zur Berechnung von $V(z, t)$ wird von (3.9) bzw. (3.10) ausgegangen, wobei hier nur eine hinlaufende Welle existiert, also

$$V(z, t) = V_h(z, t) = \int_{C_1} \vec{E}_h \cdot d\vec{s}_1 \; . \tag{B7}$$

Einsetzen von (B5) ergibt

$$V(z, t) = E_{Max} \, R_1 \cdot \left\{ \begin{array}{c} 0 \\ -\dfrac{z-vt}{v\tau} \\ 1 \end{array} \right\} \cdot \int_{R_1}^{R_2} \dfrac{dr}{r} \; , \tag{B8}$$

wobei die einzelnen Klammerterme wieder der Fallunterscheidung aus Beispiel 1 entsprechen: der Term 0 gilt für den Fall $z-vt > 0$, der Term $(vt-z)/v\tau$ für $-v\tau < z-vt \leq 0$ und der Term 1 für alle anderen Fälle. Die Integration liefert schließlich für das Potential auf dem Innenleiter:

$$V(z, t) = E_{Max} \, R_1 \cdot \left\{ \begin{array}{c} 0 \\ -\dfrac{z-vt}{v\tau} \\ 1 \end{array} \right\} \cdot \ln \dfrac{R_2}{R_1} \; . \tag{B9}$$

Zur Berechnung von $Q'(z, t)$ aus (3.14) wird das Spatprodukt $(\vec{e}_z \times \vec{E}) \cdot d\vec{s}_2$ bzw. im vorliegenden Fall das Spatprodukt $(\vec{e}_z \times \vec{E}_h) \cdot d\vec{s}_2$ benötigt. Durch einfaches Einsetzen und Ausrechnen erhält man hierfür:

$$(\vec{e}_z \times \vec{E}_h) \cdot d\vec{s}_2 = \vec{e}_\varphi \, E_{Max} \, R_1 \cdot \left\{ \begin{array}{c} 0 \\ -\dfrac{z-vt}{v\tau} \\ 1 \end{array} \right\} \cdot d\varphi \, \vec{e}_\varphi. \tag{B10}$$

Durch Integration über den geschlossenen Weg C_2, d.h. von 0 bis 2π, und anschließende Multiplikation mit ε_o ergibt sich unmittelbar der Ladungsbelag $Q'(z, t)$:

$$Q'(z, t) = \varepsilon_o \, 2\pi \, R_1 \, E_{Max} \cdot \left\{ \begin{array}{c} 0 \\ -\dfrac{z-vt}{v\tau} \\ 1 \end{array} \right\} \; . \tag{B11}$$

Aus (B9) und (B11) erhält man durch Koeffizientenvergleich gemäß (3.15) den Kapazitätsbelag C':

$$C' = \dfrac{2\pi\varepsilon_o}{\ln(R_2/R_1)} \; . \tag{B12}$$

$I(z, t)$ und $\phi'(z, t)$ lassen sich aus (3.17) unter Zuhilfenahme von (B12) und der Beziehung $Z_w = (\mu/\varepsilon)^{1/2}$ sowie aus (3.19) *direkt* niederschreiben, da $V(z, t)$ bereits bekannt ist (siehe (B9)):

$$I(z, t) = 2\pi\, E_{Max}\, R_1 \cdot \left\{ \begin{array}{c} 0 \\ -\dfrac{z-vt}{v\tau} \\ 1 \end{array} \right\} \cdot \sqrt{\varepsilon_o/\mu_o}\,, \tag{B13}$$

$$\phi'(z, t) = \sqrt{\mu_o \varepsilon_o}\; E_{Max}\, R_1 \cdot \left\{ \begin{array}{c} 0 \\ -\dfrac{z-vt}{v\tau} \\ 1 \end{array} \right\} \cdot \ln\dfrac{R_2}{R_1}\,. \tag{B14}$$

Ebenfalls durch Koeffizientenvergleich erhält man aus (B13) und (B14) entsprechend (3.20) den Induktivitätsbelag L':

$$L' = \frac{\mu_o}{2\pi}\ln(R_2/R_1)\;. \tag{B15}$$

Den Leitungswellenwiderstand Z_o erhält man schließlich aus (B12) und (B15) entsprechend (3.24):

$$Z_o = Z_w \frac{\ln(R_2/R_1)}{2\pi} \approx 60\;\Omega\,\ln(R_2/R_1)\;. \tag{B16}$$

Wie eingangs gezeigt, ist für die Beschreibung der Leitungsvorgänge mit Hilfe integraler Größen wesentlich, daß Proportionalität zwischen elektrischer Ladung Q und elektrischer Potentialdifferenz V bzw. zwischen magnetischem Fluß Φ und elektrischem Strom I herrscht. Abschließend soll deshalb in diesem Abschnitt untersucht werden, unter welchen Voraussetzungen diese Proportionalitäten gelten.

In der Elektrostatik und für hinreichend *langsam veränderliche* Felder (quasistatischer Fall) gilt die bekannte Beziehung (siehe z. B. [22])[15]

$$V(P, t) = (4\pi\varepsilon)^{-1} \int_\tau \lfloor \rho(P',t)/R_{PP'} \rfloor\, d\tau' \tag{3.25}$$

---

[15]Unter der Voraussetzung, daß das betrachtete Medium linear, homogen und isotrop ist, was hier aber der Fall sein soll.

zwischen elektrischem Potential V (P, t) und erzeugender Raumladung ρ (P, t), wo P' der Quellpunkt, P der Aufpunkt, dτ' ein Volumenelement im Quellpunkt und τ das Gesamtvolumen des betrachteten Raumes sein soll (siehe Bild 3.6 für t-$R_{PP'}$/v → t). Für die Gesamtladung Q (t) gilt

$$Q\ (t) := \int_{\tau} \rho\ (P',\ t)\ d\tau'. \tag{3.26}$$

Aus (3.25) und (3.26) folgt bei einer festen Verteilung der Raumladung unmittelbar die Proportionalität zwischen Ladung und Spannung, wobei die Proportionalitätskonstante als Kapazität bzw., bezogen auf die Längeneinheit einer Leitung, als Kapazitäts*belag* bezeichnet wird.

Arbeitet man mit *schnell veränderlichen Feldern*, so muß anstelle von (3.25) die Gleichung für das retardierte Potential

$$V\ (P,\ t) = (4\pi\varepsilon)^{-1} \int_{\tau} [\ \rho\ (P',\ t\text{-}R_{PP'}/v)/R_{PP'}]\ d\tau' \tag{3.27}$$

benutzt werden (v ist die Wirkungsausbreitungsgeschwindigkeit). V (P, t) ist hier nicht mehr so einfach wie in (3.25) mit ρ (P', t) verknüpft, sondern errechnet sich aus den Raumladungsdichten zu *früheren* Zeitpunkten [20], Bild 3.6. Insbesondere entspräche der (3.26) analoge retardierte Term $\int \rho$ (P', t-$R_{PP'}$/v) dτ' keineswegs mehr der Gesamtladung, da bei der Integration ρ stets zu verschiedenen Zeiten zu nehmen wäre: Der Begriff der Kapazität als Konstante zwischen Ladung und Potentialdifferenz verliert hier seinen Sinn.

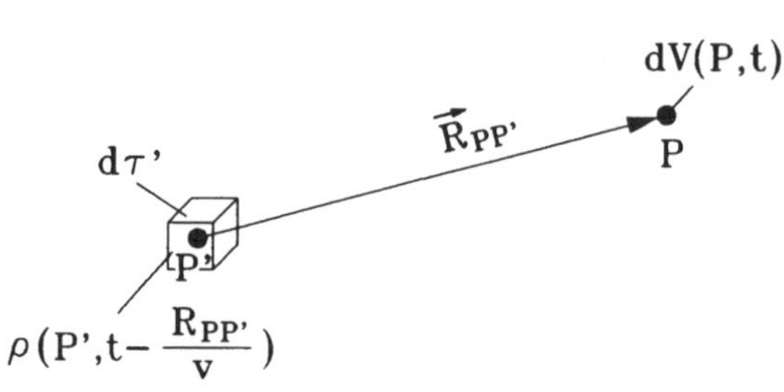

Bild 3.6. Darstellung von Quell- und Aufpunkt für retardierte Potentiale

Um dennoch mit dem Kapazitätsbegriff arbeiten zu können, ist es notwendig zu fordern, daß die Zeit für die Wirkungsausbreitung im betrachteten Raumbereich wesentlich kleiner ist als die Zeit, in der sich die Raumladung nennenswert ändert, also ρ (P, t) $\approx$ ρ (P, t-$R_{PP'}$/v). Der betrachtete Raumbereich muß also entweder sehr klein oder die zeitliche Änderung der Raumladung sehr langsam sein, so daß man die in (3.27) auftretende Retardierung vernachlässigen kann. Zu quantitativen Aussagen gelangt man, wenn man die retardierte Raumladung ρ (P, t-$R_{PP'}$/v) aus (3.27) in eine Mac Laurin-Reihe bezüglich des Terms $R_{PP'}$/v entwickelt,

$$\rho \ (P, \ t\text{-}R_{PP'}/v) = \rho \ (P, \ t) \ \text{-} \ \dot{\rho} \ (P, \ t) \ R_{PP'}/v$$
$$+ \ (1/2) \ \ddot{\rho} \ (P, \ t) \ (R_{PP'}/v)^2 \ \mp \ ... \ , \tag{3.28}$$

wobei hochgestellte Punkte wie allgemein üblich Ableitungen nach der Zeit bedeuten. In (3.27) eingesetzt erhält man:

$$4\pi \ \varepsilon \ V \ (P) = \int_\tau [\ \rho \ (P', \ t)/R_{PP'}] \ d\tau' \ \text{-} \ v^{\text{-}1} \int_\tau \dot{\rho} \ (P', \ t) \ d\tau'$$
$$+ \ (1/2) \ v^{\text{-}2} \int_\tau R_{PP'} \ \ddot{\rho} \ (P', \ t) \ d\tau' \ \mp \ ... \ . \tag{3.29}$$

Der erste Summand der rechten Seite repräsentiert den nicht retardierten Fall gemäß (3.25). Beim zweiten Summanden handelt es sich im wesentlichen um die zeitliche Ableitung der Gesamtladung Q, d.h. dieser Term hat keinen Einfluß auf die elektrische Feldstärke, da er durch die Gradientenbildung entfällt[16]. Es soll deshalb im folgenden eine betragsmäßige Abschätzung nur der Größe des 3. Terms gegenüber der Größe des 1. Terms vorgenommen werden. Um die Retardierung vernachlässigen zu können, muß dann notwendigerweise gelten:

$$\left| \ \int_\tau \frac{\rho \ (P', \ t)}{R_{PP'}} \ d\tau' \ \right| \ >> \ \left| \ \frac{1}{2v^2} \int_\tau \ddot{\rho} \ (P', \ t) \ R_{PP'} \ d\tau' \ \right| \ . \tag{3.30a}$$

Ersetzt man im Rechtsterm den per Definition stets positiven Faktor $R_{PP'}$ durch den Ausdruck $R_{PP'max}^2/R_{PP'} \geq R_{PP'}$, wobei $R_{PP'max}$ ein noch näher zu bestimmender *maximaler* Wert für $R_{PP'}$ sein soll, und *fordert*, daß der Linksterm dann immer noch größer ist als der

---

[16]Die elektrische Feldstärke errechnet sich gemäß $\vec{E}$ (P, t) = -grad V (P, t) - $\dot{\vec{A}}$ (P, t), wobei $\vec{A}$ (P, t) das Vektorpotential repräsentiert. Da die Formel für das Vektorpotential völlig analog zu Gleichung (3.29) sein muß (siehe Fußnote 17), bedeutet dies, daß der entsprechende 2. Rechtsterm dann *nicht* infolge räumlicher Ableitung verschwindet. Allerdings ist gemäß obiger Gleichung für $\vec{E}$ die *zeitliche* Ableitung dieses Terms zu bilden, so daß er dann der Größenordnung des 3. Terms entspricht, mithin der 2. Term zur folgenden Abschätzung *nicht* herangezogen werden muß.

Rechtsterm, also

$$\left| \int_{\tau} \frac{\rho\,(P',\,t)}{R_{PP'}}\,d\tau' \right| \overset{!}{>>} \frac{R_{PP'max}^2}{2v^2} \left| \int_{\tau} \frac{\ddot{\rho}\,(P',\,t)}{R_{PP'}}\,d\tau' \right| , \qquad (3.30b)$$

so *dominiert* (3.30b) die vorherige Ungleichung. Mit anderen Worten: ist (3.30b) erfüllt, ist dies eine hinreichende Bedingung für die Gültigkeit von (3.30a).

Da im Rechtsterm von (3.30b) ρ als zeitliche Ableitung auftritt, über das dynamische Verhalten der Raumladung aber noch keine Aussage gemacht worden ist, kann eine Abschätzung der Größenordnung von Rechts- und Linksterm erst nach Vorgabe der zeitlichen Änderung von ρ erfolgen. Deshalb soll hier zunächst angenommen werden, die Raumladung ρ verändere sich zeitlich harmonisch. Hieraus folgt, daß die zweifache zeitliche Ableitung von ρ durch eine Multiplikation mit dem Quadrat der Kreisfrequenz ω ersetzt werden kann, so daß sich die Integrale des Rechts- und Linksterms gegeneinander kürzen lassen. Man erhält

$$1 >> \frac{\omega^2\,R_{PP'max}^2}{2v^2} \qquad (3.30c)$$

bzw. unter Berücksichtigung der Beziehung $v = \lambda f$ (f = Frequenz) sowie unter Vernachlässigung des für eine Abschätzung unwesentlichen Faktors $\sqrt{2}/(2\pi)$ schließlich

$$R_{PP'max} << \lambda , \qquad (3.30)$$

wobei λ die Wellenlänge des Signals darstellt. Eine analoge Abschätzung bezüglich der Terme höherer Ordnung zeigt, daß diese Terme stets betragsmäßig kleiner sind als der hier allein betrachtete 3. Term.

Für die Proportionalität zwischen Φ und I gelten exakt dieselben Überlegungen wie für V und Q: auch hier gelangt man auf die durch (3.30) formulierte Bedingung für quasistationäres Verhalten[17].

---

[17]Dies ist insofern nicht verwunderlich, als die den Zusammenhang zwischen Vektorpotential $\vec{A}$ und Stromdichte $\vec{i}$ bzw. Potential V und Raumladungsdichte ρ beschreibenden Potentialgleichungen

$$\Delta\vec{A} - c^{-2}\,\ddot{\vec{A}} = -\mu\,\vec{i}$$

Da im konkreten Fall nur die Anzahl der physikalischen Dimensionen *quer* zur Ausbreitungsrichtung reduziert wurden, mithin mit auf die Leitungslänge bezogenen Größen wie Q', Φ' etc. gearbeitet wurde, ergibt sich aus (3.30) folgende Konsequenz:

> Alle physikalischen Dimensionen *senkrecht* zur Ausbreitungsrichtung (aber nicht notwendig: *in* Ausbreitungsrichtung) müssen im betrachteten Bereich (z.B. eines Leitungssystems) wesentlich kleiner als die minimale Wellenlänge des sich ausbreitenden Signals sein!

Legt man beispielsweise im Fall von Leitungen auf integrierten Schaltungen gemäß Bild 3.1 als größte zu betrachtende räumliche Ausdehnung $R_{PP'max}$ die Substratdicke mit maximal 400 μm zugrunde und nimmt eine maximale Frequenz von z.B. 2 GHz an, dann liegt die minimale Wellenlänge zwischen $\lambda = f^{-1}(\mu_0\varepsilon)^{-1/2} = 15$ cm und etwa 4,5 cm, d.h. selbst im ungünstigsten Fall gilt *stets*[18]:

$$\lambda_{min} >> R_{PP'max} \ .$$

Entsprechende Betrachtungen für andere Substrate bis hin zu Boards führen zu ähnlichen Ergebnissen.

---

und $\qquad \Delta V - c^{-2} \ddot{V} = -\rho/\varepsilon$

(c = Lichtgeschwindigkeit) sich durch Einführung der Viererstromdichte $(J^\nu) := (i_x , i_y , i_z , c\rho)^T$ und des Viererpotentials $(\phi^\nu) := (A_x , A_y , A_z , V/c)^T$ (T = transponiert) auf eine *einzige* Potentialgleichung, nämlich

$$\Box\phi^\nu = -\mu \, J^\nu$$

reduziert [3, 21]. Hierbei ist $\Box$ ein vierdimensionaler Laplace-Operator, und J^ν bzw. ϕ^ν sind die kontravarianten Komponenten der Vierervektoren der Viererstromdichte bzw. des Viererpotentials.

[18]Die Wellenlänge von 15 cm ergibt sich unter Zugrundelegung der (unrealistischen) Annahme eines Feldverlaufs *vollständig* in Luft ($\varepsilon_r = 1$), die Wellenlänge von 4,5 cm unter Zugrundelegung der (ebenfalls unrealistischen) Annahme eines Feldverlaufs *vollständig* in Silizium ($\varepsilon_r = 11,8$) als dem Material mit der höchsten Dielektrizitätskonstanten in integrierten Si-Schaltungen. Tatsächlich wird die Wellenlänge in der Größenordnung von etwa 10 cm liegen, wobei für die relative magnetische Permeabilität stets der Wert $\mu_r = 1$ angenommen werden kann.

3.1.2 Die verlustbehaftete Leitung

Die verlustbehaftete Leitung läßt sich nicht mehr so einfach beschreiben wie die verlustlose Leitung: Es breiten sich keine TEM-Wellen mehr aus[19], und für die die Leitung beschreibende Differentialgleichung ist keine analytische Lösung (z.B. entsprechend (3.6a, b)) bekannt.

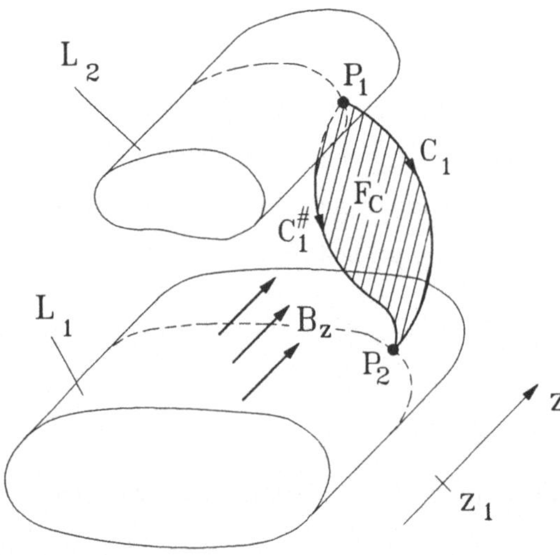

Auftretende Verluste können mannigfaltiger Art sein, z.B. Verluste im Substrat (hauptsächlich bei Leitungen auf integrierten Schaltungen), ohmsche Verluste der Leitungen selbst usw. Auf den speziellen Einfluß des Substrats auf die Signalausbreitung wird in Abschn. 3.2 gesondert eingegangen. In diesem Abschnitt sollen nur die ohmschen Verluste der Leitung berücksichtigt werden, da diese Verluste, speziell in integrierten Schaltungen, die Gesamtverluste dominieren.

Bild 3.7. Zylindrische Leitung mit Komponente der magnetischen Induktion in Ausbreitungsrichtung

Auch für verlustbehaftete Leitungen soll eine sog. Dimensionsreduzierung aus den bereits erwähnten Gründen und in der in Abschn. 3.1.1 beschriebenen Weise vorgenommen werden. Hierfür gelten zunächst dieselben einschränkenden Voraussetzungen wie für die verlust*lose* Leitung. Hinzu kommt, daß aufgrund des endlichen ohmschen Widerstands der Leitung in jedem Fall eine $\vec{E}$-Komponente in Ausbreitungsrichtung auftritt, es sich also *nicht* um eine TEM-Welle handeln kann. Um ebenfalls eine elektrische Spannung zwischen Hin- und Rückleiter *eindeutig* (d.h. wegunabhängig) definieren zu können, muß hier zusätzlich zur Quasistationarität quer zur Ausbreitungsrichtung gefordert werden, daß keine zeitabhängige

---

[19]Dies ist allerdings auch schon bei verlust*losen* Leitungen dann nicht mehr der Fall, wenn z.B. das Dielektrikum längs der Leitung geschichtet ist, weil dann die Ausbreitungsgeschwindigkeiten gemäß $v = (\mu\varepsilon)^{-1/2}$ i.a. in jedem Medium verschieden voneinander wären. Es läßt sich aber zeigen, daß bei den hier vorliegenden Geometrien und Signalfrequenzen dennoch die longitudinalen Feldkomponenten gegen die Transversalkomponenten vom Betrag her vernachlässigt werden können. Man spricht dann auch von *Quasi-TEM* Wellen.

$\vec{B}$-Komponente in Ausbreitungsrichtung (z-Richtung, Bild 3.7) auftritt oder daß wenigstens der Betrag der zeitlichen Ableitung des Integrals $\int B_z \, df_z$ über F_C sehr viel kleiner als jede auf einem beliebigen Integrationsweg C_1 zwischen Hin- und Rückleiter gemäß $| \int \vec{E} \cdot \vec{ds} |$ betragsmäßig definierte Potentialdifferenz ist.

Dies ergibt sich unmittelbar aus folgender Betrachtung: Entsprechend (3.9) erhält man für die elektrische Potentialdifferenz längs C_1 den Wert V, längs $C_1^{\#}$ den Wert $V^{\#}$, wobei jeweils in der Ebene $z = z_1$ zwischen *denselben* Punkten P_1 und P_2 integriert wird, also $C_1 - C_1^{\#} =: C$ einen in sich geschlossenen Integrationsweg darstellt (Bild 3.7). Es gilt also:

$$V = \int\limits_{P_1,\, C_1}^{P_2} \vec{E} \cdot \vec{ds} \; , \qquad V^{\#} = \int\limits_{P_1,\, C_1^{\#}}^{P_2} \vec{E} \cdot \vec{ds} \; , \qquad (\#19, \#20)$$

mithin

$$V - V^{\#} = \int\limits_{P_1,\, C_1}^{P_2} \vec{E} \cdot \vec{ds} \; + \int\limits_{P_2,\, -C_1^{\#}}^{P_1} \vec{E} \cdot \vec{ds} \; = \oint\limits_{C} \vec{E} \cdot \vec{ds} \; . \qquad (\#21)$$

Aus der zweiten Maxwellschen Gleichung (3.4a) folgt unter Anwendung des Stokeschen Integralsatzes:

$$V - V^{\#} = \int\limits_{F_C} \mathrm{rot}\, \vec{E} \cdot \vec{df} = - \int\limits_{F_C} \dot{\vec{B}} \cdot \vec{df} \; . \qquad (\#22)$$

Wegen $\vec{df} = df_z \, \vec{e}_z$ ($\vec{e}_z$ = Einheitsvektor in z-Richtung) kann dieser Ausdruck dann ungleich Null werden, wenn die zeitliche Ableitung von B_z ungleich Null ist. Dann gilt:

$$V - V^{\#} \neq 0 \qquad \text{bzw.} \qquad V \neq V^{\#} \; . \qquad (\#23, \#24)$$

Die Ursache für eine (zeitlich veränderliche) $\vec{B}$-Feldkomponente in z-Richtung kann nur ein Strom quer zur Ausbreitungsrichtung sein. Dabei kann es sich nicht um einen Leiterstrom, sondern bestenfalls um einen Verschiebungsstrom handeln. Quasistationäre Näherung bedeutet aber, daß man die magnetfelderzeugende Wirkung der Verschiebeströme vernachlässigt. Die Forderung, daß $\dot{B}_z$ verschwindet oder zumindest keinen signifikanten Einfluß auf die Potentialmessung zwischen den Leitern hat, ist also gleichbedeutend mit der Forderung nach Quasistationarität quer zur Ausbreitungsrichtung. Die Bedingung für die Erfüllbarkeit dieser Forderung ist durch (3.30) formuliert und aus den gleichen Gründen wie bereits in Abschn. 3.1.1 auch hier erfüllt.

Des weiteren fließt der Leiterstrom aufgrund der nunmehr endlichen Leitfähigkeit des Leiters nicht mehr allein an dessen Oberfläche, sondern auch in dessen Innerem, wobei die Stromverteilung frequenzabhängig ist. Dies führt zu ebenfalls frequenzabhängigen Leitungsbelägen (R', L'), worauf speziell im Unterabschnitt *Berücksichtigung des Skin-Effekts im Leiter* sowie in

Kap. 6 eingegangen wird. Außerdem muß bei der Definition des Induktivitätsbelages wegen des nun auch im Leiterinnern auftretenden Magnetfeldes prinzipiell auch ein *innerer* Induktivitätsbelag L_i' berücksichtigt werden.

Differentialgleichungen und spezielle Lösungen

Wie oben erwähnt können im Gegensatz zur verlustlosen Leitung in Abschn. 3.1.1 hier keine *allgemeinen* analytischen Lösungen, mitunter aber spezielle Lösungen angegeben werden. Es sollen deshalb im wesentlichen die beschreibenden Differentialgleichungen aufgestellt werden, welche dann später (allerdings für den mehrdimensionalen Fall, Abschn. 4.3) einer geeigneten numerischen Lösung zugeführt werden können. Außerdem sollen Vor- und Nachteile einiger spezieller Lösungen diskutiert werden.

Die im folgenden betrachtete Leiteranordnung entspreche jener aus Bild 3.1, allerdings sei der obere Leiter jetzt verlustbehaftet und habe die endliche Leitfähigkeit σ (Bild 3.8). Ohne Einschränkung der Allgemeinheit soll der untere Leiter aus Gründen einer einfacheren Betrachtung weiterhin als beliebig gut

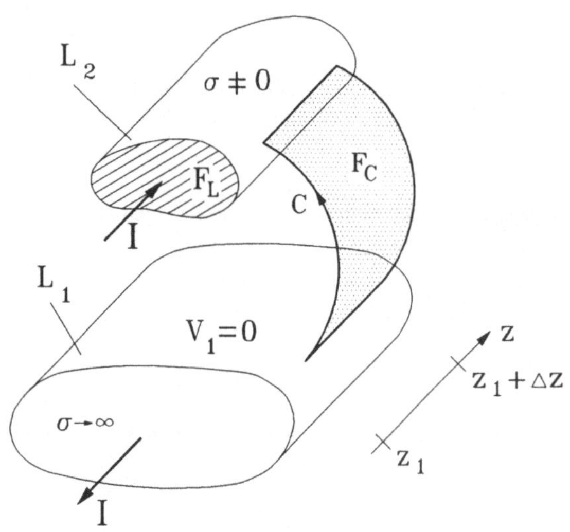

Bild 3.8. Verlustbehaftete Leitung

leitend angenommen werden (d.h. alle auftretenden ohmschen Verluste werden im oberen Leiter zusammengefaßt). Die Leiter werden in der dargestellten Weise von einem Strom I durchflossen, und C ist ein geschlossener Integrationsweg. Berechnet man für die 2. Maxwellsche Gleichung

$$\oint_C \vec{E}\cdot\vec{ds} = - \int_{F_C} \dot{\vec{B}}\cdot\vec{df} \tag{3.31}$$

(dargestellt in Integralform; Differentialform siehe (3.4a)) sowohl den Rechts- wie auch den

Linksterm bezüglich der in Bild 3.8 dargestellten Anordnung, so ergeben sich:

$$\oint_C \vec{E} \cdot d\vec{s} = - V(z_1) + \Delta z\, i_z/\sigma + V(z_1 + \Delta z) \; , \qquad (3.32a)$$

$$\int_{F_C} \dot{\vec{B}} \cdot d\vec{f} = \Delta \dot{\Phi} \; . \qquad (3.32b)$$

i_z ist hierbei die Stromdichte in L_2 und $\Delta \dot{\Phi}$ die zeitliche Ableitung des (äußeren) magnetischen Flusses durch F_C. Der Term $\Delta z\, i_z/\sigma$ repräsentiert den ohmschen Spannungsabfall an L_2. Zunächst wurde eine über den Leiterquerschnitt F_L homogene Stromverteilung angenommen. Die Stromdichte errechnet sich dann zu $i_z = I/F_L$, und es kann ein konstanter Widerstandsbelag $R' := \Delta R/\Delta z = 1/(\sigma \cdot F_L)$ definiert werden. Entwickelt man noch $V(z_1 + \Delta z)$ in (3.32a) in eine Taylor-Reihe (die man wegen des später durchzuführenden Grenzübergangs $\Delta z \to 0$ nach dem zweiten Glied abbrechen kann) und setzt (3.32) anschließend in (3.31) ein, dann erhält man:

$$- \Delta \dot{\Phi} = I\, R'\, \Delta z + \Delta z\, \partial V/\partial z \; . \qquad (3.33)$$

Mit $\Delta \Phi =: L'\, \Delta z\, I$ erhält man so die bekannte Leitungsdifferentialgleichung

$$- \partial V/\partial z = I\, R' + L'\, \partial I/\partial t \; . \qquad (3.34)$$

Da hier nur der äußere magnetische Fluß berücksichtigt wurde, also *nicht* der magnetische Fluß *innerhalb* von L_2, stellt L' nicht den gesamten, sondern nur den sog. äußeren Induktivitätsbelag dar.

Auf analoge Weise gelangt man zu einer weiteren Leitungsdifferentialgleichung, wenn man die elektrischen Ladungen auf L_2 betrachtet. Hierfür wird der elektrische Durchflutungssatz,

$$\oint_F \vec{D} \cdot d\vec{f} = \int_{\tau_F} \rho \; d\tau \; , \qquad (3.35)$$

auf die in Bild 3.9 dargestellte Leiteranordnung angewandt. Sie ist identisch mit jener in

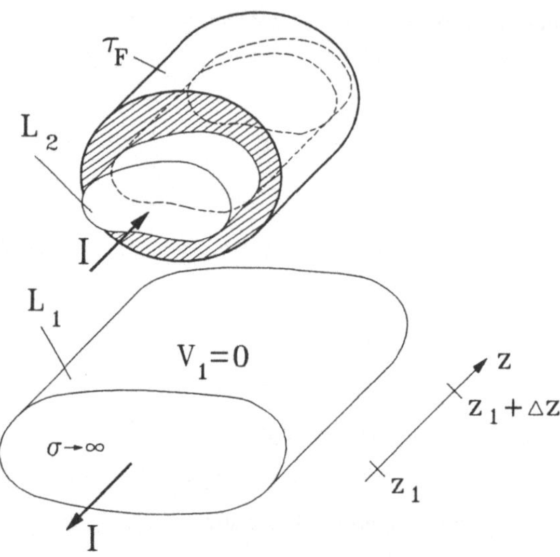

Bild 3.9. Anwendung des Durchflutungssatzes

Bild 3.8, wobei jetzt aber anstelle des Integrationsweges C das ein Leiterstück der Länge Δz des Leiters L_2 beinhaltende Integrationsvolumen τ_F dargestellt ist. Die (geschlossene) Oberfläche des Volumens τ_F wird mit F bezeichnet. Teilt man diese Fläche in die Flächenstücke F_R (Ringflächen), F_L (Leiterquerschnittsflächen) und F_M (Mantelfläche) gemäß Bild 3.10 auf, dann läßt sich der Linksterm von (3.35) folgendermaßen schreiben:

$$\oint_F \vec{D} \cdot d\vec{f} = \int_{F_{R1}+F_{R2}+F_M} \vec{D} \cdot d\vec{f} + \int_{F_{L1}} \vec{D} \cdot d\vec{f} + \int_{F_{L2}} \vec{D} \cdot d\vec{f} . \tag{3.36a}$$

Der Rechtsterm von (3.35) ist gleich der Gesamtladung ΔQ auf L_2 im Bereich $z_1 \le z \le z_1 + \Delta z$. Da diese Ladung sich nur *auf* dem Leiter L_2, nicht aber *außerhalb* von L_2 befinden kann, genügt es hier, allein über das Leitervolumen $\tau_F' \le \tau_F$ zu integrieren. Bezeichnet man den Mittelwert des Leiterpotentials von L_2 im Bereich $z_1 \le z \le z_1 + \Delta z$ mit $\overline{V}(z) := [V(z_1) + V(z_1 + \Delta z)]/2$, dann gilt unter Berücksichtigung von (3.15) schließlich

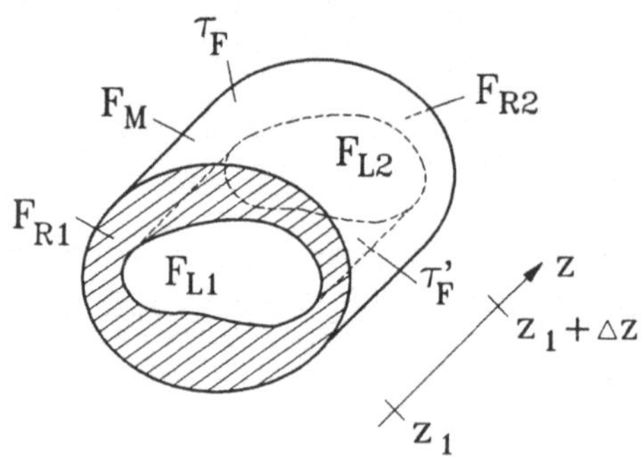

Bild 3.10. Aufteilung der Fläche F in Flächenstücke

$$\int_{\tau_F} \rho \, d\tau = \int_{\tau_F'} \rho \, d\tau = \Delta Q \approx C' \, \Delta z \, \overline{V}(z) . \tag{3.36b}$$

Im folgenden müssen noch die Rechtsterme von (3.36a) untersucht werden. Aufgrund des

Zusammenhangs $\int \vec{D} \cdot d\vec{f} = \varepsilon_0 \int \vec{E} \cdot d\vec{f} = (\varepsilon_0/\sigma) \int \vec{i} \cdot d\vec{f} = I \, \varepsilon_0/\sigma$ ergeben sich für die Leiterflächenterme:

$$\int_{F_{L1}} \vec{D} \cdot d\vec{f} = - I \, (z_1) \, \varepsilon_0/\sigma \, , \tag{3.37a}$$

$$\int_{F_{L2}} \vec{D} \cdot d\vec{f} = I \, (z_1 + \Delta z) \, \varepsilon_0/\sigma \, . \tag{3.37b}$$

Die Vorzeichen ergeben sich daher, daß die Flächenvektoren üblicherweise als aus τ_F *hinaus*weisend angenommen werden. Zur Bestimmung des Flächenterms über $F_{R1} + F_{R2} + F_M$ wird die 1. Maxwellsche Gleichung in Integralform,

$$\oint_C \vec{H} \cdot d\vec{s} = \int_{F_C} (\vec{i} + \dot{\vec{D}}) \, d\vec{f} \, , \tag{3.38}$$

herangezogen. Der Integrationsweg C in (3.38) ist geschlossen, d.h. die eingeschlossene Fläche F_C stellt, im Gegensatz zu F in Bild 3.9 bzw. Bild 3.10, keine *Hüll*fläche dar. Auch die zu untersuchende "Restfläche" $F_{R1} + F_{R2} + F_M$ bildet aufgrund der "Löcher" F_{L1} und F_{L2} keine Hüllfläche mehr, allerdings existiert noch kein zusammenhängender, die Fläche $F_{R1} + F_{R2} + F_M$ umschließender Integrationsweg C, so daß (3.38) noch nicht angewandt werden kann. Man erhält einen solchen Integrationsweg, wenn man $F_{R1} + F_{R2} + F_M$ in geeigneter Weise "aufschlitzt", Bild 3.11. Je nachdem, was man beim Umlauf um C jetzt als eingeschlossene Fläche betrachtet, folgen aus (3.38) die Gleichungen

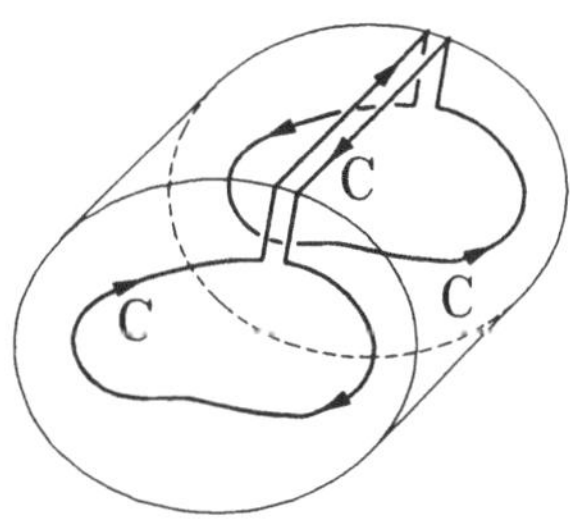

Bild 3.11. Integrationsweg des Linienintegrals

$$\oint_C \vec{H} \cdot d\vec{s} = \int_{F_{L1} + F_{L2}} (\vec{i} + \dot{\vec{D}}) \cdot d\vec{f} \tag{3.38a}$$

bzw.

$$\oint_C \vec{H} \cdot d\vec{s} = \int_{F_{R1} + F_{R2} + F_M} \dot{\vec{D}} \cdot d\vec{f} \, . \tag{3.38b}$$

Da durch $F_{R1}+F_{R2}+F_M$ aufgrund des als nichtleitend angenommenen Dielektrikums nur Verschiebeströme fließen können, wurde in (3.38b) die Leiterstromdichte fortgelassen. Die Kombination von (3.38a) und (3.38b) ergibt den benötigten, nur integrale Größen enthaltenden Ausdruck für den ersten Rechtsterm von (3.36a),

$$\int_{F_{R1}+F_{R2}+F_M} \dot{\vec{D}} \cdot d\vec{f} = \int_{F_{L1}+F_{L2}} (\vec{i} + \dot{\vec{D}}) \cdot d\vec{f} = I\,(z_1) - I\,(z_1+\Delta z) + [\dot{I}\,(z_1) - \dot{I}\,(z_1+\Delta z)]\,\varepsilon_0/\sigma \quad , \qquad (3.39)$$

wobei hier allerdings die zeitliche Ableitung von $\vec{D}$ auftritt. Zusammen mit den zeitlichen Ableitungen von (3.37) und (3.36b) erhält man dann schließlich die gesuchte Differentialgleichung aus dem ebenfalls nach der Zeit differenzierten Durchflutungssatz (3.35) für $\Delta z \to 0$:

$$- \partial I/\partial z = C' \, \partial V/\partial t \quad . \qquad (3.40)$$

Die in Bild 3.8 bzw. Bild 3.9 dargestellte Leiteranordnung läßt sich also erwartungsgemäß mit den aus der Leitungstheorie bekannten Differentialgleichungen (3.34) und (3.40) bezüglich des elektrischen Verhaltens beschreiben. Allerdings wurden dabei vorausgesetzt:

1. konstant homogene Leiterstromdichte,

2. keine sich zeitlich ändernde Komponente des Magnetfeldes in Ausbreitungsrichtung und

3. Vernachlässigung des inneren Induktivitätsbelags.

Während die 2. Voraussetzung letztlich nichts anderes bedeutet als die in sehr guter Näherung zulässige Annahme quasistationären Verhaltens quer zur Ausbreitungsrichtung, bedarf Voraussetzung 1 noch einer weiteren Diskussion (siehe *Berücksichtigung des Skin-Effekts im Leiter*, Abschn. 3.1.2, sowie Kap. 6). Die dritte Voraussetzung erweist sich als nicht unbedingt notwendig, wie im folgenden Unterabschnitt noch erläutert werden wird.

Abschließend sollen noch einige spezielle Lösungen des Gleichungssystems (3.34) und (3.40) diskutiert werden. Auf die teilweise etwas aufwendigen Herleitungen wird hier verzichtet, da diesen Lösungen, wie im folgenden noch deutlich werden wird, bestenfalls bei der Behandlung von Einzelleitungen praktische Bedeutung zukommt.

Unter der vereinfachenden Annahme einer unendlich langen Leitung (d.h. *keine* Reflexionen) ergibt sich als Lösung von (3.34, 3.40)

$$V(z, t) = e^{-(z/2)(R'/Z_0)} V(0, t-z/v)$$

$$+ (z/2)(R'/Z_0) \int_{z/v}^{t} V(0, t-\tau) \, e^{-(\tau/2)(R'/L')} \frac{I_1 [(1/2)(R'/L') \cdot \sqrt{\tau^2-(z/v)^2}]}{\sqrt{\tau^2-(z/v)^2}} \, d\tau$$

$$(3.41)$$

für $t \geq z/v$ (sonst: $V(z, t) \equiv 0$) [23-25]. $V(0, t)$ ist das Eingangssignal der Leitung, wobei $V(0, t) \equiv 0$ für $t \leq 0$ angenommen wurde. Außerdem soll die Leitung für Zeiten $t \leq 0$ an keiner Stelle ein von Null verschiedenes Signal aufweisen, also $V(z, t) \equiv 0$ für $t \leq 0$. Bei der Funktion I_1 handelt es sich um die modifizierte Besselsche Funktion erster Gattung und erster Ordnung. Sie steht mit der gewöhnlichen Besselfunktion J_1 erster Gattung und erster Ordnung in dem Zusammenhang $I_1(z) = -j J_1(jz)$ mit $j^2 := -1$ [26]. Es ist leicht erkennbar, daß (3.41) von recht komplizierter Struktur ist, so daß die numerische Auswertung insbesondere für den Fall *endlicher* Leitungslänge (es treten dann aufgrund der zu berücksichtigenden Reflexionen weitere Terme auf) sowie nichtlinearer Schaltungsumgebung bereits für die hier nur betrachtete Einzelleitung sehr aufwendig werden kann. Für den Fall $R' = 0$ geht (3.41) unmittelbar in die d'Alembertsche Lösung (3.23) über.

Eine einfache und der d'Alembertschen sehr ähnliche Lösung erhält man für den Fall, daß zusätzlich zum Widerstandsbelag R' ein Ableitungsbelag G' derart existiert, daß gerade die Beziehung $R'/L' = G'/C' = const$ gilt. Gleichung (3.40) muß dann auf der rechten Seite um den Term $V G'$ erweitert werden, und es gilt (ebenfalls für die unendlich ausgedehnte Leitung):

$$V(z, t) = e^{-z(R'/Z_0)} V(0, t-z/v) \; . \tag{3.42}$$

Es handelt sich also im wesentlichen um den ersten Rechtsterm von (3.41) (bis auf den Faktor 2 im Nenner des Exponenten). Da das Eingangssignal hier offensichtlich längs der Leitung lediglich um den Faktor $e^{-z(R'/Z_0)}$ gedämpft wird, ansonsten aber seine ursprüngliche Form beibehält, spricht man auch von einer *verzerrungsfreien Leitung*. Da die geforderte Beziehung R'/L' = G'/C' in praktischen Fällen so gut wie nie erfüllt werden kann (auf integrierten Schaltungen gilt i.a. in sehr guter Näherung G' ≡ 0), ist (3.42) hier nur von theoretischem Interesse.

Speziell bei Leitungen auf integrierten Schaltungen können die Widerstandsbeläge außerordentlich hoch werden. Wie in Abschn. 3.2.2 noch gezeigt werden wird, sind Werte von weit mehr als 10 bis 20 kΩ/m keineswegs ungewöhnlich. Aus diesem Grund wird im Falle sehr hochohmiger Leitungen häufig von der Annahme ausgegangen, daß die auf der Leitung induzierte Spannung gegenüber dem ohmschen Spannungsabfall vernachlässigt werden kann, d.h. der zweite Rechtsterm L' $\partial I/\partial t$ in (3.34) wird gegenüber dem ersten Rechtsterm I R' vernachlässigt. Durch Differentiation von (3.34) nach dem Ort und anschließendem Einsetzen von (3.40) erhält man dann die neue Differentialgleichung

$$\partial^2 V/\partial z^2 = R'C' \, \partial V/\partial t \, . \tag{3.43}$$

Eine Lösung von (3.43) unter denselben Randbedingungen wie oben (unendlich lange Leitung, V (0, t) ≡ 0 für t ≤ 0 usw.) ist [27]

$$V(z, t) = \frac{1}{2 \, R'C' \sqrt{\pi}} \int_0^t V(0, \tau) \cdot \frac{z}{[(t-\tau)/R'C']^{3/2}} \, e^{-(z^2/4)[R'C'/(t-\tau)]} \, d\tau \, . \tag{3.44}$$

Im Gegensatz zu den bisher betrachteten Dgln. ist (3.43) nicht mehr vom hyperbolischen, sondern vom parabolischen Typ, d.h. (3.43) kann gar keine Wellenausbreitung beschreiben[20]. Dennoch stimmen die aus (3.44) erhaltenen Werte für V mit jenen aus (3.41) teilweise recht gut überein (siehe Beispiel 3.3), so daß es durchaus sinnvoll erscheint, eine RLC-Leitung durch eine RC-Leitung zu approximieren. Es sei aber bereits jetzt darauf hingewiesen, das dies nur für sehr stark verlustbehaftete Leitungen und dann auch nur für Einzelleitungen gilt. Im übrigen stellt die Reduktion der RLC-Leitung auf eine RC-Leitung für die Simulation nur scheinbar einen Vorteil dar, wie in Kap. 4 noch deutlich werden wird.

---

[20]Dies ist insofern nicht verwunderlich, als daß die Ausbreitung elektromagnetischer Wellen *stets* auf der Wechselwirkung zwischen magnetischem und elektrischem Feld beruht. Durch die Vernachlässigung des Induktivitätsbelages wurde das magnetische Feld aber zu Null angenommen, was aus physikalischer Sicht völlig unsinnig ist.

Eine weitere Möglichkeit der analytischen Lösung der Leitungsdifferentialgleichung besteht in der Anwendung der sog. Fourier-Methode, auch unter der Bezeichnung "Trennung der Variablen" bekannt. Dabei wird angenommen, daß sich z.B. das gesuchte Leiterpotential V (z, t) als Produkt zweier Funktionen darstellen läßt, wobei jede dieser Funktionen nur von *einer* Variablen abhängt, also $V (z, t) =: f (z) \cdot \varphi (t)$. Das Einsetzen dieses Ansatzes in die Differentialgleichung und die Lösung der dabei entstehenden gewöhnlichen Differentialgleichungen führt schließlich auf eine Fourier-Reihe, wobei eine wesentliche Schwierigkeit i.a. darin besteht, die Fourier-Koeffizienten aus den vorgegebenen Anfangs- und Randbedingungen zu bestimmen. Bezüglich weiterer Details sei auf die hierzu existierende umfangreiche mathematisch-physikalische Fachliteratur verwiesen (z.B. [19], S. 480 ff und [25], S. 66 ff). Auch die Fourier-Methode scheint nicht geeignet, gekoppelte Leitungssysteme, insbesondere in nichtlinearer Schaltungsumgebung, mit vertretbarem Aufwand an Rechenzeit zu behandeln.

Beispiel 3.3:

Die in Beispiel 3.1 und Beispiel 3.2 bereits behandelte Koaxialleitung sei jetzt verlustbehaftet, beschrieben durch einen Widerstandsbelag R'. Um die Einflüsse der ohmschen Verluste deutlich erkennen zu können, wird für R' der (für eine Koaxialleitung unrealistisch hohe) Wert von 1000 Ω/m angenommen. Für die Radien (siehe Bild 3.5) soll gelten: R_1 = 1,0 mm, R_2 = 2,3 mm. Die Gleichungen (3.41) und (3.44) sollen bei rampenförmiger Erregung gemäß Beispiel 1 (τ = 300 ps) numerisch ausgewertet werden (z.B. mit Hilfe eines geeigneten Taschenrechners oder eines PCs), und die Resultate sind gemäß Bild 3.3 graphisch darzustellen und zu diskutieren.

Lösung: Zunächst sind die zur Auswertung von (3.41, 3.44) benötigten Werte für C', L', v und Z_0 zu bestimmen. Aus (B12, B15) und (3.22, 3.24) folgt unmittelbar: C' = 66,8 pF/m, L' = 167 nH/m, v = $3 \cdot 10^8$ m/s und Z_0 = 50 Ω. Die Berechnung der Funktion I_1 in (3.41) kann z.B. mit Hilfe der rasch konvergierenden Reihe

$$I_1 (x) = \sum_{n=0}^{\infty} \frac{(x/2)^{2n+1}}{n!^2 \, (n+1)} \tag{B17}$$

erfolgen. In Bild 3.12 und 3.13 sind die numerischen Resultate dargestellt. Im Gegensatz zur verlustfreien Leitung (Bild 3.3) klingt das Signal längs der Leitung aufgrund der hohen Verluste sehr schnell ab. Ebenfalls aufgrund der hohen Verluste weisen beide Simulationsresultate sehr ähnliche Signalverläufe auf, d.h. im vorliegenden Fall könnte man bei der Simulation die Induktivitätsbeläge weitgehend vernachlässigen. In Bild 3.12 wurde in der z-t-Ebene eine diagonale Gerade eingezeichnet. Diese Gerade stellt die Spur eines sog. Lichtkegels dar, also eine Linie, unterhalb derer ein zum Zeitpunkt t = 0 und am Ort z = 0 stattfindendes Ereignis nicht mehr beobachtet werden kann, da sich alle Signale nur maximal mit Lichtgeschwindigkeit ausbreiten können. Dies ist in Bild 3.12 auch gut zu beobachten: erst oberhalb der Geraden findet ein zeitlicher Signalanstieg (z.B.

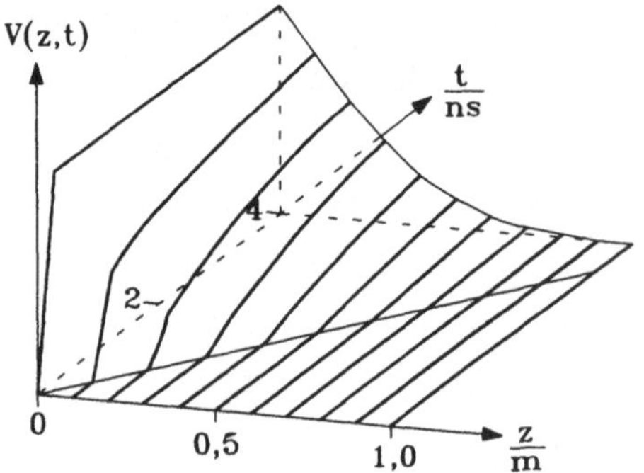

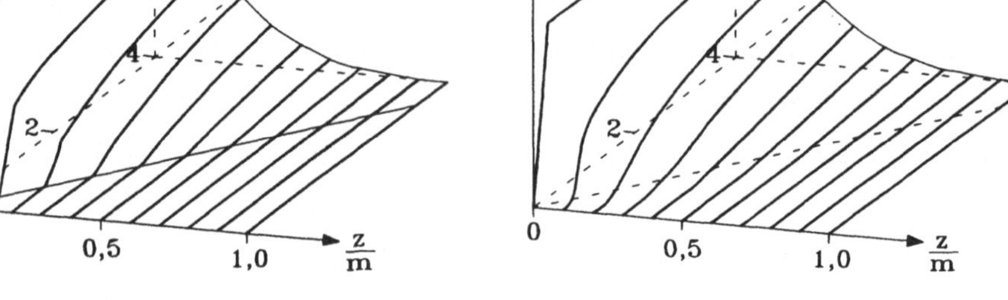

<table>
<tr>
<td>

Bild 3.12. Potential als Funktion des Ortes und der Zeit *mit* Induktivitätsbelag (gemäß 3.41)

</td>
<td>

Bild 3.13. Potential als Funktion des Ortes und der Zeit *ohne* Induktivitätsbelag (gemäß 3.44)

</td>
</tr>
</table>

an der Stelle $z = 0,1$ m) statt. Auch der Knick des Eingangssignals zum Zeitpunkt $t = \tau = 300$ ps läßt sich längs der Leitung bis etwa zur Stelle $z \approx 0,2$ m noch gut erkennen. Dies geht auf den ersten Rechtsterm von (3.41) zurück, der ja nichts anderes als das zeitlich verschobene und gedämpfte Eingangssignal repräsentiert (vgl. auch (3.42)). In Bild 3.13 ist die diagonale Gerade gestrichelt dargestellt, da sie sich quasi "unterhalb" des durch V (z, t) gebildeten "Signalgebirges" befindet. Mit anderen Worten: das Eingangssignal benötigt keinerlei Laufzeit, um zu einer beliebigen Stelle $z > 0$ der Leitung zu gelangen, wird aber bei größerer Entfernung vom Leitungsanfang (hier etwa: $z > 0,5$ m) u.U. so stark gedämpft, daß es *praktisch* den Wert Null aufweist. Die Lichtgeschwindigkeit ist also scheinbar unendlich hoch, was physikalisch sicher unsinnig ist, der Annahme quasistationären Verhaltens aber implizit zugrunde liegt (siehe Kap. 2).

Berücksichtigung innerer Induktivitätsbeläge

Im letzten Unterabschnitt wurde das magnetische Feld im Leiterinnern nicht berücksichtigt. Zur Definition der Induktivität wurde nur das *äußere* Magnetfeld des Leiters betrachtet, weshalb es sich bei dem bisher betrachteten Induktivitätsbelag, wie schon erwähnt, korrekt nur um den sog. äußeren Induktivitätsbelag handelt. An der Wellenausbreitung ist aber natürlich das *gesamte* Magnetfeld beteiligt, d.h. der bisherige äußere Induktivitätsbelag ist noch um einen sog. inneren Induktivitätsbelag L'_i zum gesamten Induktivitätsbelag L'_{ges} zu ergänzen. Hierzu wird die schon aus Bild 3.8 bekannte Anordnung nochmals betrachtet. Da jetzt aber auch die Stromverteilung im Leiterinnern mit berücksichtigt werden muß, wurde der vom Gesamtstrom I durchflossene Leiter L2 gedanklich in sog. Stromröhren infinitesimalen Querschnitts aufgeteilt (Bild 3.14), die an jeder Stelle des Leiters in Richtung des

tatsächlich vorhandenen Strömungs-
feldes verlaufen. Eine dieser Stromröhren ist stellvertretend für alle
Stromröhren in Bild 3.14 dargestellt
sowie zuzüglich noch der über die
Stromröhre geschlossene Integrationsweg C. Der Rückleiter wird
(ohne Einschränkung der Allgemeinheit der durchgeführten Betrachtungen) wieder als unendlich gut leitend
angenommen, so daß dort nur Oberflächenströme fließen. Zur Bestimmung der Induktivität bzw. des
Induktivitätsbelages muß zunächst

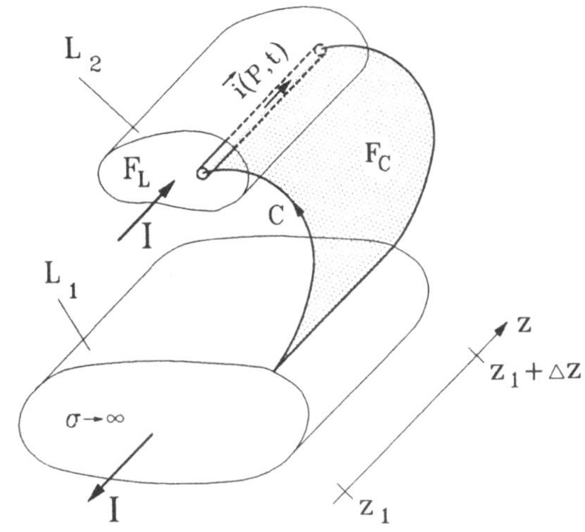

Bild 3.14. Leiter mit Stromröhre ($\vec{i}$ (P, t) = Stromdichte im Punkt P zum Zeitpunkt t)

der mit dem entsprechenden Leiter bzw. dem Leiterstück der Länge Δz verkettete magnetische Fluß $\Delta\Phi$ bestimmt werden (analog der Herleitung von (3.34)). Im Gegensatz zu den bisherigen Betrachtungen besteht hier aber das Problem, daß man je nach gewähltem Integrationsweg C (bzw. der von C aufgespannten Fläche F_C) i.a. unterschiedliche magnetische Flüsse $\Delta\Phi$ erhält. Für den durch die von C aufgespannte Fläche gehenden magnetischen Fluß gilt bekanntlich

$$\Delta\Phi = \int_{F_C} \vec{B}\,(P,\,t)\cdot d\vec{f} = \oint_C \vec{A}\,(P,\,t)\cdot d\vec{s}\,, \tag{3.45}$$

wobei $d\vec{s}$ ein Wegelement auf C ist. Der zweite Rechtsterm von (3.45) ergibt sich mit Hilfe des Stokeschen Satzes, wobei $\vec{A}$ (P, t) das gemäß $\vec{B}$ =: rot $\vec{A}$ definierte magnetische Vektorpotential im Punkt P zum Zeitpunkt t ist. Es läßt sich leicht aus den Stromdichten in L_1 und L_2 errechnen (siehe z.B. [28])[21]. Da der Fluß $\Delta\Phi$ nicht mit dem *gesamten* Leiterstrom verkettet ist, eignet sich $\Delta\Phi$ auch nicht zur Berechnung des gesamten Induktivitätsbelages. Vielmehr ist es notwendig, einen *mittleren* Fluß, die sog. Fluß*verkettung* $\Delta\Psi$, zu betrachten, wobei dann L_{ges} so definiert wird, daß, analog zu (3.20), die Beziehung $\Delta\Psi = L'_{ges}\,I\,\Delta z$ gilt. Die Flußverkettung $\Delta\Psi$ errechnet sich zu [29]:

---

[21]Die Bestimmung der Leiterstromdichten ist i.a. kompliziert, häufig ist es aber zulässig, näherungsweise eine Gleichverteilung des Stromes über den Leiterquerschnitt anzunehmen (siehe auch nächster Unterabschnitt).

$$\Delta\Psi = (1/I) \int_{F_L} \Delta\Phi \, dI \ . \tag{3.46}$$

Dabei ist I der durch L_2 fließende Gesamtstrom. Es handelt sich bei $\Delta\Psi$ also gerade um den mit der Stromverteilung gewichteten und über den Leiterquerschnitt integrierten Mittelwert aller möglichen Flüsse $\Delta\Phi$. Aus (3.46) läßt sich dann unmittelbar L'_{ges} als Proportionalitätskonstante zwischen $\Delta\Psi$ und I bestimmen (siehe auch Beispiel 3.4).

Die Bestimmungsgleichung für Ψ (bzw. $\Delta\Psi$) erhält man auf folgende einfache Weise: Für die magnetische Feldenergie W_{mag} gilt die bekannte Gleichung

$$2W_{mag} = \int_{\tau_\infty} \vec{B}\cdot\vec{H} \, d\tau \ , \tag{\#25}$$

wobei die Integration über das Volumen τ_∞ des gesamten Raumes zu erstrecken ist. Mit $\vec{B} = \mathrm{rot}\ \vec{A}$, $\mathrm{rot}\ \vec{H} = \vec{i}$ und unter Berücksichtigung der Vektoridentität $\mathrm{div}\ (\vec{A}\times\vec{H}) = \vec{H}\cdot\mathrm{rot}\ \vec{A} - \vec{A}\cdot\mathrm{rot}\ \vec{H}$ ergibt sich hieraus

$$2W_{mag} = \int_{\tau_{Leiter}} \vec{A}\cdot\vec{i} \, d\tau \ . \tag{\#26}$$

Dabei wurde vorausgesetzt, daß das Feld in hinreichend großer Entfernung von seinen erzeugenden Quellen (repräsentiert durch die Leiterstromdichte $\vec{i}$) hinreichend schnell gegen Null strebt. Da die Stromdichte außerhalb der Leiter Null ist, muß die Integration jetzt nur noch über die Leitervolumina erstreckt werden. Für einen vom Strom I durchflossenen Linienleiter folgt aus (#26)

$$2W_{mag} = \Phi\, I \ . \tag{\#27}$$

Φ ist der mit der Leiterschleife verkettete magn. Fluß. Für eine stromdurchflossene Leiterschleife mit dem *endlichen* Leiterquerschnitt F_{Leiter} soll jetzt, analog zu (#27), *definiert* werden:

$$2W_{mag} =: \Psi\, I \ . \tag{\#28}$$

Zerlegt man die Leiterschleife in einzelne Stromröhren, dann ergibt sich aus (#26)

$$2W_{mag} = \int_{\tau_{Leiter}} \vec{A}\cdot\vec{i} \, d\tau = \int_{F_{Leiter}} \oint_C (\vec{A}\cdot\vec{i})(d\vec{s}\cdot d\vec{f}) \ , \tag{\#29}$$

wobei C der Integrationsweg längs einer Stromröhre und $d\vec{f}$ deren Querschnittsflächenvektor ist. Wegen der Parallelität der Vektoren $\vec{i}$ und $d\vec{s}$ und mit $\vec{i}\cdot d\vec{f} = dI$ (dI = Strom durch Stromröhre) erhält man aus (#29):

$$2W_{mag} = \int_{F_{Leiter}} dI \oint_C \vec{A}\cdot d\vec{s} \tag{\#30}$$

Das Linienintegral über $\vec{A}\cdot d\vec{s}$ ist gleich dem mit der betrachteten Stromröhre verketteten Fluß Φ, so daß sich aus (#30)

$$2W_{mag} = \int_{F_{Leiter}} \Phi \, dI \tag{\#31}$$

ergibt. Gleichsetzen von (#31) und (#28) führt (für $\Psi = \Delta\Psi$ und $\Phi = \Delta\Phi$) unmittelbar auf (3.46).

Man kann aus (3.45, 3.46) folgenden Sachverhalt recht gut erkennen: Hat Leiter L_2 relativ große Querschnittsabmessungen im Vergleich zu seinem geometrischen Abstand vom Rückleiter L_1, so ist L'_{ges} von L' wesentlich verschieden, da dann gemäß (3.46) auch $\Delta\Psi$ von $\Delta\Phi$ wesentlich verschieden ist. In diesem Fall ist es wichtig, den inneren Induktivitätsbelag mit zu berücksichtigen. Sind die Querschnittsabmessungen von L_2 dagegen klein bezüglich des Abstandes zu L_1, dann ist es gleichgültig, ob der Integrationsweg C auch noch durch das Innere von L_2 verläuft oder sich nur, wie schon in Bild 3.8 dargestellt, *zwischen* L_2 und L_1 erstreckt, man also allein den äußeren magnetischen Fluß berücksichtigt: es gilt dann $L'_{ges} \approx L'$. Den inneren Induktivitätsbelag L'_i erhält man, wenn man nur die Flußverkettung $\Delta\Psi_i$ innerhalb von L_2 berücksichtigt, C also nicht bis zu L_1, sondern nur bis zur Oberfläche von L_2 reicht. Aufgrund der Linearität der Integration muß im übrigen $L'_{ges} = L' + L'_i$ gelten.

Beispiel 3.4:

Für die Koaxialleitung aus Beispiel 3.1 und 3.2 ist das Verhältnis von Gesamtinduktivitätsbelag L'_{ges} zum inneren Induktivitätsbelag L'_i zu berechnen. Dabei soll von einer homogenen Stromverteilung im Innenleiter sowie von einem idealleitenden Außenleiter ($\sigma \to \infty$) ausgegangen werden. Ab welchem Radienverhältnis R_1/R_2 kann L'_i gegenüber L'_{ges} vernachlässigt werden?

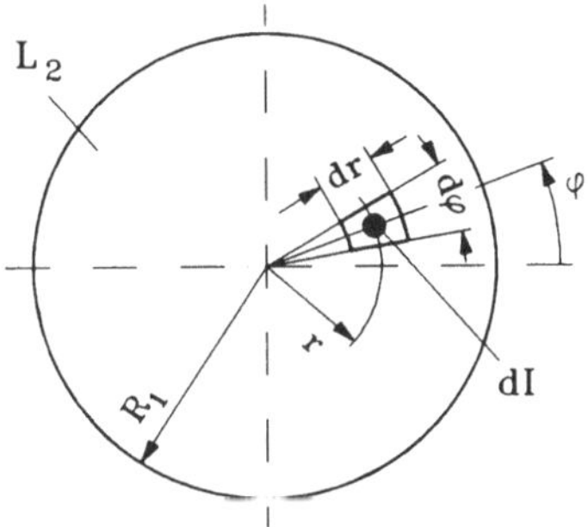

Bild 3.15. Querschnittsdarstellung des Innenleiters mit Stromröhre

Lösung: Da der äußere Induktivitätsbelag bereits aus Beispiel 3.2 bekannt ist (B15), muß nur noch der innere Induktivitätsbelag bestimmt werden. Im Außenleiter fließen aufgrund der Annahme unendlich hoher Leitfähigkeit nur Oberflächenströme, so daß der innere Induktivitätsbelag dort identisch Null ist. Für den Innenleiter ist zunächst der mit der den Strom dI führenden Stromröhre verknüpfte *innere* magnetische Fluß $\Delta\Phi_i$ (der Integrationsweg C erstreckt sich nur bis zur Oberfläche von L_2) gemäß (3.45) zu bestimmen (Bild 3.15). Die aufgrund der Rotationssymmetrie nur vom Radius r abhängige magn. Feldstärke $H_i(r)$ im Innenleiter erhält man mit Hilfe des Durchflutungssatzes, also der 1. Maxwellschen Gleichung in Integralform unter Vernachlässigung der Verschiebestromdichte (siehe z.B. (3.11)). Unter Zugrundelegung der homogenen Stromverteilung folgt in Zylinderkoordinaten ($H_i = H_{\varphi i}$):

$$H_i(r)\, 2\pi r = I\, \frac{\pi r^2}{\pi R_1^2} \qquad => \qquad H_i(r) = \frac{I}{2\pi}\, \frac{r}{R_1^2}\,. \qquad (B18)$$

Hieraus ergibt sich für den mit dI verknüpften inneren magn. Fluß $\Delta\Phi_i(r)$ gemäß (3.45):

$$\Delta\Phi_i(r) = \Delta z \int_r^{R_1} B_i \, dr' = \mu_o \frac{\Delta z \, I}{2\pi R_1^2} \int_r^{R_1} r' dr' = \mu_o \frac{\Delta z \, I}{4\pi R_1^2} (R_1^2 - r^2) \ . \tag{B19}$$

Eingesetzt in (3.46) erhält man für die innere Flußverkettung $\Delta\Psi_i$

$$\Delta\Psi_i = \Delta z \frac{\mu_o \, I}{4\pi^2 R_1^4} \int_0^{2\pi} \int_0^{R_1} (R_1^2 - r^2) \, r \, dr \, d\varphi \ , \tag{B20}$$

wobei $[I/(\pi R_1^2)] \, r \, dr \, d\varphi$ für dI eingesetzt wurde. Mit $\Psi_i' := \Delta\Psi_i/\Delta z$ folgt

$$\Psi_i' = \frac{\mu_o \, I}{4\pi^2 R_1^4} \left[R_1^2 r^2 - r^4/2 \right]_0^{R_1} = \frac{\mu_o \, I}{8\pi} = L_i' \, I \ , \tag{B21}$$

so daß sich für L_i' schließlich der Wert $L_i' = \mu_o/(8\pi)$ ergibt. Zusammen mit (B15) erhält man für das gesuchte Verhältnis L_{ges}'/L_i' :

$$L_{ges}'/L_i' = 1 + 4 \ln (R_2/R_1) \ . \tag{B22}$$

Nimmt man an, daß L_i' dann gegenüber L_{ges}' vernachlässigen werden kann, wenn L_i' wenigstens 10 mal kleiner als der Äußere Induktivitätsbelag L' ist, so folgt aus (B22) die Bedingung:

$$R_2/R_1 \geq e^{2,5} \approx 12,2 \ . \tag{B23}$$

Abschließend sollen noch Leitungen auf z.B. integrierten Schaltungen gemäß Bild 2.3 erwähnt werden. Man erkennt folgendes: der Rückleiter wird hier im wesentlichen durch die Metallisierung gebildet[22], wobei die Substratdicke etwa 300 bis 500 μm beträgt. Da die Leiterbreite im allgemeinen höchstens einige μm aufweist (z.B. 1 bis 3 μm) und die Leiterdicke etwa bei z.B. nur 3000 Å (= 0,3 μm) liegt, gilt praktisch exakt: $L_{ges}' = L'$. Ähnliche Überlegungen gelten oft auch noch für andere, für die technische Anwendung wichtige Substrate bis hin zu Boards (siehe hierzu auch die im folgenden Unterabschnitt gezeigten Meßresultate), wobei es in Einzelfällen natürlich immer einer speziellen Abschätzung bedarf. Sofern nicht gesondert darauf hingewiesen ist, wird deshalb für die folgenden Betrachtungen i.a. nur noch der äußere Induktivitätsbelag berücksichtigt.

---

[22]Für integrierte Schaltungen ohne Metallisierung gelten nahezu die gleichen Abschätzungen. Siehe hierzu auch Abschn. 3.2.

Berücksichtigung des Skin-Effekts im Leiter

Die bisherigen Betrachtungen gingen davon aus, daß der Strom gleichmäßig über den Leiter verteilt war. Tatsächlich hängt die Stromverteilung im verlustbehafteten Leiter stark vom zeitlichen Verhalten des zu übertragenden Signals ab: aufgrund der magnetischen Induktion im Leiter wird der Strom mit zunehmender Signaländerungsgeschwindigkeit mehr und mehr an die Oberfläche des Leiters gedrängt (Skin-Effekt), während das Leiterinnere nahezu feldfrei ist. Die mathematische Beschreibung erfolgt natürlich auch hier über die Maxwellschen Gleichungen

$$\operatorname{rot} \vec{H} = \vec{i} + \dot{\vec{D}} \, , \qquad\qquad \operatorname{rot} \vec{E} = -\dot{\vec{B}} \, . \qquad\qquad (3.47a,b)$$

Durch Rotationsbildung bei (3.47b) bzw. (3.47a) und anschließendes Einsetzen von (3.47a) bzw. (3.47b) gelangt man unter der Voraussetzung homogener, linearer und isotroper Materialeigenschaften unmittelbar auf die Differentialgleichungssysteme[23]

$$\operatorname{rotrot} [\vec{E}, \vec{H}] = \hat{k}^2 [\vec{E}, \vec{H}] \, , \qquad\qquad (3.48a,b)$$

wobei der Differentialoperator $\hat{k}^2$ zu $-[\mu\sigma \, \partial/\partial t + \mu\varepsilon \, \partial^2/\partial t^2]$ definiert wurde. Im Falle metallischer Leiter kann die Verschiebestromdichte $\partial\vec{D}/\partial t$ gegenüber der Leiterstromdichte $\vec{i}$ vernachlässigt werden, so daß sich $\hat{k}^2$ auf $-\mu\sigma \, \partial/\partial t$ reduziert. Da die Stromverdrängung im Leiter, wie bereits oben erwähnt, von der Signalveränderungsgeschwindigkeit abhängt, läßt sich die Stromverdrängung aus (3.48) nur dann berechnen, wenn der zeitliche Signalverlauf bekannt ist. Im allgemeinen wird hierfür ein harmonisches Zeitverhalten zugrunde gelegt; der Operator $\hat{k}^2$ wird dann durch einen Vektor repräsentiert, der z.B. als komplexe Zahl k^2 dargestellt werden kann. Im vorliegenden Fall ist $k^2 := -j\omega\mu\sigma$, wobei sich zeigt (siehe auch Beispiel 3.5), daß dem Betrag $\omega\mu\sigma$ von k^2 für Betrachtungen hinsichtlich der Stromverdrängung eine besondere Bedeutung zukommt. Es ist deshalb üblich, bezüglich dieses Betrages eine neue Größe δ derart zu definieren, daß $\omega\mu\sigma =: 2/\delta^2$ gilt, also

$$\delta = (\pi \cdot f \cdot \sigma \cdot \mu)^{-1/2} \, . \qquad\qquad (3.49)$$

---

[23]Bezüglich der Schreibweise siehe Fußnote 11.

δ hat die Dimension einer Länge und stellt die sog. Eindringtiefe dar. Wie sich mit Hilfe von (3.48) sehr leicht nachrechnen läßt, gibt δ in Abhängigkeit von der magnetischen Permeabilität μ (i.a. $\mu = \mu_o$), der Leitfähigkeit σ und der Frequenz f an, bei welcher Materialtiefe die Leiterstromdichte auf den e-ten Teil der Stromdichte an der Leiteroberfläche abgefallen ist, wenn eine sich z.B. im Vakuum ausbreitende ebene elektromagnetische Welle auf einen leitenden Halbraum trifft.

Infolge der Stromverdrängung kommt es zum einen zu einer Erhöhung des ohmschen Widerstandsbelags des Leiters, da dem Strom jetzt nicht mehr der gesamte Leiterquerschnitt zur Verfügung steht, zum anderen aber auch zu einer Verringerung des inneren Induktivitätsbelags, weil das Magnetfeld im Leiterinnern ebenfalls reduziert wird. Das folgende einfache Beispiel gibt diese Zusammenhänge quantitativ wieder (siehe auch z.B. [30-32]):

Beispiel 3.5:
Für den Innenleiter aus Beispiel 3.4 (Bild 3.15) sollen sowohl der Widerstandsbelag als auch der innere Induktivitätsbelag berechnet und insbesondere für die Fälle "sehr hohe Signalfrequenz" und "sehr niedrige Signalfrequenz" diskutiert werden. Der Leiter weise die von Null verschiedene endliche Leitfähigkeit σ auf und führe den harmonisch zeitabhängigen Strom I (t).

Lösung: Wegen der Vernachlässigung der Verschiebestromdichte gegenüber der Leiterstromdichte wird quasistationäres Verhalten impliziert, d.h. die Feldgrößen ändern sich längs des Leiters nicht (keine Wellenausbreitung). In Zylinderkoordinaten gilt also $\partial/\partial z = 0$ und aus Gründen der Rotationssymmetrie $\partial/\partial\varphi = 0$. Außerdem weist $\vec{E}$ nur eine Komponente E_z in Ausbreitungsrichtung auf, so daß aus (3.48a) sofort folgt:

$$\partial^2 E_z/\partial r^2 + r^{-1}\, \partial E_z/\partial r + k^2\, E_z = 0 \ . \tag{B24}$$

Durch Einführen der neuen Variablen x := kr ergibt sich hieraus die sog. Besselsche Differentialgleichung, deren nichtsinguläre Lösung die Besselsche Funktion erster Gattung und, im vorliegenden Fall, 0-ter Ordnung $J_o(x)$ ist [26]. Man erhält somit unmittelbar für E_z

$$E_z = C\, J_o(kr) \ , \tag{B25}$$

wo C eine noch zu bestimmende Konstante darstellt. Einsetzen in (3.47b) ergibt die magnetische Feldstärke $\vec{H}$ mit der zirkular gerichteten einzigen Komponente H_φ:

$$H_\varphi = (j\omega\mu_o)^{-1}\, \partial E_z/\partial r = (j\omega\mu_o)^{-1}\, C\, \partial J_o(kr)/\partial r \ . \tag{B26}$$

Mit Hilfe der bekannten Beziehung $dJ_0(x)/dx = -J_1(x)$ ($J_1(x)$ = Besselsche Funktion erster Ordnung) und unter Berücksichtigung, daß, resultierend aus dem Durchflutungssatz, H_φ auf der Leiteroberfläche ($r = R_1$) den Wert $I/(2\pi R_1)$ aufweisen muß, läßt sich die Konstante C bestimmen, und man erhält schließlich für E_z bzw. die Leiterstromdichte i_z:

$$E_z = i_z/\sigma = \frac{I}{2\pi R_1} \cdot \frac{\mu_0 \omega}{jk} \cdot \frac{J_0(kr)}{J_1(kR_1)} \; . \tag{B27}$$

Die Impedanz pro Längeneinheit Z' ist gleich der Spannungsänderung je Längeneinheit an der Leiteroberfläche ($= E_z(R_1)$) dividiert durch den Gesamtstrom I,

$$Z' = \frac{\mu_0 \, \omega}{2\pi R_1 jk} \cdot \frac{J_0(kR_1)}{J_1(kR_1)} =: R' + j\omega L' \; , \tag{B28}$$

so daß sich nach Einführung des Gleichstromwiderstandes pro Längeneinheit $R_0' := (\sigma\pi R_1^2)^{-1}$ für R' und L' schließlich die Werte

$$R' = R_0' \; \mathrm{Re}\{(kR_1/2) \, [J_0(kR_1)/J_1(kR_1)]\} \; , \tag{B29a}$$

$$L' = \mu_0/(2\pi) \; \mathrm{Im}\{(jkR_1)^{-1} \, [J_0(kR_1)/J_1(kR_1)]\} \; , \tag{B29b}$$

ergeben. Es folgt eine Diskussion für folgende Fälle:

1. Sehr niedrige Signalfrequenz:

Für Bessel-Funktionen erster Gattung und n-ter Ordnung (n = 0, 1, ...) gilt allgemein:

$$J_n(x) := \sum_{\nu=0}^{\infty} \frac{(-1)^\nu}{\nu! \, (n+\nu)!} \, (x/2)^{n+2\nu}. \tag{B30}$$

Ersetzt man J_0 und J_1 in (B28) jeweils durch die ersten zwei Glieder der Reihe (B30), also $J_0(kR_1) \approx 1 - (kR_1)^2$ und $J_1(kR_1) \approx (kR_1/2)[1 - (kR_1/2)^2/2] =: (kR_1/2)(1 - \xi)$, dann erhält man mit $1/(1 - \xi) \approx 1 + \xi$ für J_0/J_1 (Entwicklung bis zur 2. Potenz von $kR_1/2$)

$$J_0/J_1 \approx 2/(kR_1) \, [1 - (kR_1/2)^2/2] \tag{B31}$$

und somit schließlich für Z':

$$Z' \approx R_0' \, [1 - (kR_1/2)^2/2] \; . \tag{B32}$$

Unter Berücksichtigung von $k^2 = -2j/\delta^2$ folgt hieraus unmittelbar:

$$R' \approx R_0' \; , \tag{B33a}$$

$$L' \approx \mu_0/(8\pi) \; . \tag{B33b}$$

Wie nicht anders zu erwarten strebt der ohmsche Widerstandsbelag gegen seinen Gleichstromwert, während der Induktivitätsbelag gegen den Wert für den innneren Induktivitätsbelag aus Beispiel 3.4 strebt.

2. Sehr hohe Signalfrequenz:

Für sehr hohe Frequenzen, d.h. bei sehr großen Argumenten der Bessel-Funktionen, gelten für die modifizierten Bessel-Funktionen [26]: $I_n(x) \rightarrow e^x(2\pi x)^{-1/2}$. Mit der Beziehung $I_n(x) = j^{-n} J_n(jx)$ folgt daraus $J_0(x) \rightarrow e^{-jx}(-2\pi jx)^{-1/2}$ und $J_1(x) \rightarrow je^{-jx}(-2\pi jx)^{-1/2}$, so daß der Quotient J_0/J_1 gegen $1/j$ strebt. Daraus folgt für Z'

$$Z' \rightarrow -jk/(2\pi R_1 \sigma) \tag{B34a}$$

und mit $k = \pm(1 - j)/\delta$ schließlich[24]:

$$Z' \rightarrow (1 + j)/(2\pi R_1 \delta \sigma) \; . \tag{B34b}$$

Somit gelten für R' und L'

$$R' \rightarrow 1/(2\pi R_1 \; \delta \; \sigma) \; , \tag{B35a}$$

$$L' \rightarrow 1/(2\pi R_1 \; \delta \; \omega \; \sigma) \sim \omega^{-1/2} \rightarrow 0 \; . \tag{B35b}$$

Aufgrund der Feldverdrängung aus dem Leiter verschwindet also der (innere) Induktivitätsbelag mit zunehmender Frequenz. Der Widerstandsbelag ist gleich dem einer dünnen Schicht der Dicke δ und der Breite $2\pi R_1$ (= Leiterumfang).

Im letzten Unterabschnitt wurde erläutert, daß der innere Induktivitätsbelag gegen den äußeren Induktivitätsbelag oft vernachlässigt werden kann, so daß der Einfluß des Skin-Effekts bezüglich der Verringerung des Induktivitätsbelags i.a. keine große Rolle spielt. Prinzipiell anders verhält es sich mit dem Widerstandsbelag: wie bereits Beispiel 3.5 gezeigt hat, gilt für einen runden zylindrischen Leiter, dessen Krümmungsradius wesentlich größer als die Eindringtiefe ist (starker Skin-Effekt), beispielsweise $R' \sim f^{1/2}$, so daß sich der Wider-

---

[24]Da sowohl Real- wie auch Imaginärteil von Z' positiv sein müssen, ist hier nur das negative Vorzeichen von k von Bedeutung.

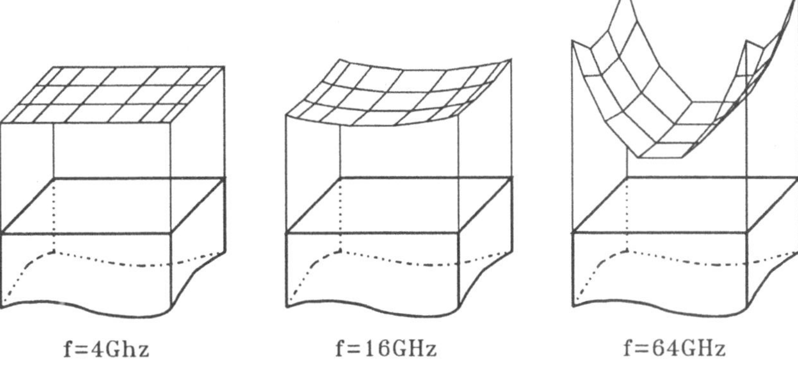

Bild 3.16. Einfluß des Skineffekts: Stromverteilung über dem Leiterquerschnitt [33]

standsbelag R' mit wachsender Frequenz nahezu beliebig (im Rahmen der Gültigkeit der verwendeten Lösungen) erhöhen kann. Betrachtet man im konkreten Fall einen Leiter auf einer integrierten Schaltung, so liegt sicherlich dann ein besonders kritischer Fall vor, wenn sowohl Frequenz wie auch Leitfähigkeit besonders hoch sind, die Eindringtiefe also besonders niedrige Werte aufweist. Legt man als "guten" Leiter einen auf integrierten Schaltungen i.a. verwendeten Aluminiumleiter ($\sigma \approx 3\mu\Omega$cm) zugrunde und nimmt als "hohe" Frequenz z.B. 2 GHz an, so ergibt sich gemäß (3.49) eine Eindringtiefe von ca. 2 μm. Diese Eindringtiefe liegt aber in der Größenordnung derzeitig verwendeter Leiterbreiten und um etwa eine Größenordnung höher als die üblichen Leiterdicken. Dies gilt selbst dann noch, wenn man die Frequenz z.B. verdoppelt. Hieraus ist zu schließen, daß der Einfluß des Skineffektes auf den ohmschen Leitungswiderstand, zumindest in integrierten Schaltungen, praktisch vernachlässigt werden kann. Dies wird auch durch detaillierte Untersuchungen bestätigt [33]: Bild 3.16 zeigt die Stromverteilung über dem Querschnitt eines Leiters bei unterschiedlichen Frequenzen. Der Leiter besitzt etwa die Leitfähigkeit von Aluminium und hat die Abmessungen 2μm × 0,6μm. Er befindet sich in einem Abstand von 300μm über einer sehr gut leitenden Ebene. Der gesamte durch den Leiter fließende Strom beträgt 1mA. Es ist zu erkennen, daß ein nennenswerter Skineffekt praktisch erst oberhalb einer Frequenz von 4 GHz zu beobachten ist.

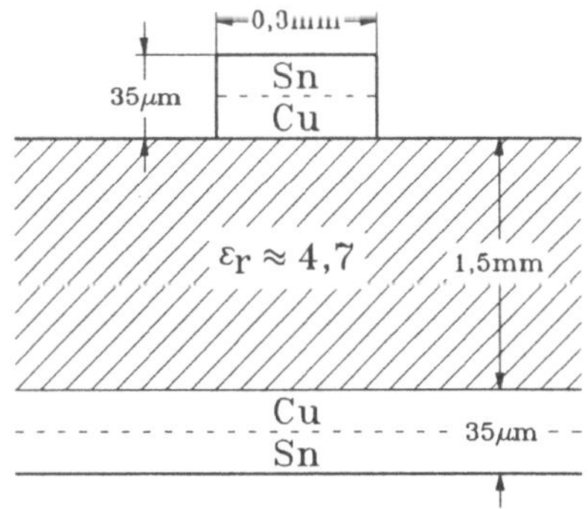

Bild 3.17a. Signalleitung auf Epoxidharzsubstrat

Bei Leitungen größeren Querschnitts, z.B. Leitungen auf Boards, können die Einflüsse des Skineffekts nicht mehr unbedingt vernachlässigt werden, weil die Eindringtiefe dort schon bei relativ niedrigen Signalfrequenzen durchaus wesentlich kleiner als die verwendeten Querschnittsabmessungen sein kann. Dies wird z.B. am Resultat einer Messung deutlich, bei der sowohl Induktivitäts- wie auch Widerstandsbelag einer auf einer Epoxidharzplatte befindlichen und mit Zinn beschichteten Kupferleitung bestimmt wurden, wobei die Epoxidharzplatte auf der Rückseite mit einer ebenfalls verzinnten Kupferschicht versehen war (Bild 3.17a)[25]. Während der Induktivitätsbelag nur geringfügig, nämlich lediglich um den (relativ kleinen) inneren Induktivitätsbelag, abnimmt, ändert sich der Widerstandsbelag infolge des Skineffektes

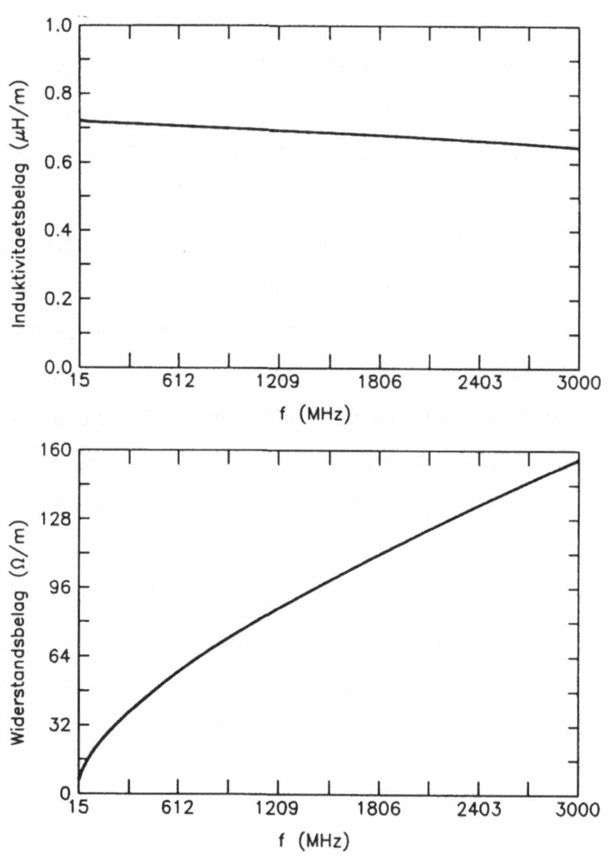

erheblich (Bild 3.17b). Aufgrund der besseren Leitfähigkeit des Kupfers ($\rho_{Cu} \approx 1,72\ \mu\Omega\mathrm{cm}$) im Vergleich zum Zinn ($\rho_{Sn} \approx 100\ \mu\Omega\mathrm{cm}$) beträgt die Eindringtiefe bei einer Frequenz von 3 GHz für Kupfer nur etwa 1,2 μm, für Zinn aber etwa 9,2 μm, so daß die Widerstandszunahme (wie auch die Induktivitätsabnahme) im wesentlichen aus der Feldverdrängung im Kupfer resultiert. Obwohl die Widerstandszunahme der gesamten Leiteranordnung bei der Frequenz 3 GHz immerhin nahezu das 50fache des Gleichstromwiderstands beträgt, ist der

Bild 3.17b. Gemessener Induktivitäts- und Widerstandsbelag

---

[25]Die Messungen wurden am Laboratorium für Informationstechnologie (LFI) der Universität Hannover durchgeführt.

aus der Messung resultierende Widerstandsbelag von $R'_{3GHz} \approx 156\ \Omega/m$ immer noch sehr klein im Vergleich zum Widerstandsbelag von Leitbahnen auf integrierten Schaltungen, der in der Größenordnung von einigen $10\ k\Omega/m$ liegt.

3.2 Einflüsse des Substrats auf Wellenausbreitung und Leitungskopplung

Substrateinflüsse machen sich bei den hier zu betrachtenden Wellenausbreitungsvorgängen i.a. einzig durch eine (meist geringe) Erhöhung der Gesamtleitungsverluste bemerkbar und brauchen häufig nicht berücksichtigt zu werden. Dies gilt insbesondere für z.B. Keramik- und Teflonsubstrate, aber auch noch für Epoxidharzmaterialien. Eine Ausnahme bilden hinreichend gut leitende Substrate, speziell Siliziumsubstrate, wie sie für die meisten VLSI-Schaltungen Verwendung finden. Hier bilden sich schon bei relativ niedrigen Signalfrequenzen in Abhängigkeit von den verwendeten Geometrien und der Substratleitfähigkeit unterschiedliche Wellenausbreitungsmoden aus, was starken Einfluß auf die zu verwendenden Leitungs- parameter sowohl einzelner Leiter wie auch von Leitungssystemen (Kopplungseffekte!) haben kann.

3.2.1 Qualitative Betrachtungen

Um die Einflüsse des Substrats auf die Wellenausbreitung bestimmen zu können, ist es zunächst notwendig, sich auf eine bestimmte Geometrie festzulegen. Wählt man diese Geo- metrie recht allgemein, so kann man auch nur globale Aussagen über die Substrateinflüsse erwarten, etwa in Form eines Differentialgleichungssystems wie z.B. unter Abschn. 3.1.2. Andererseits wurde in Kap. 2 Bild 2.3 eine den tatsächlichen Verhältnissen auf integrierten Schaltungen bereits sehr nahekommende Anordnung vorgestellt, aber auch dort wurde schon auf die Schwierigkeit hingewiesen, eine analytische Lösung nicht angeben zu können. Es sollen deshalb hier zunächst rein qualitative Betrachtungen zur Wellenausbreitung auf einer Leiteranordnung gemäß Bild 2.3 sowohl für den Fall einer vorhandenen wie auch für den Fall einer nicht vorhandenen Metallisierung durchgeführt werden. Hierzu werde einer der Leiter in Bild 2.3 als mit einem Strom I(t) beaufschlagt angenommen. Die Metallisierung sei zunächst vorhanden und diene als Rückleiter. Der Leiter besitze das Potential V(t), die Metal-

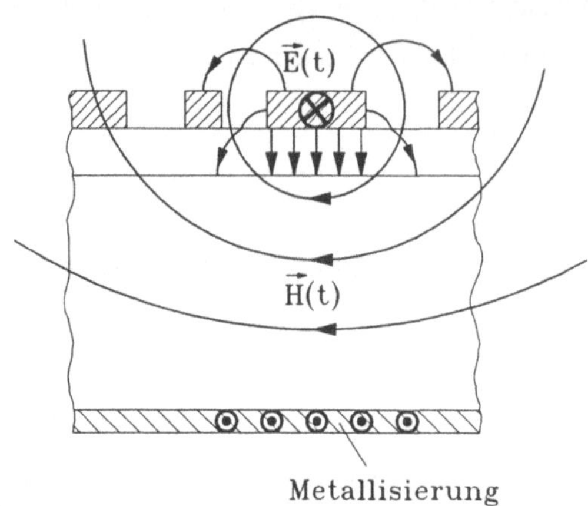

Bild 3.18. Feldbild bei Substrat *mit* Metallisierung (für $f_{Signal} \rightarrow 0$)

lisierung das Potential $V_M(t) \equiv 0$, und das Substrat habe die von Null verschiedene Leitfähigkeit σ_s, wobei σ_s auch ortsabhängig sein kann. Die zeitliche Änderung von $V(t)$ (bzw. $I(t)$) soll "hinreichend langsam" erfolgen[26]. Es wird sich dann ein Feldverlauf wie in Bild 3.18 dargestellt ergeben: Da das Substrat als elektrisch leitend vorausgesetzt wird, verschwindet in seinem Innern das elektrische Feld (zumindest für den Grenzfall zeitlich konstanten Leiterpotentials);

auf der Grenzfläche zwischen Substrat und Isolierschicht sammeln sich Ladungsträger, und das elektrische Feld existiert nur oberhalb des Substrats in der Isolierschicht sowie zum Teil im Luftraum zwischen den Leitern. Geht man andererseits von der (sehr) realistischen Annahme aus, daß die Leitfähigkeit der Metallisierung wesentlich größer als die Leitfähigkeit des Substrats ist, so fließt der Rückstrom $-I(t)$ nahezu vollständig in der Metallisierung. Dies bedeutet, da die magnetische Permeabilität im gesamten betrachteten Raumbereich nahezu konstant ist ($\mu = \mu_o$), daß das Magnetfeld (im Gegensatz zum elektrischen Feld) das Substrat vollständig durchsetzt. Als Konsequenz folgt, daß einerseits der Kapazitätsbelag aufgrund des geringen Abstandes zwischen Leiter und Substrat relativ große Werte annehmen wird, andererseits der Induktivitätsbelag wegen des großen Abstandes zwischen Hin- und Rückleiter ebenfalls große Werte annimmt. Hierauf wird im folgenden Abschnitt noch näher eingegangen. Gut erkennbar ist aber bereits hier, daß die *elektrische* Kopplung im wesentlichen nur zwischen unmittelbar benachbarten Leitern von nennenswerter Bedeutung sein wird, während die *magnetische* Kopplung recht hohe Werte auch noch für weiter entfernte Leiter aufweisen kann.

Als nächstes werde der in der Praxis häufigere Fall betrachtet, daß *keine* Metallisierung vorhanden ist: Unter ansonsten gleichen Voraussetzungen wie im Fall mit Metallisierung fließt

---

[26]Der Terminus "hinreichend" wird im folgenden noch spezifiziert werden müssen. Zunächst soll davon ausgegangen werden, daß sich ein Feld einstellt, wie es auch dem Gleichstromfall entspräche.

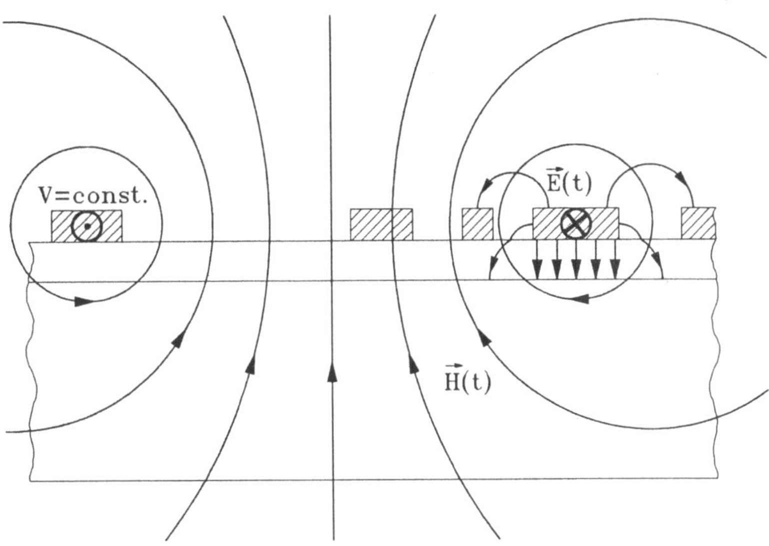

Bild 3.19. Feldbild bei Substrat *ohne* Metallisierung (für $f_{Signal} \to 0$)

der Rückstrom jetzt durch einen der Versorgungsleiter, also z.B. einen Masseleiter mit $V = const = 0$. Der Abstand des Rückleiters von der betrachteten Signalleitung sei von derselben Größenordnung wie in Bild 3.18[27]. Da das Substrat für die ebenfalls auf dem Chip vorhandenen aktiven Elemente ein möglichst konstantes elektrisches Potential benötigt, ist dieser Versorgungsleiter an vielen Stellen des Chips über spezielle Kontaktlöcher mit dem Substrat verbunden, so daß zwischen diesem Versorgungsleiter und dem Substrat kein elektrisches Feld existiert[28]. Mit Hilfe der gleichen Überlegungen wie vorher ergibt sich dann ein Feldbild gemäß Bild 3.19. Ein Vergleich zwischen beiden Feldbildern (Bild 3.18 und Bild 3.19) läßt folgendes erkennen:

- Die *elektrischen* Felder sind praktisch identisch.

- Die *magnetischen* Felder sind nahezu identisch, wenn man die Anordnungen

---

[27]Ist dies nicht der Fall, gelingt es also, je einen Rückleiter sehr dicht parallel zum jeweiligen Signalleiter zu plazieren, so wird die magnetische Kopplung zwischen den Signalleitern sehr gering. Leider wird dies aus Raumgründen häufig nicht möglich sein.

[28]Mitunter kommt es vor, daß das Substrat ein vom Potential der Versorgungsleitungen verschiedenes Potential besitzt, welches aber dennoch konstant sein muß. In diesem Fall existiert natürlich ein elektrisches Feld zwischen Substrat und Versorgungsleiter, allerdings ist dieses Feld nicht zeitlich veränderlich (auch nicht "hinreichend langsam" zeitlich veränderlich) und kann von dem vom Signal erzeugten Feld abgespalten werden.

gegeneinander um 90° verdreht betrachtet. In der unmittelbaren Umgebung des Signalleiters sind die magnetischen Felder praktisch gleich.

Aus beidem folgt, daß sowohl Kapazitäts- wie auch Induktivitätsbeläge von gleicher Größenordnung sein werden[29]. Ferner folgt, daß das Signalverhalten für beide Anordnungen zumindest qualitativ identisch ist, es also für die folgenden Betrachtungen keine wesentliche Rolle spielen kann, ob eine integrierte Schaltung mit oder ohne Metallisierung vorliegt.

3.2.2 Quantitative Betrachtungen

Um zu quantifizierbaren Resultaten bezüglich des Substrateinflusses auf Wellenausbreitungsvorgänge zu gelangen, wird für die folgenden Betrachtungen eine Vereinfachung dahingehend vorgenommen, daß das Leitungssystem gemäß Bild 2.3 durch einen einzelnen Leiter unendlicher Breite ersetzt wird. Man gelangt dann zu einem sog. Parallelplattenmodell (Bild 3.20), für welches, wenigstens im Frequenzbereich, eine analytische Lösung angebbar ist [34, 35]. Die hierbei gewonnenen Resultate beschreiben dann zumindest für eine relativ breite Einzelleitung in guter Näherung die physikalische Realität. Außerdem haben die in Abschn. 3.2.1 durchgeführten Überlegungen gezeigt, daß die so gewonnenen Aussagen dann auch auf Anordnungen *ohne* Substratmetallisierung (gemäß Bild 3.19) angewandt werden können (unter der Voraussetzung "niedriger" Signalfrequenzen).

Wellenausbreitung beim Parallelplattenmodell

Aus Gründen der Vereinfachung und da hier im wesentlichen die Einflüsse des Substrats untersucht werden sollen, werde die Leitfähigkeit sowohl der Metallisierung wie auch des (unendlich breiten) Leiters zunächst als beliebig groß angenommen. Ferner sollen alle Materialien homogenes und isotropes Verhalten zeigen. Der dabei auftretende fundamentale Ausbreitungsmode für eine Anordnung gemäß Bild 3.20 ist eine sich in (positiver) z-Richtung ausbreitende TM-Welle (TM = Transversal-Magnetisch), d.h. eine Welle *ohne* magnetische Feldkomponenten in Ausbreitungsrichtung (in Übereinstimmung mit der in Abschn. 3.1.2

---

[29]Dies gilt natürlich auch für Koppelkapazitäten und Gegeninduktivitäten.

erhobenen Forderung, daß eine sich zeitlich ändernde magnetische Feldkomponente in Wellenausbreitungsrichtung nicht auftreten soll). Die magnetische Feldstärke wird hierfür angesetzt als[30]

$$\vec{H}\,(x,\,y,\,z,\,t)\,=\,Re\{\vec{H}\,(x,\,y,\,z)\,e^{j\omega t}\} \tag{3.50}$$

mit

$$\vec{H}\,(x,\,y,\,z)\,=\,H_y(x)\,e^{-\gamma_z\,z}\,\vec{e}_y\,, \tag{3.51}$$

wobei γ_z die noch zu bestimmende Wellenausbreitungskonstante und $H_y(x)$ die ebenfalls noch zu bestimmende und allein von x abhängende y-Komponente der magnetischen Feldstärke ist. Die Lösung der gestellten Aufgabe wurde bereits 1967 von H. Guckel et al. angegeben [34] und 1971 bzw. 1984 von H. Hasegawa et al. weiter interpretiert und meßtechnisch verifiziert [35, 36]. Es soll deshalb hier nur eine Lösungsskizze gegeben werden.

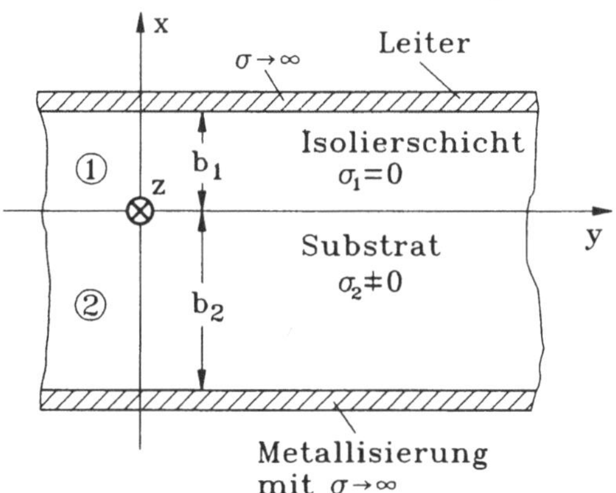

Bild 3.20. Parallelplattenmodell

Ausgehend von der Telegraphengleichung (3.48b) für $\vec{H}$ erhält man in kartesischen Koordinaten (d.h. mit rotrot $\vec{H}$ = graddiv $\vec{H}$ - $\Delta\,\vec{H}$ und div $\vec{H}$ = 0 wegen $\mu\,=\,\mu_o$ =const) bei harmonischer Erregung

$$\Delta\vec{H}\,(x,\,y,\,z)\,=\,(j\omega\mu_o\sigma\,-\,\omega^2\mu_o\varepsilon)\,\vec{H}\,. \tag{3.52}$$

Faßt man das Substrat als verlustbehaftetes Dielektrikum auf, dann ist es sinnvoll, anstelle von $\varepsilon\,=\,\varepsilon_o\varepsilon_r$ eine komplexe Dielektrizitätskonstante $\varepsilon'\,:=\,\varepsilon_o\varepsilon_r'$ mit $\varepsilon_r'\,=\,\varepsilon_r\,+\,\sigma/(j\omega\varepsilon_o)$ einzuführen, so daß sich (3.52) vereinfacht zu

---

[30]Da die Gefahr von Verwechslungen nicht besteht, werden aus Gründen einer einfacheren Schreibweise die im folgenden auftretenden komplexen Größen nicht speziell als solche gekennzeichnet.

$$\Delta \vec{H}\,(x,\,y,\,z) = -\,\omega^2 \mu_o \varepsilon_o \varepsilon_r'\,\vec{H} \qquad\qquad (3.53)$$

schreiben läßt. Einsetzen von (3.51) in (3.53) ergibt schließlich für die i unterschiedlichen zu betrachtenden Feldbereiche (i=1: Isolierschicht, i=2: Halbleitersubstrat):

$$\partial^2 H_{yi}/\partial x^2 = \gamma_i^2\,H_{yi} \qquad\qquad (3.54)$$

mit

$$\gamma_i^2 := -\gamma_z^2 - \omega^2 \mu_o \varepsilon_o \varepsilon_{ri}'\ . \qquad\qquad (3.55)$$

Die Lösung von (3.54) ist bekannt und läßt sich *direkt* schreiben als

$$H_{yi} = A_i \sinh\,(\gamma_i\,x) + B_i \cosh\,(\gamma_i\,x)\ , \qquad\qquad (3.56a)$$

wobei A_i und B_i aus den Rand- und Grenzbedingungen zu bestimmende Konstanten sind. So folgt aus der Stetigkeit der Tangentialkomponenten von $\vec{H}$ an Grenzschichten (bei verschwindender Flächenstromdichte), also hier $H_{y1}(0) = H_{y2}(0)$, unmittelbar $B_1 = B_2 =: B$, so daß man erhält:

$$H_{yi} = A_i \sinh\,(\gamma_i\,x) + B \cosh\,(\gamma_i\,x)\ . \qquad\qquad (3.56b)$$

Die elektrische Feldstärke $\vec{E}\,(x,\,y,\,z)$ ergibt sich durch Einsetzen von (3.56b) in die 1. Maxwellsche Gleichung rot $\vec{H} = j\omega\varepsilon_o\varepsilon_r'\,\vec{E}$:

$$\vec{E}_i\,(x,\,y,\,z) = \frac{e^{-\gamma_z z}}{j\omega\varepsilon_o\varepsilon_{ri}'}\left\{ A_i \begin{bmatrix} \gamma_z \sinh\,(\gamma_i\,x) \\ 0 \\ \gamma_i \cosh\,(\gamma_i\,x) \end{bmatrix} \right.$$

$$\left. + B \begin{bmatrix} \gamma_z \cosh\,(\gamma_i\,x) \\ 0 \\ \gamma_i \sinh\,(\gamma_i\,x) \end{bmatrix} \right\}\ . \qquad (3.57)$$

Aufgrund der tangentialen Stetigkeit von $\vec{E}$ an Grenzflächen gelten hier die Grenz- bzw. Randbedingungen:

$$E_{z1}\,(b_1) = 0\ , \qquad\qquad (3.58a)$$

$$E_{z2} (-b_2) = 0 \, , \qquad\qquad (3.58b)$$

$$E_{z1} (0) = E_{z2} (0) \, . \qquad\qquad (3.58c)$$

Hieraus folgen drei Bestimmungsgleichungen: eine für den Zusammenhang zwischen den γ_i, so daß zusammen mit (3.55) drei Gleichungen zur Bestimmung der drei Größen γ_1, γ_2 und γ_z zur Verfügung stehen, und zwei weitere Gleichungen zur Bestimmung von z.B. A_1 und A_2 als Funktion von B[31]. Durch Einsetzen in (3.58) und einige simple algebraische Umformungen erhält man schließlich:

$$A_1 = -B \tanh (\gamma_1 \, b_1) \, ,$$
$$A_2 = B \tanh (\gamma_2 \, b_2) \, , \qquad\qquad (3.59a,b)$$

$$\frac{\gamma_1}{\varepsilon'_{r1}} \tanh (\gamma_1 \, b_1) + \frac{\gamma_2}{\varepsilon'_{r2}} \tanh (\gamma_2 \, b_2) = 0 \, . \qquad\qquad (3.60)$$

Der Wert der Ausbreitungskonstanten γ_z und (mit Bezug auf (3.55)) damit auch der Wert der Konstanten γ_1 und γ_2 ist entscheidend für den auftretenden Wellenausbreitungsmode, wobei mit (3.55) und (3.60) jetzt ein Gleichungssystem zur Bestimmung dieser Konstanten zur Verfügung steht. Allerdings handelt es sich bei (3.60) um eine transzendente Gleichung (die gesuchten Größen erscheinen zum einen im Argument der Hyperbelfunktionen, zum anderen als Faktor davor), so daß keine allgemeine analytische Lösung angebbar ist: das Gleichungssystem (3.55/60) kann nur numerisch gelöst werden, wobei numerische Lösungen aber i.a. nur sehr bedingt für eine Beurteilung des Wellenausbreitungsverhaltens brauchbar sind. In den folgenden Unterabschnitten sollen deshalb Abschätzungen der gesuchten Lösungen angegeben und diskutiert werden.

Fundamentale Ausbreitungsmoden

Berücksichtigt man, daß für praktische Anwendungen stets $b_1 << b_2$ gilt, so lassen sich die Hyperbelfunktionen aus (3.60) in Potenzreihen entwickeln, die, je nach zu untersuchendem

---

[31]Über eine der Konstanten A_1, A_2 oder B kann frei verfügt werden, da die Amplitude des erregenden Signals aufgrund der Linearität des Problems *beliebig* ist, also keinen Einfluß auf die *Form* der Lösung hat.

Frequenzbereich, nach dem ersten bzw. zweiten signifikanten Glied abgebrochen werden können. Auf diese Weise können verschiedene Näherungen für die Wurzeln von (3.55/60) analytisch bestimmt werden. In Abhängigkeit von den Signalfrequenzen und den Substratleitfähigkeiten erhält man so Grenzen für insgesamt drei verschiedene Wellenausbreitungsmoden. Aus noch zu erläuternden Gründen werden diese Moden als "Dielectric Quasi-

Tabelle 3.1. Gültigkeitsbereiche der beim Parallelplattenmodell auftretenden Wellenausbreitungsmoden

Mode	Gültigkeitsbereich	Arbeitsformeln
Dielectric Quasi-TEM	$f \geq \dfrac{1{,}5}{2\pi} \cdot \dfrac{\sigma_2}{\varepsilon_2}$	$\lg (f/\mathrm{MHz}) \geq 6{,}43 - \lg (\rho_2/\Omega\mathrm{cm}) - \lg \varepsilon_{2r}$
Slow-Wave	$f \leq \dfrac{0{,}9}{2\pi \mathrm{b}_2} \cdot \dfrac{\sigma_2 \mathrm{b}_1}{3\varepsilon_1 + \mu_\mathrm{o}\sigma_2^2 \mathrm{b}_1\mathrm{b}_2}$	$\lg (f/\mathrm{MHz}) \leq 10 + \lg (\rho_2/\Omega\mathrm{cm}) - \lg \{1{,}85\ \dfrac{\mathrm{b}_2}{\mathrm{b}_1} \cdot \ \cdot\varepsilon_{1r}\, 10^{[4 + 2\lg (\rho_2/\Omega\mathrm{cm})]} + 8{,}77\,(\mathrm{b}_2/\mu\mathrm{m})^2\}$
Skin-Effect	$f \geq \dfrac{4\,\rho_2}{\pi\mu_\mathrm{o}\mathrm{b}_2^2}$	$\lg (f/\mathrm{MHz}) \geq 10 + \lg (\rho_2/\Omega\mathrm{cm}) - 2\lg (\mathrm{b}_2/\mu\mathrm{m})$
	$f \leq 10^{-2}\,\dfrac{\mu_\mathrm{o}\,\sigma_2^3\,\mathrm{b}_1^2}{4\pi\,\varepsilon_1^2}$	$\lg (f/\mathrm{MHz}) \leq 1{,}11 - 3\lg (\rho_2/\Omega\mathrm{cm}) + 2\lg \left[\dfrac{\mathrm{b}_1/\mu\mathrm{m}}{\varepsilon_{1r}}\right]$

TEM Mode", "Slow-Wave Mode" und "Skin-Effect Mode" bezeichnet. Die Gültigkeitsbereiche der einzelnen Moden sind in Tab. 3.1 angegeben, wobei σ_2 die Substratleitfähigkeit und $\rho_2 = (\sigma_2)^{-1}$ der (spezifische) Substratwiderstand ist. Auf die teilweise etwas umfangreiche Herleitung der angegebenen Ungleichungen soll hier verzichtet werden (siehe aber [34, 35]). Zu einem einfacheren Verständnis der Vorgänge gelangt man, wenn stattdessen die gegebenen Ungleichungen bezüglich ihrer physikalischen Bedeutung interpretiert werden, zumal die Grenzen der Gültigkeitsbereiche aufgrund der durchgeführten Näherungen einer gewissen Willkür unterliegen. Die nicht definierten Bereiche lassen sich nicht in eindeutiger Weise einem der drei vorgestellten Moden zuordnen.

Diskussion der Ausbreitungsmoden

Dielectric Quasi-TEM Mode:

Aus der bekannten Kontinuitätsgleichung div $\vec{i}$ + $\dot{\rho}$ = 0 ($\vec{i}$ = Leiterstromdichte, ρ = Raumladungsdichte) erhält man für die Relaxationszeit τ_r eines Materials mit der Dielektrizitätskonstanten ε und der Leitfähigkeit σ den Zusammenhang $\tau_r = \varepsilon/\sigma$. Die Relaxationszeit ist ein Maß dafür, wie schnell bei Störungen des elektrischen Gleichgewichts in einem leitenden Material (z.B. durch Einbringen in ein äußeres elektrisches Feld) wieder ein Gleichgewichtszustand erreicht wird. Bei metallischen Leitern ist die Relaxationszeit außerordentlich gering (nahezu Null), bei Isolatoren außerordentlich groß (nahezu unendlich). Aus der ersten Gleichung in Tab. 3.1 ergibt sich, daß die Periodendauer T = 1/f des Signals in der Größenordnung der Relaxationszeit $\tau_r = \varepsilon_2/\sigma_2$ im Substrat oder kleiner sein muß. Die Signalfrequenz ist hier also so hoch, daß die im Substrat vorhandenen freien Ladungsträger dem Einfluß des Feldes kaum noch oder nicht mehr wie vorher folgen können: das Substrat wirkt wie ein nicht leitendes Dielektrikum, woraus auch die Bezeichnung "Quasi-TEM Mode" resultiert[32].

Slow-Wave Mode:

Die entsprechende Ungleichung in Tab. 3.1 soll asymptotisch für die Fälle a) "niedrige Substratleitfähigkeit σ_2" und b) "hohe Substratleitfähigkeit σ_2" betrachtet werden.

zu a): Der zweite Summand im Nenner der Ungleichung kann gegen den ersten Summanden vernachlässigt werden. Man erhält dann

$$f \leq \frac{0{,}9}{2\pi b_2} \cdot \frac{\sigma_2 \, b_1}{3\varepsilon_1} . \tag{3.61a}$$

Bei einer Anordnung gemäß Bild 3.20 kommt es infolge der frei beweglichen Ladungsträger im Substrat zu einem speziellen Polarisationsmechanismus, der auch als Grenzflächenpolarisation bezeichnet wird: die gesamte Anordnung verhält sich zwischen Leiter und Metallisierung wie ein (verlustbehafteter) Kondensator mit sehr hoher Dielektrizitätszahl. Man spricht in diesem Zusammenhang auch vom sog. Maxwell-Wagner Mechanismus [37]. Die Relaxations-

---

[32]Siehe hierzu auch Fußnote 19.

zeit (bzw. Zeitkonstante) der Gesamtanordnung errechnet sich auf elementare Weise zu τ_{rges} $= (\varepsilon_1 b_2 + \varepsilon_2 b_1)/(\sigma_2 b_1)$. Für $b_1 \ll b_2$ und unter Berücksichtigung, daß ε_1 und ε_2 von gleicher Größenordnung sind, erhält man $\tau_{rges} \approx \varepsilon_1 b_2/(\sigma_2 b_1)$. Somit kann (3.61a) als Forderung dafür aufgefaßt werden, daß die Signalperiodendauer wesentlich größer als die Gesamtrelaxationszeit sein muß, der beschriebene Effekt der Grenzflächenpolarisation also in jedem Fall gewährleistet ist.

zu b): Jetzt kann der erste Summand im Nenner der Ungleichung gegen den zweiten Summanden vernachlässigt werden, und man erhält

$$f \leq \frac{0{,}9}{2\pi b_2} \cdot \frac{1}{\mu_0 \sigma_2 b_2} \cdot \tag{3.61b}$$

Löst man (3.61b) nach b_2 auf, so erhält man eine neue Ungleichung, in der der Term $(\pi\mu_0 f\sigma_2)^{-1/2}$ erscheint, der gemäß (3.49) gleich der Eindringtiefe δ_2 für das Substrat ist. Unter Auswertung der Zahlenfaktoren ist (3.61b) damit der Aussage äquivalent, daß die Substrateindringtiefe größer oder gleich dem etwa 1,5fachen der Substratdicke zu sein hat.

Zusammengefaßt läßt sich der Slow-Wave Mode also wie folgt charakterisieren: Einerseits wirkt das Substrat noch als hinreichend guter Leiter, andererseits ist die Substratleitfähigkeit (bzw. die Frequenz) so niedrig, daß sich ein Skineffekt im Substrat noch nicht bemerkbar macht. Der hierbei auftretende Mode berücksichtigt also insbesondere auch den Fall $f \rightarrow 0$ und ist damit gerade für die in Digitalschaltungen auftretenden sehr breitbandigen Signale von wesentlicher Bedeutung. Offenbar wurde genau dieser Mode bei den in Abschn. 3.2.1 durchgeführten Überlegungen schon diskutiert: Das elektrische Feld konzentrierte sich hauptsächlich in der Isolationsschicht, während das magnetische Feld (wegen $\mu = \mu_0 = $ const) praktisch ungehindert in das Substrat eindrang. Hieraus resultiert aufgrund der relativ dünnen Isolationsschicht ein großer Kapazitätsbelag, während infolge des großen Abstandes von Hin- und Rückleiter der Induktivitätsbelag ebenfalls große Werte annimmt. Da für die Phasengeschwindigkeit gemäß (3.22) $v^{-2} = L'C'$ gilt, wird diese Geschwindigkeit also entsprechend klein (größenordnungsmäßig etwa 1/10 der Vakuumlichtgeschwindigkeit), woraus die Bezeichnung "Slow-Wave Mode" resultiert.

Skin-Effekt Mode:

Für den Skin-Effekt Mode werden die Bereichsgrenzen durch zwei Ungleichungen beschrieben. Die erste Ungleichung korrespondiert mit der zweiten asymptotischen Lösung für den Slow-Wave Mode (Fall b)), wobei jetzt die Aussage gilt, daß die Substrateindringtiefe kleiner oder gleich der halben Substratdicke sein muß. Die zweite Ungleichung resultiert aus der Forderung, daß die Frequenz nicht so hoch werden soll, daß die Wellenausbreitung nur noch in der Isolierschicht erfolgt. Vielmehr soll die Eindringtiefe selbst im ungünstigsten Fall noch signifikant größer als die Isolierschichtdicke sein, also $\delta_{min} > > b_1$. Setzt man beispielsweise $\delta_{min} \approx 4\,b_1$ und fordert gleichzeitig, daß die Näherung $\gamma_1 b_1 \approx \tanh(\gamma_1 b_1)$ weiterhin sicher gilt, dann erhält man (mit einem gewissen Rechenaufwand) gerade die angegebene Ungleichung.

In Tab. 3.1 sind neben den bereits diskutierten Ungleichungen weitere Ungleichungen angegeben, in denen stets der dekadische Logarithmus der Frequenz f als Funktion des ebenfalls logarithmierten spezifischen Substratwiderstandes dargestellt wurde. Diese als "Arbeitsformeln" bezeichneten Gleichungen ergeben sich durch einfaches Ausrechnen der ursprünglichen Ungleichungen und können dazu benutzt werden, die Bereiche der einzelnen Ausbreitungsmoden in einem entsprechenden Diagramm auf besonders übersichtliche Weise darzustellen. Bild 3.21 zeigt eine solche Darstellung, in der die Frequenz über dem spezifischen Substratwiderstand ρ_2 aufgetragen wurde. Für ρ_2 wurde ein Wertebereich von 10^{-4} Ωcm bis 10^6 Ωcm angenommen, womit nahezu alle praktisch möglichen Werte für ρ_2 erfaßt sind

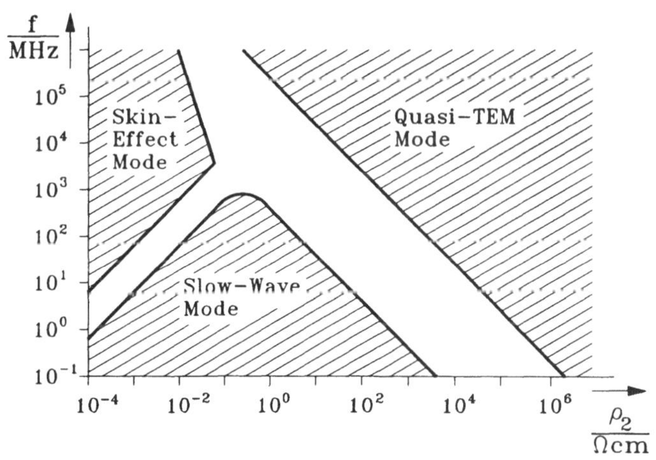

Bild 3.21. Graphische Darstellung der auftretenden Ausbreitungsmoden (nach Hasegawa [35])

(der obere Wertebereich gilt für isolierende Substrate wie z.B. GaAs = Gallium-Arsenid). Geht man von einer Substratdicke von z.B. 400 μm, einer Isolierschichtdicke von 1 μm, einer Dielektrizitätszahl für Silizium von $\epsilon_{2r} = 11,8$ und für Siliziumdioxid von $\epsilon_{1r} = 3,8$ aus, dann ergeben sich gerade die in Bild 3.21 dargestellten Bereichsgrenzen. Es ist erkennbar, daß sich der Bereich für den Slow-Wave Mode (in Abhängigkeit von der Substratdotierung) durchaus bis zu Frequenzen von etwa 1 GHz erstrecken kann. Die in Abschn. 3.2.1 als "hinreichend langsam" bezeichnete zeitliche Signaländerungsgeschwindigkeit kann also recht hohe Werte annehmen. Im Fall sinkender Substrat- und wachsender Isolierschichtdicke kann sich diese Maximalfrequenz auch auf Werte bis zu einigen GHz erhöhen.

Zusammenfassend ergibt sich, daß es auf Leitungen über leitendem Substrat bei hinreichend niedrigen Signalfrequenzen *grundsätzlich* zur Wellenausbreitung im Slow-Wave Mode kommt. Speziell für das z.Z. wohl am häufigsten verwendete Siliziumsubstrat zeigt sich, daß der Slow-Wave Mode auch noch bei Signalfrequenzen bis in den Gigahertzbereich auftreten kann und mithin in diesem Fall die Wellenausbreitung auf integrierten Schaltungen dominiert. Grundsätzlich anders ist der Sachverhalt bei isolierenden Substraten, z.B. Boards oder GaAs: hier dominiert der Quasi-TEM Mode [36]. In beiden Fällen kommt es zu einer starken magnetischen Kopplung, die, im Gegensatz zur elektrischen Kopplung, selbst für weiter entfernte Leitbahnen noch wirksam ist. Beim Auftreten des Quasi-TEM Modes kommt hinzu, daß es aufgrund des extrem stark abnehmenden Kapazitätsbelages gegen Masse (das Substrat wirkt als Isolator) und der gleichzeitig (allerdings nicht so stark) zunehmenden Koppelkapazitätsbeläge zu einer sehr starken elektrischen Kopplung zu Nachbarleitungen kommen kann.

Die in diesem Abschnitt durchgeführten Überlegungen lassen sich völlig analog auch auf mehrschichtige Strukturen unterschiedlicher Leitfähigkeiten übertragen (z.B. Strukturen mit einer zusätzlichen epitaktischen Schicht), wobei sich die Bereiche der drei Ausbreitungsmoden dann bezüglich der unterschiedlichen Schichten auch überschneiden können.

3.3 Netzwerkmodelle

Häufig ist es sinnvoll, aus den ermittelten Differentialgleichungen zur Beschreibung von Leitungen sog. Netzwerkmodelle zu entwickeln, die sich mit Hilfe der Kirchhoffschen Gleichungen beschreiben lassen und auch weitgehend graphisch darstellbar sind. Da eine Leitung sich aber einer netzwerktheoretischen Beschreibung entzieht (siehe Kap. 2), ist es notwendig, die Leitung durch diskrete Bauelemente zu approximieren, um dennoch ein Netzwerkmodell zu erhalten. Die Darstellung als Netzwerkmodell bietet, gerade für den Ingenieur, den Vorteil einer gewissen Anschaulichkeit. Allerdings sollte man der sog. "Anschauung" durchaus mit einem gewissen Mißtrauen begegnen, führt sie doch mitunter auch zu falschen Resultaten. So ist es i.a. *nicht* empfehlenswert, aus einem aus der Anschauung entwickelten Netzwerkmodell auf die das betrachtete System beschreibenden Differentialgleichungen zu schließen (wenngleich dieser Weg oftmals und auch keineswegs stets erfolglos beschritten wird).

Als erstes sollen die beschreibenden Differentialgleichungen (3.34, 3.40) betrachtet werden. Hieraus lassen sich prinzipiell Netzwerke unterschiedlicher Topologie entwickeln, so daß zunächst eine bestimmte Form des Netzwerkes festgelegt werden muß. Die wohl am häufigsten verwendete und zugleich einfachste Form wird durch eine Γ-förmige Struktur gemäß Bild 3.22

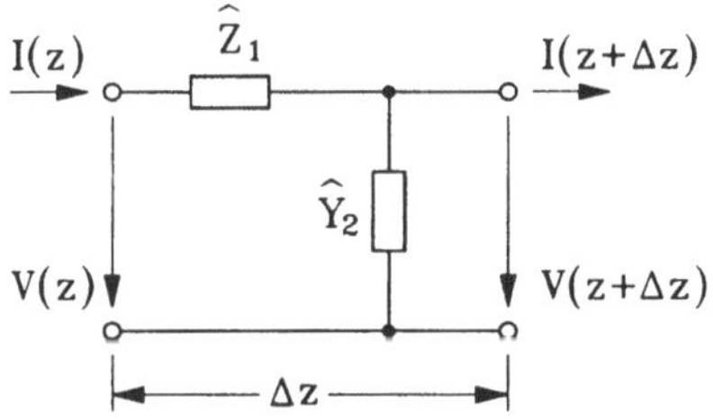

Bild 3.22. Struktur des Netzwerkes

gebildet. Aufgrund der oben erwähnten notwendigen Diskretisierung soll das Netzwerk ein Leitungsstück der (endlichen) Länge Δz repräsentieren, wobei Δz so klein gewählt werden muß, daß die ursprünglichen Differentialgleichungen mit hinreichender Genauigkeit durch Differenzengleichungen ersetzt werden können. Die Gesamtleitung kann man sich dann als aus diesen kleinen Leitungsstücken zusammengesetzt vorstellen. Da die Beschreibung im Zeitbereich erfolgt, die Struktur der dargestellten Netzwerkelemente aber a priori noch nicht bekannt ist, wurden diese Elemente in Form linearer Differentialoperatoren dargestellt; dabei wurde bereits im Hinblick auf einen später vorzunehmenden Koeffizientenvergleich mit den beschreibenden Differentialgleichungen $\hat{Z}_1$ als *Impedanz*operator (d.h. $\hat{Z}_1$ beschreibt den Zusammenhang zwischen Strom und Spannung in der Form V = $\hat{Z}_1$ I) und $\hat{Y}_2$ als

*Admittanz*operator (d.h. $I = \hat{Y}_2\,V$) gewählt. Beispiele für Impedanzoperatoren sind $\hat{L}' := L'$ $\partial/\partial t$ und $\hat{R}' := R'$, für Admittanzoperatoren $\hat{C}' := C'\,\partial/\partial t$ und $\hat{G}' := G'$ (G' = Leitwert pro Längeneinheit; G' brauchte bisher noch nicht berücksichtigt zu werden). Für $\Delta z \to 0$ gehen die Operatoren in einen Nulloperator $\hat{0}$ über, der aus formalen Gründen eingeführt werden soll und für den selbstverständlich $\hat{0} := 0$ gilt. Unter Verwendung der oben definierten Operatoren lassen sich (3.34, 3.40) ohne explizite Angabe der zeitlichen Ableitungen darstellen:

$$- \partial V/\partial z = (\hat{R}' + \hat{L}')\,I \quad , \tag{3.62a}$$

$$- \partial I/\partial z = \hat{C}'\,V \quad . \tag{3.62b}$$

Aus dem Netzwerk in Bild 3.22 kann man unter Verwendung der Kirchhoffschen Gesetze unmittelbar die Gleichungen

$$V\,(z,\,t) = \hat{Z}_1\,I\,(z,\,t) + V\,(z + \Delta z,\,t) \tag{3.63a}$$

und

$$I\,(z,\,t) = I\,(z + \Delta z,\,t) + \hat{Y}_2\,V\,(z + \Delta z,\,t) \tag{3.63b}$$

ablesen. Entwickelt man die Funktionen mit dem Argument $(z + \Delta z,\,t)$ in Taylorreihen bezüglich z, welche man (wegen des später durchzuführenden Grenzübergangs $\Delta z \to 0$) nach dem zweiten Glied abbrechen kann, dann erhält man aus (3.63)

$$- \partial V\,(z,\,t)/\partial z = (\hat{Z}_1/\Delta z)\,I\,(z,\,t) \quad , \tag{3.64a}$$

$$- \partial I\,(z,\,t)/\partial z = (\hat{Y}_2/\Delta z)\,V\,(z,\,t) + \hat{Y}_2\,\partial V\,(z,\,t)/\partial z \quad . \tag{3.64b}$$

Für $\Delta z \to 0$ streben $\hat{Z}_1$ und $\hat{Y}_2$ gegen $\hat{0}$. Dies gilt nicht für die Quotienten $\hat{Z}_1/\Delta z$ und $\hat{Y}_2/\Delta z$, die dann Leitungs*beläge* repräsentieren und im folgenden mit $\hat{Z}_1' := \hat{Z}_1/\Delta z$ und $\hat{Y}_2' := \hat{Y}_2/\Delta z$ bezeichnet werden sollen. Es ergeben sich die Gleichungen

$$- \partial V/\partial z = \hat{Z}_1'\,I \tag{3.65a}$$

und

$$- \partial I/\partial z = \hat{Y}_2'\,V + \hat{0}\,\partial V/\partial z = \hat{Y}_2'\,V \quad . \tag{3.65b}$$

Ein Koeffizientenvergleich mit (3.62) ergibt, daß $\hat{Z}_1'$ der Reihenschaltung von R' und L' und $\hat{Y}_2'$ dem Kapazitätsbelag C' entsprechen muß. Man erhält also das wohl jedermann bekannte Netzwerk gemäß Bild 3.23 für ein Leitungssegment der Länge Δz.

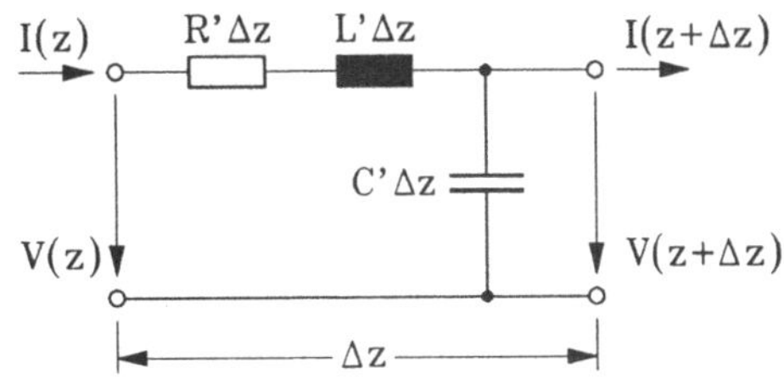

Bild 3.23. Netzwerk für ein Leitungssegment

Komplizierter liegen die Verhältnisse bei dem im letzten Abschnitt behandelten Parallelplattenmodell. Um hier zu aus Netzwerkelementen bestehenden Ersatzschaltbildern zu gelangen, müssen zunächst elektrische Ströme und Spannungen definiert werden[33]. Für die elektrische Spannung V (z) ist dies sehr einfach: sie wird definiert als das Linienintegral über die elektrische Feldstärke von $x = b_1$ bis $x = b_2$ für $z = $ const. Schwieriger verhält es sich mit dem Leiterstrom I (z): man könnte ihn als den Strom i_1 durch den metallischen Leiter im

Bereich einer bestimmten Leiterbreite w definieren, aber auch als den Rückstrom $-i_2$ in der Metallisierung (Bild 3.24). Es sollte dann aber die Bedingung $i_1 = -i_2$ gelten, welche bei den dabei nicht berücksichtigten Leiter- und Verschiebeströmen in Substrat und Isolierschicht i.a. aber *nicht* erfüllbar ist. Es läßt sich aber leicht zeigen, daß $i_1 \cosh(\gamma_1 b_1) = -i_2 \cosh(\gamma_2 b_2)$ gilt. Deshalb soll *definiert* werden: $I(z) := i_1 \cosh(\gamma_1 b_1)$. Zusammen mit (3.56b), (3.57) und den noch nicht verwendeten Grenzbedingungen

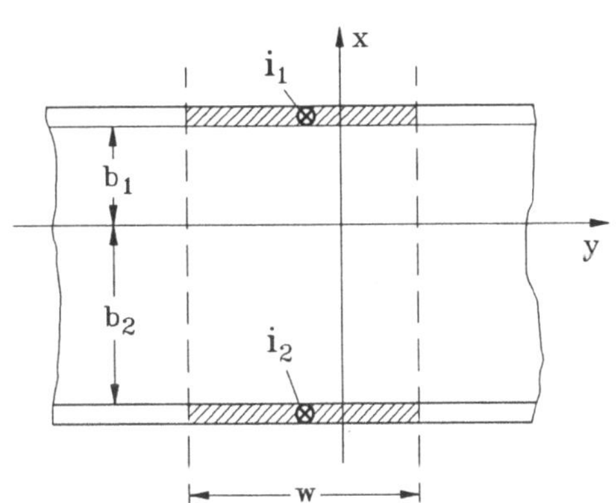

Bild 3.24. Leiterströme beim Parallelplattenmodell

(3.59) gewinnt man dann unter Verwendung der Maxwellschen Gleichungen in Integralform (d.h. weitgehend analog zu Abschn. 3.1.2) die folgenden Differentialgleichungen:

---

[33]Wie bereits in Abschn. 3.2 erfolgen die hier durchgeführten Betrachtungen im Frequenzbereich. Siehe hierzu auch Fußnote 30.

$$\partial V/\partial z = \frac{-j\omega\mu_o}{w}\left(\frac{\tanh(\gamma_2 b_2)}{\gamma_2} + \frac{\tanh(\gamma_1 b_1)}{\gamma_1}\right) I(z) \ , \tag{3.66a}$$

$$\partial I/\partial z = -\,j\omega\varepsilon_o w \ \frac{V(z)}{\dfrac{\tanh(\gamma_2 b_2)}{\gamma_2 \varepsilon'_{r2}} + \dfrac{\tanh(\gamma_1 b_1)}{\gamma_1 \varepsilon'_{r1}}} \ . \tag{3.66b}$$

Im Unterschied zu (3.34) und (3.40) konnten hier aber abstrakte Größen wie L', C', R' aufgrund der bekannten Daten über Geometrie und Material durch konkrete Werte ersetzt werden. Legt man für das zu bestimmende Netzwerk wiederum eine Struktur gemäß Bild 3.22 zugrunde und berücksichtigt dieselben Näherungen wie in Abschn. 3.2.2, dann erhält man entsprechend den drei Ausbreitungsmoden auch drei Netzwerke, die in Bild 3.25 dargestellt sind. Die Werte der einzelnen Netzwerkelemente sind in Tab. 3.2 aufgelistet (δ ist die Eindringtiefe für das Substrat gemäß (3.49), also $\delta^{-2} = \pi \cdot f \cdot \sigma_2 \cdot \mu_o$). Die Herleitung ist nicht schwierig, aber aufwendig, weshalb hier darauf verzichtet werden soll (siehe aber [34, 35]). Stattdessen sollen, wie bereits im letzten Abschnitt, die Resultate diskutiert werden. Insbesondere muß dabei der in der Praxis nahezu ausschließlich vorkommende Fall sehr geringer Leiterbreiten berücksichtigt werden, während die Werte in Tab. 3.2 nur dann gelten, wenn sich das Feld vollkommen zwischen Hin- und Rückleiter (betrachtet zwischen den gestrichelten Linien in Bild 3.24) konzentriert, also jegliche Randeffekte vernachlässigt werden.

Zunächst ist erkennbar, daß die Widerstandsbeläge (soweit vorhanden) frequenzabhängig sind. Allerdings wurde bei den bisherigen Betrachtungen von Leitern unendlich hoher Leitfähigkeit

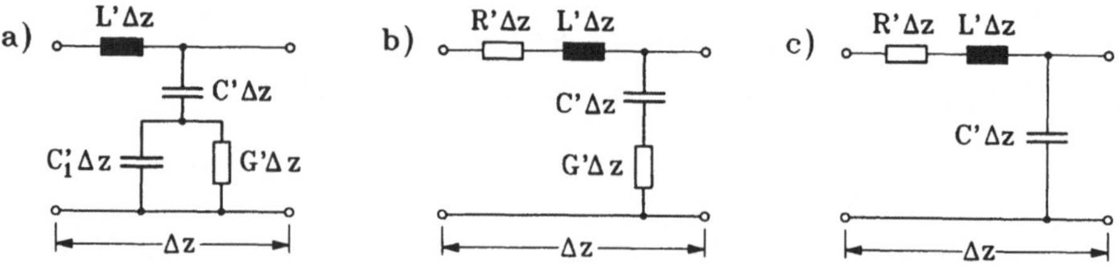

Bild 3.25. Netzwerke für ein Leitungssegment der Länge Δz für den a) Dielectric Quasi-TEM Mode, b) Slow-Wave Mode und c) Skin-Effect Mode

ausgegangen (weshalb die Widerstandsbeläge für $f \to 0$ ebenfalls gegen Null streben). Tatsächlich hat man es aber, gerade auf hochintegrierten Schaltungen, mit außerordentlich hohen ohmschen Leitungsverlusten zu tun, die weitgehend frequenzunabhängig sind (siehe Abschn. 3.1.2). Dies bedeutet, daß man zu allen in Bild 3.25 dargestellten Netzwerken i.a. noch einen zusätzlichen Widerstandsbelag hinzufügen muß, der zum bereits vorhandenen Widerstandsbelag zu addieren ist. Legt man für integrierte Schaltungen eine Leitbahndicke

Tabelle 3.2. Werte der Netzwerkelemente für die unterschiedlichen Ausbreitungsmoden *ohne* Berücksichtigung von Randeffekten

	R'	G'	L'	C'	C_1'
Dielectric Quasi-TEM Mode	-----	$\sigma_2 \dfrac{w}{b_2}$	$\mu_0 \dfrac{b_1+b_2}{w}$	$\varepsilon_1 \dfrac{w}{b_1}$	$\varepsilon_2 \dfrac{w}{b_2}$
Slow-Wave Mode	$\dfrac{4}{3} \dfrac{\rho_2}{w \cdot \delta} (b_2/\delta)^3$	$\sigma_2 \dfrac{w}{b_2}$	$\mu_0 \dfrac{b_1+b_2}{w}$	$\varepsilon_1 \dfrac{w}{b_1}$	-----
Skin-Effect Mode	$\dfrac{\rho_2}{w \cdot \delta}$	-----	$\mu_0 \dfrac{b_1+\delta/2}{w}$	$\varepsilon_1 \dfrac{w}{b_1}$	-----

von z.B. 0,5 μm und eine Leiterbreite von 1 bis 2 μm zugrunde, dann liegt dieser zusätzliche Widerstandsbelag im Bereich von 27 bis 54 kΩ/m, wobei als Leitermaterial Aluminium ($\rho_{Alu} \approx 2{,}7$ $\mu\Omega$cm) angenommen wurde. Hierauf aufbauend können für die einzelnen Moden die folgenden Abschätzungen der Netzwerkelemente und daraus resultierende Vereinheitlichungen der Netzwerke selbst vorgenommen werden. Aus praktischen Gründen werden die nachfolgenden Betrachtungen begonnen mit dem

Slow-Wave Mode:

Aus Tab. 3.2 ergibt sich der Leitwert $G'\Delta z$ als Leitwert eines Quaders der Breite w, der Dicke Δz und der Länge b_2, also gerade jenes Stückes Substrat, das sich zwischen Leiter und Rückleiter befindet (Bild 3.24). Dies entspricht auch der Anschauung: der Leitwert G' repräsentiert gerade diejenigen Substratverluste, die aufgrund transversaler Ströme (d.h. der Ströme in der x-y-Ebene) auftreten. Da sich das Feld, insbesondere bei recht schmalen Leitern (z.B. 1 bis 2 μm), keineswegs nur unterhalb des Leiters konzentriert, sondern seitlich bis weit in das Substrat hineinreicht, wird der tatsächliche Wert für G' um ein Vielfaches höher liegen, als dies aus Tab. 3.2 hervorgeht. Zu einer Abschätzung des tatsächlichen Wertes von G' gelangt man, indem man den Leiter näherungsweise als Rundleiter mit dem Durchmesser w auffaßt und das Strömungsfeld zwischen diesem Rundleiter und der Substratmetallisierung (= Rückleiter) berechnet. Diese Berechnung kann z.B. mit Hilfe konformer Abbildung erfolgen (wie hier nicht näher erläutert werden soll) und ergibt den Wert $G' = \pi\sigma_2/\ln[8b_2/(\pi w)]$. Der Wert von G' in Tab. 3.2 kann jetzt durch Einführen einer effektiven Leiterbreite w_{eff} korrigiert werden, also $G' = \sigma_2 w_{eff}/b_2$, wobei sich w_{eff} dann zu $w_{eff} = \pi b_2/\ln[8b_2/(\pi w)]$ ergibt. Für eine Leiterbreite von $w = 1 \ldots 2\ \mu m$ und eine Substratdicke von $400\ \mu m$ erhält man daraus $w_{eff} = 181 \ldots 202\ \mu m$, d.h. der korrigierte Leitwertsbelag ist immerhin um den Faktor 181 bis 202 höher als der Leitwertsbelag, den man aus Tab. 3.2 erhielte.

Ebenfalls infolge der Randeffekte des Feldes bei endlicher Leiterbreite ist beim Widerstandsbelag davon auszugehen, daß er wesentlich geringer sein wird, als aus Tab. 3.2 hervorgeht. Den maximalen Widerstandswert erhält man bei minimaler Eindringtiefe δ, also an der Grenzkurve des Slow-Wave Modes zu den anderen Moden (Bild 3.21). Die Eindringtiefe ist dort zwar größer als die Substratdicke b_2, liegt aber in derselben Größenordnung ($\delta \approx 1,5\ b_2$; siehe Abschn. 3.3.2). Man kann also, ohne einen großen Fehler zu begehen, δ vorübergehend durch b_2 ersetzen, um zu einer physikalischen Interpretation für R' zu gelangen. Es gilt dann $R' \leq \rho_2/(b_2 w)$ (wobei der Faktor 4/3 gleich 1 gesetzt wurde). $R'\Delta z$ entspricht dann (in Analogie zu $G'\Delta z$) dem ohmschen Widerstand des zwischen Leiter und Rückleiter liegenden Substrats (Bild 3.24) in Ausbreitungsrichtung, d.h. R' repräsentiert diejenigen Substratverluste, die aufgrund longitudinaler Ströme (d.h. der Ströme in z-Richtung) auftreten. Da die Longitudinalkomponente des Feldes aber mit den Transversalkomponenten verknüpft sind[34], müssen die Longitudinalkomponenten die gleiche räumliche Feldverteilung wie die Transversalkomponenten aufweisen, so daß man den im Zusammenhang mit G' ermittelten Wert für w_{eff} auch zur Abschätzung zumindest der oberen Grenze des

---

[34] Im raumladungsfreien Fall ergibt sich unter der Annahme homogenen Materials aus $\operatorname{div} \vec{E} = 0$ unmittelbar der Zusammenhang zwischen der longitudinalen Feldkomponenten $E_{zi}(x, y)$ und den transversalen Feldkomponenten $\vec{E}_{trans\ i}(x, y)$ zu

$$\vec{\nabla}_t \cdot \vec{E}_{trans\ i}(x, y) = \gamma_z E_{zi}(x, y) ,$$

wobei die z-Abhängigkeit von $\vec{E}_i(x, y, z)$ die Form $\vec{E}_i(x, y, z) = \vec{E}_i(x, y)\, e^{-\gamma_z z}$ aufweisen soll (bezüglich der Definition von $\vec{\nabla}_t$ siehe (3.2); i=1: Isolierschicht, i=2: Substrat). Für eine TM-Welle folgt aus den Maxwellschen Gleichungen außerdem die Umkehrung

$$\vec{E}_{trans\ i}(x, y) = (\gamma_z/\gamma_i^2)\, \vec{\nabla}_t E_{zi}(x, y) .$$

Widerstandsbelages bei endlicher Leiterbreite verwenden kann. Abweichend von Tab. 3.2 gilt dann also für den Slow-Wave Mode $R' \approx (4/3) (b_2/\delta)^3 \rho_2/(w_{eff} \cdot \delta)$ mit $w_{eff} = \pi b_2/\ln[8b_2/(\pi w)]$. Aus der Gleichung für den Slow-Wave Mode in Tab. 3.1 und R' in Tab. 3.2 läßt sich leicht die Frequenz f sowie der spezifische Widerstand ρ_2 bestimmen, für welche R' maximal wird. Mit z.B. $b_1 = 1$ μm, $b_2 = 400$ μm und $\varepsilon_{1r} = 3,8$ sind dies die Werte $\rho_2 = 0,129$ Ωcm und f = 686 MHz (abweichend von der maximalen Frequenz für den Slow-Wave Mode, die sich unter den obigen Annahmen zu $f_{max} = 795$ MHz mit einem dazugehörigen $\rho_2 = 0,223$ Ωcm ergibt). Mit w = 1 ... 2 μm erhält man dann einen Wertebereich für R' und G' von 2,4 bis 2,7 kΩ/m und 351 bis 392 S/m (S = Siemens = Ω^{-1}). Die Widerstandsbelagswerte sind also wesentlich kleiner als die zusätzlichen Widerstandsbeläge infolge der ohmschen Leitungsverluste (siehe oben), d.h. man wird die frequenzabhängigen Beläge gegenüber den konstanten Belägen i.a. vernachlässigen können. Im folgenden soll deshalb (für den Slow-Wave Mode) mit R' der signal*unabhängige* Widerstandsbelag der reinen Leitung bezeichnet werden.

Schließlich stellt sich noch die Frage, ob und inwieweit die Ableitungsverluste gegenüber den i.a. recht großen ohmschen Leitungsverlusten vernachlässigbar sind. Hierzu wird das Verhältnis der dissipierten Leistung P_R im Widerstandsbelag R' zur dissipierten Leistung P_G im Leitwertsbelag G' betrachtet. Es gilt

$$P_R = |I(z)|^2 R' \Delta z \tag{3.62a}$$

und

$$P_G = |V_G(z+\Delta z)|^2 G' \Delta z , \tag{3.62b}$$

wobei $V_G(z+\Delta z)$ der Spannungsabfall an G' ist. $V_G(z+\Delta z)$ läßt sich unmittelbar aus Bild 3.25 b) ablesen:

$$V_G(z+\Delta z) = \frac{j\omega C'}{G' + j\omega C'} V(z+\Delta z) . \tag{3.63}$$

Somit ergibt sich für P_R/P_G mit $\Delta z \to 0$:

$$P_R/P_G = \frac{R'}{G'} \, \frac{|\,I\,(z)\,|^{\,2}}{|\,V\,(z)\,|^{\,2}} \, \frac{G'^2 + \omega^2 C'^2}{\omega^2 C'^2} \; . \tag{3.64}$$

Ausgehend von einer sich in positiver z-Richtung ausbreitenden elektromagnetischen Welle (siehe (3.50/51)) stellt das Verhältnis $|\,V\,(z)\,|^{\,2}/\,|\,I\,(z)\,|^{\,2}$ gerade das Betragsquadrat des Wellenwiderstandes der Leitung dar. Wie sich leicht nachrechnen läßt, ergibt sich für eine Leitung gemäß Bild 3.25 b) der Wellenwiderstand zu

$$Z_0 = \left[\frac{(R' + j\omega L')(G' + j\omega C')}{j\omega G'C'} \right]^{1/2} , \tag{3.65}$$

so daß man aus (3.64) erhält:

$$P_R/P_G = \frac{R'}{\omega C'} \left[\frac{G'^2 + \omega^2 C'^2}{R'^2 + \omega^2 L'^2} \right]^{1/2} . \tag{3.66}$$

Zur numerischen Auswertung von (3.66) werden noch die Werte für C' und L' benötigt. Wie bereits für R' und G' diskutiert wurde, sind die Formeln aus Tab. 3.2 aber ungeeignet für eine Abschätzung der gesuchten Werte. Andererseits finden sich in der Literatur eine große Anzahl mehr oder weniger komplizierter Gleichungen, die eine sehr genaue Berechnung der entsprechenden Parameter gestatten. Einen guten Überblick hierüber gibt z.B. R. K. Hoffmann [38]. Für die im vorliegenden Fall allein benötigte *Abschätzung* der Parameter lassen sich unter Berücksichtigung der vorliegenden Geometrien sehr einfache Ausdrücke entwickeln. So kann man wegen $b_2 >> w$ zur Bestimmung des Induktivitätsbelages L' in sehr guter Näherung den Leiter als Rundleiter mit dem Durchmesser w betrachten, der sich im Abstand b_2 von einer leitenden Ebene befindet. Der Wert von L' läßt sich dann auf sehr einfache Weise analytisch zu $L' \approx [\mu_0/(2\pi)]\cdot\ln(4b_2/w)$ bestimmen. Etwas komplizierter liegen die Verhältnisse bei der Berechnung von C': hier lassen sich keine einfachen Näherungen mehr finden, die noch eine hinreichende Genauigkeit bieten. Die wohl simpelste Formel, die für eine Abschätzung von C' noch ausreichend ist, ist jene von Schneider [39], die allerdings die Leiterdicke d nicht berücksichtigt:

$$C' \approx \varepsilon_0 \varepsilon_{1r,eff} \{(w/b_1) + 2{,}42 - 0{,}44\cdot(b_1/w) + [1 - (b_1/w)]^6\} \; . \tag{3.67a}$$

Tabelle 3.3. Abschätzung der Werte der Netzwerkelemente für die unterschiedlichen Ausbreitungsmoden unter Berücksichtigung von Randeffekten und ohmscher Leitungsverluste

	R'	G'	L'	C'	C_1'
Dielectric Quasi-TEM Mode	$\dfrac{\rho_{\text{Leiter}}}{w \cdot d}$	$\dfrac{\pi\,\sigma_2}{\ln[8b_2/(\pi w)]}$	$\dfrac{\mu_0}{2\pi}\ln\dfrac{4b_2}{w}$	z.B. (3.67)	$\dfrac{\pi\varepsilon_0(1+\varepsilon_{2r})}{\ln(4b_2/w)}$
Slow-Wave Mode	$\dfrac{\rho_{\text{Leiter}}}{w \cdot d}$	$\dfrac{\pi\,\sigma_2}{\ln[8b_2/(\pi w)]}$	$\dfrac{\mu_0}{2\pi}\ln\dfrac{4b_2}{w}$	z.B. (3.67)	-----
Skin-Effect Mode	?	-----	?	z.B. (3.67)	-----

Diese Gleichung gilt für $w \geq b_1$ und Leiterdicke $d = 0$. Dabei ist $\varepsilon_{1r,\text{eff}}$ die effektive Dielektrizitätszahl. Sie ergibt sich zu

$$\varepsilon_{1r,\text{eff}} = (\varepsilon_{1r} + 1)/2 + [(\varepsilon_{1r} - 1)/2]\cdot[1 + 10\,b_1/w]^{-0,5}. \qquad (3.67b)$$

Die für die Abschätzungen herangezogenen Näherungsausdrücke sind in Tab. 3.3 für die unterschiedlichen Ausbreitungsmoden aufgelistet. Tab. 3.4 beinhaltet die daraus resultierenden Zahlenwerte, wie sie zur Auswertung von (3.66) sowie für weitere Berechnungen benötigt werden. In Tab. 3.4 wurden außerdem sog. "exakte" Werte[35] zum Vergleich mit den Näherungswerten aufgenommen, und man erkennt, daß die durchgeführten Abschätzungen z.B. für den Induktivitätsbelag praktisch exakt sind. Die noch sehr gut tolerierbaren Abweichungen von betragsmäßig etwa 2-3% bei C' resultieren dabei im wesentlichen allein aus der in (3.67) nicht berücksichtigten endlichen Leiterdicke.

Aus (3.66) erhält man schließlich für P_R/P_G den Wertebereich 1094 bis 801, d.h. die im ohmschen Leitungswiderstandsbelag R' dissipierte Energie ist in jedem Fall wesentlich größer als die im Leitwertsbelag G' dissipierte Energie: der Leitwert G' braucht im Fall des Slow-Wave Modes nicht berücksichtigt zu werden, die zu betrachtende Ersatzschaltung reduziert

---

[35]Die "exakten" Werte resultieren zum Teil aus analytischen Berechnungen, denen sehr genaue, aber recht unhandliche Formeln zugrunde lagen [39], zum Teil aus umfangreichen numerischen Feldberechnungen. Siehe hierzu auch die Tabellen im Anhang.

Tabelle 3.4. Nach Tab. 3.3 berechnete Werte für den Dielectric Quasi-TEM Mode (Slow-Wave Mode) mit w = 1 … 2 μm, d = 0,5 μm, b_1 = 1 μm, b_2 = 400 μm, ε_{1r} = 3,8 , ε_{2r} = 11,8 , ρ_{Leiter} = 2,7 $\mu\Omega$cm und ρ_2 = 100 Ωcm (0,129 Ωcm) entsprechend f = 2,28 GHz (686 MHz). Vergleich mit "exakt" berechneten Werten.

	R' in kΩ/m	G' in S/m	L' in μH/m	C' in pF/m	C_i' in pF/m
Dielectric Quasi-TEM Mode	54 … 27	0,453 … 0,504	1,48 … 1,34	73,9 … 111	48,3 … 53,3
Slow-Wave Mode	54 … 27	351 … 392	1,48 … 1,34	73,9 … 111	-----
"Exakte" Werte	-----	-----	1,49 … 1,39	76,2 … 113	47,2 … 51,5

sich also auf jene gemäß Bild 3.23, wobei alle Netzwerkelemente konstante (d.h. frequenz-unabhängige) Werte aufweisen.

Dielectric Quasi-TEM Mode:

Auch beim Dielectric Quasi-TEM Mode ist im entsprechenden Netzwerkmodell Bild 3.25 a) ein Leitwert G' vorhanden, für den auf exakt dieselbe Weise wie vorher für den Slow-Wave Mode eine Abschätzung bezüglich der entstehenden Verluste in G' im Vergleich zu den ohmschen Leitungsverlusten stattfinden soll. Die ohmschen Leitungsverluste werden dabei (wie schon beim Slow-Wave Mode) durch einen zu Bild 3.25 a) noch hinzuzufügenden Widerstandsbelag R' repräsentiert. Die zu (3.66) korrespondierende Gleichung für den Dielectric Quasi-TEM Mode ergibt sich völlig analog wie vorher zu

$$P_R/P_G = \frac{R'}{G' \cdot \omega C'} \left[\frac{(G'^2 + \omega^2 C_i'^2)[G'^2 + \omega^2(C'+C_i')^2]}{R'^2 + \omega^2 L'^2} \right]^{1/2} . \tag{3.68}$$

Zur Auswertung von (3.68) wird zusätzlich der Wert für C_i' benötigt. Aus Tab. 3.2 ist C_i' interpretierbar als Substratkapazitätsbelag, also dem Kapazitätsbelag zwischen der Grenzschicht SiO_2/Si und dem Rückleiter. Auch für C_i' ist in Tab. 3.3 eine Näherungsformel angegeben. Sie resultiert zum einen aus der Näherungsformel für L' in Tab. 3.3 gemäß $(L' \cdot C_{iVakuum}')^{-1/2}$ = Lichtgeschwindigkeit c (siehe (3.22)), zum anderen aus der Formel für den Kapazitätsbelag eines unendlich langen Zylinderkondensators mit einem Innenelektroden-durchmesser w und innerem Außenelektrodenradius b_2 bei halbkreiszylinderförmigem, geschichteten Dielektrikum. Die letzte Formel liefert die effektive Dielektrizitätskonstante als arithmetischen Mittelwert aus ε_0 und ε_2. Aus Tab. 3.4 ist erkennbar, daß der in Tab. 3.3 für C_i' angegebene einfache Ausdruck recht genaue Werte liefert (Abweichungen im Bereich 2,3 bis 3,5%).

Es stellt sich noch die Frage, für welche Werte von ρ_2 (bzw. G') und ω (3.68) ausgewertet werden soll, damit die Resultate entsprechend aussagekräftig sind. Besonders kritisch sind dabei sicherlich diejenigen Wertekombinationen, für die das Verhältnis P_R/P_G minimal wird. Es läßt sich leicht zeigen, daß dies für eine Gerade der Fall ist, die parallel zur Grenzgeraden für den Quasi-TEM Mode in Bild 3.21 verläuft, jedoch geringfügig unterhalb dieser, d.h. *außerhalb* des Bereiches für den Quasi-TEM Mode, liegt. Das Minimum für P_R/P_G liegt also *auf* der Grenzgraden des Quasi-TEM Modes. Wählt man beispielsweise für ρ_2 einen Wert von 100 Ωcm, dann beträgt die zugehörige Frequenz f = 2,28 GHz, und man erhält für G' den Wertebereich 0,453 bis 0,504 S/m (siehe Tab. 3.4). Aus (3.68) errechnet sich dann P_R/P_G = 2,90 ... 2,24. Für Wertekombinationen von ρ_2 und f, bei denen f sehr groß wird, nimmt das Leistungsverhältnis gemäß (3.68) ab (z.B. liegt es für f = 4 GHz zwischen 2,4 und 1,6), bei Frequenzen unterhalb etwa 1 GHz liegt es konstant bei ca. 2,9 bis 2,6. Zumindest an der Grenze zum Quasi-TEM Mode wird man G' gegenüber R' also nicht so leicht vernachlässigen können, wie dies im Fall des Slow-Wave Modes sichtbar geworden ist. *Innerhalb* des Quasi-TEM Bereichs nimmt P_R/P_G allerdings deutlich zu, so daß man auch hier G', zumindest in erster Näherung, sicherlich vernachlässigen kann[36]. Auch für den Quasi-TEM Mode reduziert sich damit das Netzwerkmodell auf jenes gemäß Bild 3.23.

Skin Effect Mode:
Bezüglich des Skin-Effect Modes brauchen die oben angestellten Überlegungen nur hinsichtlich der Frequenzabhängigkeit von R' durchgeführt zu werden, da ein Ableitungsbelag G' hier nicht vorkommt. Völlig analog zu den für den Slow-Wave Mode durchgeführten Betrachtungen kann man hier erkennen, daß der frequenzabhängige Anteil von R' gegenüber dem aus dem tatsächlich endlichen Widerstand des Leiters resultierenden konstanten Widerstandsbelagsanteil i.a. *nicht* vernachlässigt werden kann. Auch der Induktivitätsbelag wird i.a. frequenzabhängig sein. Man gelangt beim Skin-Effect Mode also zu einem

---

[36]Am Laboratorium für Informationstechnologie der Universität Hannover durchgeführte Simulationen haben gezeigt, daß der Einfluß von G' auf das Signalverhalten in der Tat gering ist und nur bei der Modellierung des Übergangs zwischen Slow-Wave Mode und Quasi-TEM Mode eine gewisse Rolle spielt.

Netzwerkmodell, das topologisch mit den Modellen für die übrigen Moden identisch ist, jedoch bezüglich R' und L' frequenzabhängige Leitungsparameter aufweist.

Zusammenfassend lassen sich hinsichtlich der Netzwerkmodelle für die Wellenausbreitung auf Leitbahnen, speziell im Fall hochintegrierter Schaltungen, folgende Aussagen machen:

- Für alle drei auftretenden Wellenausbreitungsmoden kann im wesentlichen *ein* Netzwerkmodell (nämlich jenes gemäß Bild 3.23) benutzt werden.

- Mit Ausnahme des Skin-Effect Modes können sowohl für den Slow-Wave Mode wie auch für den Quasi-TEM Mode alle Leitungsparameter als konstant angenommen werden.

Sowohl die erste wie auch die zweite Aussage führen zu einer wesentlichen Vereinheitlichung der für die Simulation des Signalverhaltens auf Leitbahnen notwendigen Rechnermodellierung, insbesondere bei der Behandlung unterschiedlicher Substratmaterialien.

3.4   Wellenausbreitung auf Mehrfachleitungen

Bei den bisherigen Betrachtungen wurden im wesentlichen Einzelleitungen behandelt und nur gelegentlich auf Mehrfachleitungen verwiesen. Unter Mehrfachleitungen oder auch Leitungssystemen soll dabei eine (beliebig) große Menge paralleler Einzelleitungen verstanden werden, die so dicht benachbart sind, daß i.a. sowohl elektrische wie auch magnetische Kopplungen zwischen den Leitungen berücksichtigt werden müssen. Beispiele für Leitungssysteme finden sich in Bild 2.3, Bild 3.18 und Bild 3.19.

Im vorliegenden Abschn. 3.4 sollen Leitungssysteme behandelt werden, wobei, soweit möglich, auf die in den letzten Abschnitten gewonnenen Erkenntnisse über Einzelleitungen zurückgegriffen wird. So gelten auch hier ganz analoge Überlegungen bezüglich der Reduktion des 3-dimensionalen Raumes auf eine einzige Dimension: in der Ebene quer zur Ausbreitungsrichtung mögen alle Vorgänge quasistationär verlaufen. Somit erfolgt auch hier die Beschreibung der Leitungen mit Hilfe von Leitungsparametern wie Widerstandsbelägen,

Induktivitätsbelägen usw. Bezüglich der Wellenausbreitung auf Mehrfachleitungen auf leitenden Substraten (z.B. Bussysteme auf Si-Chips) gelten ebenfalls ganz analoge Betrachtungen wie in den Abschnitten 3.2 und 3.3: auch hier dominiert z.B. der Slow-Wave Mode, soweit die Wellenausbreitung auf einem Si-Chip betrachtet wird, wobei speziell den Koppelinduktivitäten eine große Bedeutung zukommt.

3.4.1 Magnetische und elektrische Feldenergie

Zur mathematischen Behandlung von Leitungssystemen ist es sinnvoll, diese Systeme zunächst bezüglich ihres energetischen Verhaltens zu betrachten. Für die Energie ΔW_{el} des statischen bzw. quasistatischen elektrischen Feldes im Volumenelement $\Delta\tau$ gilt bekanntlich (siehe z.B. [40]):

$$\Delta W_{el} = (1/2) \int_{\Delta\tau^*} \vec{E}\cdot\vec{D}\ d\tau > 0\ , \tag{3.69}$$

wobei $\Delta\tau^*$ gleich dem Volumen $\Delta\tau$ ohne die Volumina der in $\Delta\tau$ vorhandenen Leiter ist. Die Ungleichung in (3.69) bezieht sich auf den nicht-trivialen Fall $|\vec{E}| \cdot |\vec{D}| \neq 0$. Angewandt auf die hier zu behandelnden Leitungssysteme ist es sinnvoll, das Volumenelement $\Delta\tau$ als eine unendlich ausgedehnte Scheibe der verschwindenden Dicke Δz quer zur Wellenausbreitungsrichtung zu wählen. In Bild 3.26 wird dies am

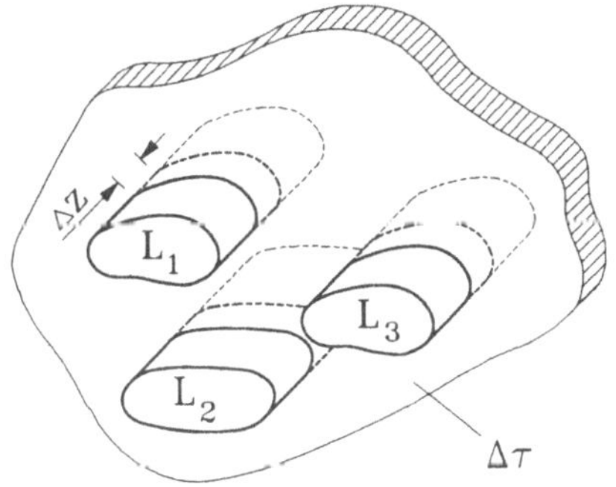

Bild 3.26. Leitersystem und Volumenelement $\Delta\tau$

Beispiel eines 3-Leitersystems verdeutlicht. Bezieht man ΔW_{el} auf das Längenelement $\Delta z > 0$ und schreibt abkürzend $\Delta W_{el}/\Delta z =: W'_{el}$, so folgt aus (3.69):

$$2W'_{el} = (1/\Delta z) \int_{\Delta\tau^*} \vec{E}\cdot\vec{D}\ d\tau > 0\ . \tag{3.70}$$

W'_{el} stellt eine Energiedichte dar, wenn, wie im vorliegenden Fall, das System auf die Betrachtung einer einzigen räumlichen Dimension, nämlich der z-Koordinate, reduziert wird, Δz also ein "eindimensionales Volumen" repräsentiert[37].

Durch Einführung der auf die Längeneinheit Δz bezogenen Maxwellschen Kapazitätskoeffizienten c'_{ik} bzw. der mit Δz multiplizierten Potentialkoeffizienten $\overset{o}{\varphi}_{ik}$ ergibt sich aus (3.70) auf einfache Weise (siehe z.B. [40])[38]

$$2W'_{el} = \sum_i \sum_k Q'_i Q'_k \overset{o}{\varphi}_{ik} = Q'^T \overset{o}{\varphi} Q' > 0 \ , \tag{3.71a}$$

$$2W'_{el} = \sum_i \sum_k V_i V_k c'_{ik} = \underline{V}^T C' \underline{V} > 0 \ , \tag{3.71b}$$

wo Q'_i (Q'_k) die Ladungsdichte und V_i (V_k) das Potential des i-ten (k-ten) Leiters repräsentiert. Im folgenden werden Spaltenmatrizen durch Unterstreichung, quadratische Matrizen durch Fettdruck gekennzeichnet, so daß $\underline{V}$ die Spaltenmatrix der Potentiale (mit den Elementen V_i, $i = 1 \dots n$), Q' die Spaltenmatrix der Ladungsdichte (mit den Elementen Q_i, $i = 1 \dots n$), $\overset{o}{\varphi}$ die quadratische Matrix der Potentialkoeffizienten mal Längeneinheit (mit den Elementen $\overset{o}{\varphi}_{ik}$, $i, k = 1 \dots n$) und C' die quadratische Matrix der Maxwellschen Kapazitätskoeffizienten (mit den Elementen c_{ik}, $i, k = 1 \dots n$) darstellt. Der hochgestellte Index T bedeutet die Transponierung der entsprechenden Matrizen. Es kann gezeigt werden (siehe z.B. [41]), daß die Maxwellschen Kapazitätskoeffizienten (und entsprechend auch die Potentialkoeffizienten) unter Zugrundelegung linearer Materialeigenschaften symmetrisch sind, daß also gilt: $c'_{ik} = c'_{ki}$ (bzw. $\overset{o}{\varphi}_{ik} = \overset{o}{\varphi}_{ki}$).

---

[37]Aus diesem Grund wurde $\Delta z > 0$ gewählt, analog zu $\Delta \tau > 0$.

[38]Bei einem System aus n Leitern können deren Ladungen Q_i (=Ladung des i-ten Leiters) und Potentiale V_i (=Potential des i-ten Leiters) nicht gleichzeitig beliebig gewählt werden; vielmehr bestehen zwischen diesen Größen aufgrund der Linearität der Maxwellschen Gleichungen und unter Zugrundelegung linearen Dielektrikums ebenfalls lineare Zusammenhänge der Form

$$Q_i = \sum_k c_{ik} V_k \ , \qquad V_i = \sum_k \varphi_{ik} Q_k \ , \quad i, k = 1 \dots n \ .$$

Die Proportionalitätskonstanten c_{ik} nennt man Kapazitäts-, die φ_{ik} Potentialkoeffizienten. c_{ik} und φ_{ik} lassen sich als Elemente quadratischer Matrizen darstellen, wobei diese Matrizen zueinander invers sind, d.h. die c_{ik} lassen sich aus den φ_{ik} bzw. die φ_{ik} aus den c_{ik} durch Matrixinversion errechnen.

Die Ungleichungen in (3.71) gelten gemäß (3.69) bzw. (3.70), so daß (3.71) zwei positiv definite quadratische Formen darstellt [42][39]. Da $\underline{Q}'$ wie auch $\underline{V}$ beliebige Werte annehmen können, kommt die Eigenschaft der positiven Definitheit den sog. *Formmatrizen* $\overset{\circ}{\varphi}$ und $\mathbf{C}'$ zu, so daß im folgenden auch kurz von den positiv definiten Matrizen $\overset{\circ}{\varphi}$ und $\mathbf{C}'$ die Rede sein wird.

Beispiel 3.6:

In dem n-Leitersystem mit zusätzlichem Rückleiter $(n+1)$ gemäß Bild 3.27 sind die Teilkapazitätsbeläge C'_{ik} zwischen den Leitern dargestellt. Hieraus sollen die Maxwellschen Kapazitätskoeffizientenbeläge c'_{ik} bestimmt werden, für die definitionsgemäß

$$Q'_i = \sum_k^n c'_{ik} V_k \qquad (B36)$$

gilt.

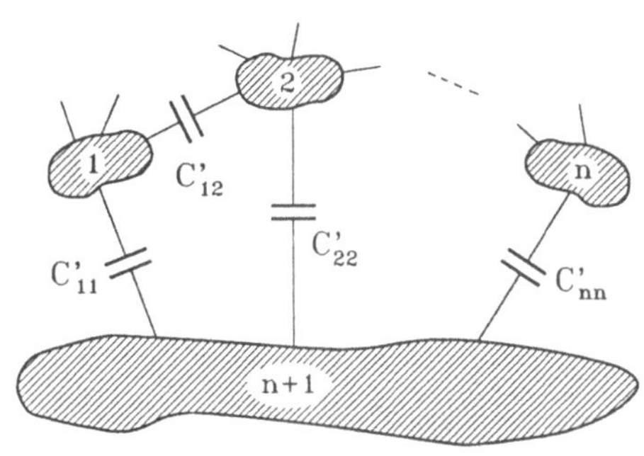

Bild 3.27. Teilkapazitätsbeläge bei einem n-Leitersystem mit Rückleiter

Lösung: Die Ladungsdichte Q'_i des i-ten Leiters setzt sich aus der Summe der auf den Teilkapazitätsbelägen C'_{ik} gebundenen Ladungsdichten zusammen, also

$$Q'_i = C'_{ii} V_i + \sum_{k \neq i}^n C'_{ik} V_{ik} \ , \qquad (B37)$$

wobei $V_{ik} := V_i - V_k$ als Potentialdifferenz zwischen i-tem und k-tem Leiter definiert ist. In (B37) eingesetzt erhält man:

$$Q'_i = C'_{ii} V_i + \sum_{k \neq i}^n C'_{ik} (V_i - V_k) = V_i \sum_k^n C'_{ik} - \sum_{k \neq i}^n C'_{ik} V_k \ . \qquad (B38)$$

Durch Koeffizientenvergleich mit (B36) folgt daraus unmittelbar:

$$c'_{ii} = \sum_k^n C'_{ik} \ , \qquad c'_{ik} = -C'_{ik} \ . \qquad (B39a,b)$$

Die Matrix der Maxwellschen Kapazitätskoeffizienten (pro Längeneinheit) $\mathbf{C}'$ ist also diagonaldominant, d.h. $|c'_{ii}| > \sum_{k \neq i} |c'_{ik}|$, und es gilt stets $c'_{ii} > 0$ und $c'_{ik} < 0$. Daraus und aus der Symmetrie von $\mathbf{C}'$ folgt [43], daß $\mathbf{C}'$ *unabhängig* von der Ungleichung in (3.69), *allein* aus der Konstruktionsvorschrift (B39), stets positiv definit sein *muß*. Selbst wenn man die Werte für die Teilkapazitäten C'_{ik} also nur grob abschätzt, wird $\mathbf{C}'$ dennoch positiv definit sein (vgl. Beisp. 3.7). ■

---

[39]Zu allen Fragen bezüglich der Matrizenrechnung sei auf das hervorragende Werk von F. R. Gantmacher [42] verwiesen.

Für die Energie W'_{mag} des stationären bzw. quasistationären magnetischen Feldes bezüglich desselben Volumenelements $\Delta\tau$ gilt analog zu (3.70) [40]

$$2W'_{mag} = (1/\Delta z) \int\limits_{\Delta\tau} \vec{H}\cdot\vec{B}\ d\tau > 0 \ . \qquad (3.72)$$

Da hier, selbst im stationären Fall, auch im Leiterinnern ein magnetisches Feld auftritt[40], muß auch über die Leitervolumina integriert werden. Bezeichnet man die Induktivität zwischen den Leitern k und l im Bereich $\Delta\tau$ mit ΔL_{kl}, dann ergibt sich aus (3.72) für die magnetische Feldenergie (siehe z.B. [40])

$$2W'_{mag} = \sum_k \sum_l I_k I_l L'_{kl} = I^T L' I > 0 \ , \qquad (3.73)$$

Hier sind I_k und I_l die Ströme durch den k-ten bzw. den l-ten Leiter, und I ist die Spaltenmatrix der Ströme. L'_{kl} ist definiert als $\Delta L_{kl}/\Delta z$, und L' ist die quadratische Matrix aller L'_{kl}. Wie schon für die Potential- und Kapazitätskoeffizienten gilt auch hier (unter Zugrundelegung linearer Materialeigenschaften) die Symmetriebeziehung $L'_{kl} = L'_{lk}$, d.h. die Matrix L' ist symmetrisch (siehe z.B. [41]).

Interpretiert man den Strom als die durch den Leiterquerschnitt pro Zeiteinheit transportierte Ladungsmenge, so erhält man als Bilanz, daß im stationären (wie im quasistationären) Fall für $\Delta z \rightarrow 0$ der *in* den k-ten Leiter hineinfließende Strom I_k gleich der *aus* dem k-ten Leiter pro Zeiteinheit hinaustransportierten Ladung sein muß, also $I_k = -\dot{Q}_k$. In Matrixschreibweise gilt dann also

$$I = -\dot{Q} \ . \qquad (3.74)$$

Eingesetzt in (3.73) folgt unmittelbar

$$2W'_{mag} = \dot{Q}^T L' \dot{Q} > 0 \ . \qquad (3.75)$$

---

[40]Das magnetische Feld im Leiterinnern verschwindet nur bei stark ausgeprägtem Skin-Effekt. In Abschn. 3.1.2 wurde jedoch gezeigt, daß der im Leiter auftretende Skineffekt häufig vernachlässigt werden kann.

Auch hier ist erkennbar, daß sowohl (3.73) wie auch (3.75) positiv definite quadratische Formen darstellen bzw. daß die Matrix **L'** positiv definit ist.

Beispiel 3.7:

Für ein 3-Leitersystem auf einer integrierten Schaltung wurden die Induktivitätsbeläge unter Zugrundelegung des Slow-Wave Modes wie folgt abgeschätzt: L'_{11} = 1,6 μH/m, L'_{22} = 1,5 μH/m, L'_{33} = 1,5 μH/m, L'_{12} = L'_{23} = 1,4 μH/m, L'_{13} = 1,0 μH/m. Die übrigen Elemente der Matrix **L'** ergeben sich aufgrund der Symmetrie. Es stellt sich die Frage, ob die angegebenen Schätzwerte wirklich die Induktivitätsbeläge eines realen Leitersystems so gut repräsentieren, daß diese Daten für eine Computersimulation benutzt werden können.

Lösung: Eine notwendige (aber keine hinreichende!) Bedingung dafür, daß die Schätzwerte verwendbar sind, ist die positive Definitheit der Matrix **L'**. Eine notwendige und hinreichende Bedingung für positive Definitheit einer Formmatrix ist, daß die Hauptabschnittsdeterminanten der Matrix positiv sind [42], also

$$D_1 := L'_{11} > 0 \ , \ D_2 := \begin{vmatrix} L'_{11} & L'_{12} \\ L'_{21} & L'_{22} \end{vmatrix} > 0 \ , \ D_3 := \begin{vmatrix} L'_{11} & L'_{12} & L'_{13} \\ L'_{21} & L'_{22} & L'_{23} \\ L'_{31} & L'_{32} & L'_{33} \end{vmatrix} > 0 \ \text{ usw.}$$

$$(B40)$$

Im vorliegenden Fall ergeben sich (die Dimensionen werden nicht mit angegeben) D_1 = 1,6 > 0, D_2 = 0,44 > 0, aber D_3 = -0,056 < 0. **L'** ist also *nicht* positiv definit, die Schätzwerte sind *nicht* verwendbar!- Man kann im übrigen leicht nachrechnen, daß eine Änderung des Wertes von L'_{12} auf 1,1 μH/m zu sehr brauchbaren Ergebnissen führt. Auf die Bedeutung der positiven Definitheit, insbesondere von **L'**, wird in Abschn. 3.4.4 ausführlich eingegangen. ■

3.4.2 Hamiltonsches Prinzip und Lagrangedichte für Leitungssysteme

Zum Aufstellen der Differentialgleichungssysteme für Mehrfachleitungen gibt es verschiedenen Verfahren. Ein besonders einfacher Weg ist die Anwendung des sog. Hamiltonschen Prinzips, auch *Prinzip der kleinsten Wirkung* genannt, welches ursprünglich aus der Mechanik stammt [44 - 46]. Es soll in diesem Abschnitt, allerdings in knapper Form, erläutert werden.

Das Prinzip der kleinsten Wirkung besagt, daß die Zustandsänderung eines (mechanischen) Systems im Zeitintervall $t_1 \leq t \leq t_2$ stets so verläuft, daß die sog. Wirkung S minimal wird (bzw. ein Extremum annimmt). Die Wirkung S ist hierbei definiert als

$$S := \int_{t_1}^{t_2} L(q, \dot{q}, t)\, dt \ . \tag{3.76}$$

L ist die sog. Lagrange-Funktion des Systems, und die Spaltenmatrix q enthält die den Zustand des Systems beschreibenden verallgemeinerten Koordinaten. Die Bezeichnung "verallgemeinerte Koordinaten" bedeutet, daß es sich nicht notwendig um z.B. kartesische Koordinaten zu handeln braucht, sondern um beliebige Größen, welche lediglich die Eigenschaft haben müssen, den momentanen Zustand des Systems eindeutig zu beschreiben. Zur *vollständigen* Beschreibung eines Systems, also auch der Beschreibung des dynamischen Verhaltens, werden erfahrungsgemäß noch die zeitlichen Ableitungen $\dot{q}$ der verallgemeinerten Koordinaten benötigt. Diese Ableitungen werden entsprechend als "verallgemeinerte Geschwindigkeiten" bezeichnet. Die Dimension der Matrizen q und $\dot{q}$ ist gleich der Anzahl der Freiheitsgrade des Systems. Weiterhin läßt sich zeigen, daß die Lagrange-Funktion gleich der Differenz der kinetischen und der potentiellen Energie eines Systems ist, also

$$L = W_{kin} - W_{pot} \ . \tag{3.77}$$

Angewandt auf ein System n gekoppelter Leitungen ergibt sich folgendes: Da die Ladungen Q_i bzw. die Ladungs*dichten* Q_i' den jeweiligen elektrischen Zustand des Leitungssystems eindeutig beschreiben, lassen sich die Q_i als verallgemeinerte Koordinaten interpretieren. Identifiziert man weiterhin die magnetische mit der kinetischen und die elektrische mit der potentiellen Energie, so erhält man entsprechend (3.77):

$$L' = W'_{mag} - W'_{el} \ . \tag{3.78}$$

Im Unterschied zu (3.77) wurde die Energie hier jeweils auf $\Delta z > 0$ bezogen, also mit Energie*dichten* operiert. Entsprechend erhält man auch die mit L' bezeichnete Lagrange*dichte*. Hierbei wird der Tatsache Rechnung getragen, daß die Wirkungsausbreitungsgeschwindigkeit quer zur Wellenausbreitungsrichtung als unendlich groß angenommen wurde (=quasistationärer Fall), während die Endlichkeit der Wirkungsausbreitungsgeschwindigkeit längs des Leitungssystems durchaus berücksichtigt wurde. Will man dennoch das Hamiltonsche Prinzip anwenden, so muß aus (3.78) zunächst durch Integration über die Länge l des Leitungssystems die Lagrange-Funktion bestimmt werden. Somit wird aus (3.76)

$$\delta \int_{t_1}^{t_2} \int_0^l L' \, dz \, dt = 0 \; , \tag{3.79}$$

wobei bereits berücksichtigt wurde, daß die Variation δ der Wirkung gleich Null sein muß. Mit Hilfe der Variationsrechnung [47] folgt aus (3.79) das Differentialgleichungssystem:

$$\partial L'/\partial Q_i - (\partial/\partial z)(\partial L'/\partial Q_i') - (\partial/\partial t)(\partial L'/\partial \dot{Q}_i) = 0 \; , \quad i = 1, \dots, n \; . \tag{3.80}$$

Die zur Berechnung von (3.80) noch benötigte Lagrange-Dichte als Funktion der Ladungen bzw. deren Ableitungen ergibt sich unmittelbar aus (3.78) durch Einsetzen von (3.71) und (3.75) zu

$$L' = \sum_k \sum_l (\dot{Q}_k \dot{Q}_l L_{kl}' - Q_k' Q_l' \overset{\circ}{\varphi}_{kl}) \; . \tag{3.81}$$

Die gewünschte mathematische Beschreibung des Leitungssystems erhält man nun einfach durch Einsetzen von (3.81) in (3.80). Allerdings wird hierdurch nur ein *verlustloses* Leitungssystem beschrieben, da die aufgrund der auftretenden Verluste dissipierte Energie noch nicht berücksichtigt wurde. Der Versuch, das Hamiltonsche Prinzip auch auf verlustbehaftete Systeme anzuwenden, muß i.a. scheitern: während das Hamiltonsche Prinzip ein Grundprinzip der Mechanik ist, gehört die Behandlung von Energiedissipation in den Bereich der Thermodynamik, ist also mit Hilfe rein der Mechanik entstammender Gesetzmäßigkeiten a priori nicht durchführbar. Es gibt jedoch eine bestimmte Kategorie von Fällen, für die das Hamiltonsche Prinzip auch auf Systeme mit Energiedissipation angewandt werden kann. Hierzu gehören bei elektrischen Systemen jene, für die, wie im vorliegenden Fall, das lineare ohmsche Gesetz gilt, wo die die Dissipation verursachenden ohmschen Spannungsabfälle also proportional dem Strom sind. Gleichung (3.80) ist dann derart zu modifizieren, daß als Rechtsterm die Variation der dissipierten Energiedichte, dividiert durch die zugehörige Variation der Ladung eingesetzt wird, also

$$\partial L'/\partial Q_i - (\partial/\partial z)(\partial L'/\partial Q_i') - (\partial/\partial t)(\partial L'/\partial \dot{Q}_i) = \delta W_{i,\text{diss}}'/\delta \dot{Q}_i \; . \tag{3.82}$$

Die Bestimmung des Rechtsterms wird im folgenden Abschnitt durchgeführt.

3.4.3 Dissipative Energie und Differentialgleichungssysteme

In Abschn. 3.3 wurde gezeigt, daß selbst im Fall verlustbehafteten Substrats die im Leiter dissipierte Energie i.a. die Gesamtverluste dominiert. Es sollen deshalb zunächst nur die ohmschen Verluste in den Leitbahnen berücksichtigt werden (siehe aber Abschn. 6.2.2). Entsprechend erhält man für die in der i-ten Leitung dissipierte Energie bezüglich des Längenabschnitts Δz

$$\Delta \delta W_{i,diss} = I_i^2 \, R_i' \, \Delta z \, \delta t > 0 \ . \tag{3.83}$$

R_i' ist hierbei der Widerstandsbelag der i-ten Leitung analog der Definition des Widerstandsbelages der Einzelleitung in Gleichung (3.33). Dividiert man (3.83) durch $\Delta z > 0$, so folgt mit $\delta W_{i,diss}' := \Delta \delta W_{i,diss}/\Delta z$ die Verlustenergiedichte. Für I_i^2 läßt sich $\dot{Q}_i(\delta Q_i/\delta t)$ schreiben, so daß man letztlich

$$\delta W_{i,diss}' = R_i' \, \dot{Q}_i \, \delta Q_i \tag{3.84}$$

erhält. Für alle Leitungen zusammen ergeben sich die Gesamtverluste als Summe aller Einzelverluste gemäß (3.84) zu

$$\delta W_{diss}' = \sum_{i=1}^{n} R_i' \, \dot{Q}_i \, \delta Q_i \tag{3.85a}$$

bzw. in Matrixform

$$\delta W_{diss}' = \dot{Q}^T \, \mathbf{R}' \, \delta Q \ , \tag{3.85b}$$

wo $\mathbf{R}'$ eine Diagonalmatrix mit den Elementen R_i ist. Setzt man schließlich (3.84) und (3.81) in (3.82) ein, so ergibt sich für die einzelnen Terme

$$\partial L'/\partial Q_i = 0 \ , \tag{3.86a}$$

$$\partial L'/\partial Q_i' = - \sum_k \overset{o}{\varphi}_{ik} \, Q_k' \ , \tag{3.86b}$$

$$\partial L'/\partial \dot{Q}_i = \sum_k L'_{ik} \dot{Q}_k \; , \tag{3.86c}$$

$$\delta W'_{i,diss}/\delta \dot{Q}_i = R'_i \dot{Q}_i \; , \tag{3.86d}$$

also insgesamt

$$R'_i \dot{Q}_i = \sum_k (\overset{o}{\varphi}_{ik} Q''_k - L'_{ik} \dot{Q}_k) \; . \tag{3.87a}$$

In Matrixschreibweise wird hieraus

$$\mathbf{R'} \, \underline{\dot{Q}} = \overset{o}{\varphi} \, \underline{Q}'' - \mathbf{L'} \, \underline{\ddot{Q}} \; . \tag{3.87b}$$

Unter Berücksichtigung von (3.74) und $\underline{Q}' = \mathbf{C'} \cdot \underline{V}$ (siehe B(36)) erhält man aus (3.87b) unmittelbar

$$-\partial \underline{V}/\partial z = \mathbf{R'} \, \underline{I} + \mathbf{L'} \, \partial \underline{I}/\partial t \; . \tag{3.88a}$$

Für den Fall einer Einzelleitung reduziert sich (3.88a) natürlich auf (3.34), wie sofort zu erkennen ist. Differentiation von $\underline{q}' = \mathbf{C'} \cdot \underline{V}$ nach der Zeit ergibt die Beziehung

$$-\partial \underline{I}/\partial z = \mathbf{C'} \, \partial \underline{V}/\partial t \; , \tag{3.88b}$$

welche sich im Fall der Einzelleitung entsprechend auf Gleichung (3.40) reduziert. Durch Differentiation und Substitution erhält man aus (3.88) in völliger Analogie zur Einzelleitung z.B.

$$\partial^2 \underline{V}/\partial z^2 = \mathbf{L'C'} \, \partial^2 \underline{V}/\partial t^2 + \mathbf{R'C'} \, \partial \underline{V}/\partial t \; . \tag{3.89}$$

Damit ist das Leitungssystem vollständig beschrieben. Zur Durchführung konkreter Berechnungen muß das partielle Differentialgleichungssystem (3.89) in geeigneter Form gelöst werden.

3.4.4 Lösung der Differentialgleichungssysteme für den verlustfreien Fall

Entsprechend Abschn. 3.1.1 für die Einzelleitung soll in diesem Abschnitt der Versuch unternommen werden, eine Lösung der Wellengleichung für (zunächst) verlustlose Leitungs*systeme* zu gewinnen. Dabei wird hier unter Ausnutzung der in Abschn. 3.1.1 erzielten Ergebnisse von vornherein die sog. "schnellveränderlich quasistationäre Betrachtungsweise" herangezogen.

Für den Fall der Einzelleitung reduziert sich (3.89) auf die aus der Leitungstheorie bekannte partielle Differentialgleichung

$$V''(z,\ t) = L'C' \ddot{V}(z,\ t) + R'C' \dot{V}(z,\ t)\ , \tag{3.90}$$

die sich im übrigen (analog zu (3.89)) unmittelbar aus (3.34, 3.40) ergibt. Eine allgemeine analytische Lösung von (3.90) ist nicht bekannt[41]. Um so weniger besteht Hoffnung, für (3.89) eine analytische Lösung angeben zu können. Die Situation ändert sich grundlegend, wenn man eine *verlustlose* Leitung betrachtet: hier ist die Lösung von (3.90) durchaus bekannt, nämlich als "Lösung von d'Alembert" (siehe (3.23a)). Es soll deshalb versucht werden, eine analytische Lösung für das verlustfreie Leitungssystem entsprechend der d'Alembertschen Lösung zu gewinnen, also für den Fall **R'** ≡ **0**, wo **0** die Nullmatrix ist[42]. Gleichung (3.89) reduziert sich dann auf

$$\partial^2 \underline{V}/\partial z^2 = L'C' \ \partial^2 \underline{V}/\partial t^2\ . \tag{3.91}$$

Die Lösung von (3.91) wird dann besonders einfach, wenn es gelingt, das Produkt **L'C'** auf Diagonalform zu bringen. Hierzu müssen einige verallgemeinernde Betrachtungen erfolgen.

---

[41]Es lassen sich zwar spezielle Lösungen z.B. entsprechend jenen in Abschn. 3.1.2 angeben (siehe dort), aber diese Lösungen erweisen sich nicht als sonderlich gut handhabbar, wie ebenfalls in Abschn. 3.1.2 ausgeführt wurde. Bezüglich der Computersimulation siehe die Anmerkungen in Kap. 4.

[42]d.h. eine (quadratische) Matrix, deren Elemente ausnahmslos den Wert Null aufweisen.

Integrale Größen als Elemente eines endlichdimensionalen Vektorraums

Gleichung (3.91) kann folgendermaßen interpretiert werden: Ein als Spaltenmatrix $\partial^2\underline{V}/\partial t^2$ dargestelltes n-Tupel reeller Zahlen[43] wird vermöge der Multiplikation mit einer ebenfalls reellen aber quadratischen Matrix L'C' der Dimension n einem anderen, in der Spaltenmatrix $\partial^2\underline{V}/\partial z^2$ abgelegten n-Tupel reeller Zahlen zugeordnet. Es liegt deshalb nahe, die Matrizen $\partial^2\underline{V}/\partial z^2$ und $\partial^2\underline{V}/\partial t^2$ als spezielle Respräsentationen von Vektoren des Vektorraums $\mathbb{R}^n$ aufzufassen[44]. Damit wird die Matrix L'C' zu einer ebenfalls speziellen Repräsentation eines sog. Endomorphismus $\overset{\leftrightarrow}{\varphi}$ des $\mathbb{R}^n$, also einer linearen Abbildung *innerhalb* eines Vektorraums. Bezeichnet man den durch die Matrix $\partial^2\underline{V}/\partial z^2$ repräsentierten Vektor mit $\vec{V}_{zz}$, den durch $\partial^2\underline{V}/\partial t^2$ repräsentierten Vektor mit $\vec{V}_{tt}$ und den durch die Matrix L'C' repräsentierten Endomorphismus mit $\overset{\leftrightarrow}{\varphi}$, dann folgt die im Gegensatz zu (3.91) koordinaten*freie* Darstellung

$$\vec{V}_{zz} = \overset{\leftrightarrow}{\varphi}\ \vec{V}_{tt} \ . \hspace{4cm} \text{•(3.92)}$$

Wie bereits oben erwähnt läßt sich (3.91) dann besonders einfach lösen, wenn es gelingt, L'C' auf Diagonalform zu bringen, oder, jetzt in der Terminologie der linearen Algebra ausgedrückt, eine Basis im $\mathbb{R}^n$ derart zu finden, daß der Endomorphismus $\overset{\leftrightarrow}{\varphi}$ durch eine Diagonalmatrix repräsentiert wird. Unter welchen Voraussetzungen dies möglich ist, soll im folgenden Unterabschnitt untersucht werden.

Darstellbarkeit des Endomorphismus $\overset{\leftrightarrow}{\varphi}$ durch eine Diagonalmatrix

Aus der linearen Algebra ist der folgende Satz bekannt[45]:

Zu jedem selbstadjungierten Endomorphismus $\overset{\leftrightarrow}{\varphi}$ eines endlichdimensionalen euklidschen (oder auch unitären) Raumes existiert eine Orthonormalbasis, die

---

[43]Tatsächlich handelt es sich um dimensionsbehaftete Größen. Normiert man aber (3.91) bezüglich dieser Dimensionen, so hat man es nur noch mit reellen Zahlen zu tun.

[44]Siehe hierzu und zum folgenden die entsprechenden Darstellungen im Anhang.

[45]Bezüglich des Beweises siehe Anhang.

aus lauter Eigenvektoren von $\overset{\leftrightarrow}{\varphi}$ besteht. Hinsichtlich dieser Basis wird $\overset{\leftrightarrow}{\varphi}$ durch eine reelle Diagonalmatrix repräsentiert.

Obiger Satz gibt also zum einen an, auf welche *Weise* eine Basis des $\mathbb{R}^n$ gefunden werden kann (nämlich durch Berechnung der Eigenvektoren von $\overset{\leftrightarrow}{\varphi}$), so daß $\overset{\leftrightarrow}{\varphi}$ durch eine Diagonalmatrix repräsentiert wird, zum anderen, welche *Voraussetzungen* für die Existenz einer solchen Basis erfüllt sein müssen (nämlich die Selbtsadjungiertheit des Endomorphismus). Es muß deshalb nur noch untersucht werden, welche Eigenschaften die $\overset{\leftrightarrow}{\varphi}$ erzeugenden Matrizen L' und C' haben müssen, damit $\overset{\leftrightarrow}{\varphi}$ selbstadjungiert ist, also für jedes $\vec{x}, \vec{y} \in \mathbb{R}^n$ gilt

$$(\overset{\leftrightarrow}{\varphi}\, \vec{x})\cdot\vec{y} = \vec{x}\cdot(\overset{\leftrightarrow}{\varphi}\, \vec{y}) \; , \qquad \forall\, \vec{x}, \vec{y} \in \mathbb{R}^n \; . \tag{3.93}$$

Hierbei soll der Punkt hinter $\vec{x}$ das Skalarprodukt im $\mathbb{R}^n$ kennzeichnen. Allgemein ist das Skalarprodukt in einem reellen Vektorraum als dessen positiv definite symmetrische Bilinearform definiert (siehe Anhang)[46]. Wird die Bilinearform mit ß bezeichnet, dann muß also gelten:

$$\text{ß}\, (\vec{x}_1 + \vec{x}_2, \vec{y}) = \text{ß}\, (\vec{x}_1, \vec{y}) + \text{ß}\, (\vec{x}_2, \vec{y}) \; , \qquad \vec{x}_1, \vec{x}_2, \vec{y} \in \mathbb{R}^n \tag{3.94a}$$

$$\text{ß}\, (\text{a}\cdot\vec{x}, \vec{y}) = \text{a}\cdot\text{ß}\, (\vec{x}, \vec{y}) \; , \qquad \text{a} \in \mathbb{R},\; \vec{x}, \vec{y} \in \mathbb{R}^n \tag{3.94b}$$

$$\text{ß}\, (\vec{x}, \vec{y}) = \text{ß}\, (\vec{y}, \vec{x}) \; , \qquad \vec{x}, \vec{y} \in \mathbb{R}^n \tag{3.94c}$$

$$\text{ß}\, (\vec{x}, \vec{x}) > 0 \; . \qquad \forall\, \vec{x} \neq \vec{0} \;\wedge\; \vec{x} \in \mathbb{R}^n \tag{3.94d}$$

Werden die Vektoren $\vec{x}$ und $\vec{y}$ z.B. repräsentiert durch die Matrizen $\underline{x}^T = (x_1, x_2, ..., x_n)$ und $\underline{y}^T = (y_1, y_2, .., y_n)$, dann soll das Skalarprodukt $\vec{x}\cdot\vec{y}$ *definiert* sein als [48][47]:

$$\vec{x}\cdot\vec{y} := \sum_{i=1}^{n} \sum_{k=1}^{n} L_{ik}^{,-1}\, x_i\, y_k = \underline{x}^T\, L^{,-1}\, \underline{y} \; . \tag{3.95}$$

Da L positiv definit ist (siehe (3.73)), ist die Existenz von $L^{,-1}$ gesichert, und $L^{,-1}$ ist

---

[46]Das aus der "gewöhnlichen" Vektorrechnung bekannte Skalarprodukt ist in dieser Definition enthalten.

[47]$L_{ik}^{,-1}$ in (3.95) ist nicht der Reziprokwert von $L_{ik}^{,}$, sondern Element der zu L' inversen Matrix $L^{,-1}$.

ebenfalls pos. definit [42]. Somit ist (3.94d) erfüllt. Aus $L' = L'^T$ (Symmetrie) folgt durch Multiplikation von links mit L'^{-1} und von rechts mit $(L'^T)^{-1}$ die Symmetrie von L'^{-1}, so daß (3.94c) ebenfalls erfüllt ist. Die Gültigkeit von (3.94a, b) ergibt sich unmittelbar durch einfaches Einsetzen: *Durch (3.95) wird also tatsächlich ein Skalarprodukt definiert.*

Bezüglich dieses Skalarprodukts gilt nun unter Zugrundelegung der ursprünglichen Basis (also jener Basis, in welcher $\overset{\leftrightarrow}{\varphi}$ gerade durch L'C' repräsentiert wurde) für den Linksterm von (3.93)

$$(\overset{\leftrightarrow}{\varphi} \vec{x}) \cdot \vec{y} = (L'C' \underline{x})^T L'^{-1} \underline{y} = \underline{x}^T (L'C')^T L'^{-1} \underline{y}$$
$$= \underline{x}^T C'^T L'^T L'^{-1} \underline{y} = \underline{x}^T C' \underline{y} \ . \qquad (3.96a)$$

Hierbei wurden die Symmetrien von C' sowie von L' ausgenutzt.- Für den Rechtsterm von (3.93) ergibt sich analog:

$$\vec{x} \cdot (\overset{\leftrightarrow}{\varphi} \vec{y}) = \underline{x}^T L'^{-1} L' C' \underline{y} = \underline{x}^T C' \underline{y} \ . \qquad (3.96b)$$

Gleichung (3.93) ist also offensichtlich erfüllt, und es gilt: $\overset{\leftrightarrow}{\varphi}$ *ist ein selbstadjungierter Endomorphismus.*

Zusammenfassend läßt sich die Aussage machen, daß $\overset{\leftrightarrow}{\varphi}$ stets durch eine Diagonalmatrix repräsentiert werden kann, wenn sowohl L' wie auch C' symmetrisch sind und wenigstens L' positiv definit ist. Beide Bedingungen sind hier erfüllt.

Lösung durch Hauptachsentransformation

Im letzten Unterabschnitt wurde ausgeführt, daß zur Diagonalisierung von L'C' eine Koordinatentransformation erforderlich ist. Eine solche Transformation wird natürlich auch die Leiterspannungsmatrix $\underline{V}$ in (3.91) betreffen. Aus diesem Grund wird eine neue Spannungsmatrix $\underline{W}$ (z, t) derart definiert, daß gilt

$$\underline{V}(z, t) =: P \underline{W}(z, t) \ , \qquad (3.97)$$

wobei $\mathbf{P}$ eine zunächst noch unbekannte quadratische Transformationsmatrix der Dimension n sei. Weiter wird vorausgesetzt, daß $\mathbf{P}$ regulär und keine Funktion von z oder t sein soll. Schreibt man abkürzend $\mathbf{B}^2 := \mathbf{L'C'}$, so erhält man durch linksseitige Multiplikation von (3.91) mit $\mathbf{P}^{-1}$ den Ausdruck

$$\partial^2 \underline{\mathbf{W}}/\partial z^2 = \mathbf{P}^{-1}\, \mathbf{B}^2\, \mathbf{P}\, \partial^2 \underline{\mathbf{W}}/\partial t^2 \ . \tag{3.98}$$

$\mathbf{P}$ wird jetzt so gewählt, daß $\mathbf{b}^2 := \mathbf{P}^{-1}\, \mathbf{B}^2\, \mathbf{P}$ eine Diagonalmatrix wird. Aus dem letzten Unterabschnitt geht hervor, daß dies stets möglich ist, d.h. die Existenz der regulären Transformationsmatrix $\mathbf{P}$ in der gewünschten Form ist gesichert. Im folgenden muß die Struktur von $\mathbf{P}$ noch weiter untersucht werden: Es gilt offenbar

$$\mathbf{P}\, \mathbf{b}^2 = \mathbf{B}^2\, \mathbf{P} \ . \tag{3.99}$$

Stellt man die Spalten von $\mathbf{P}$ als Spaltenmatrizen dar, wobei der ν-ten Spalte von $\mathbf{P}$ die Spaltenmatrix $\underline{a}_\nu$ entsprechen möge, also

$$\underline{a}_\nu^{\mathrm{T}} = (\mathrm{P}_{1\nu},\, \mathrm{P}_{2\nu},\, ...,\, \mathrm{P}_{n\nu}) \ , \tag{3.100}$$

dann folgt aus (3.99)

$$b_\nu^2\, \underline{a}_\nu = \mathbf{B}^2\, \underline{a}_\nu \ \ . \tag{3.101}$$

Dies ist aber nichts anderes als das spezielle Matrizeneigenwertproblem: die Elemente b_ν^2 der Diagonalmatrix $\mathbf{b}^2$ sind die Eigenwerte von $\mathbf{B}^2$, während die die Matrix $\mathbf{P}$ erzeugenden Spaltenmatrizen $\underline{a}_\nu$ die zugehörigen Eigenvektoren repräsentieren[48]. Entsprechend dem im letzten Unterabschnitt angegebenen Satz bilden diese Vektoren ein den $\mathrm{I\!R}^n$ aufspannendes Orthogonalsystem[49].- Durch linksseitige Multiplikation von (3.101) mit $\mathbf{L'}^{-1}$ und anschlie-

---

[48]Da b_ν^2 Element einer *quadratischen* Matrix, also eine *zweifach* indizierte Größe ist, müßte man korrekterweise $b_{\nu\nu}^2$ schreiben. Andererseits ist $\mathbf{b}^2$ eine *Diagonal*matrix, also eine n × n Matrix, die nur n von Null verschiedene Elemente enthält. Aus Gründen einer bequemeren Schreibweise sollen deshalb die Elemente dieser Diagonalmatrix (und weiterer Diagonalmatrizen) nur einfach indiziert dargestellt werden.

[49]Sofern die Vektoren normiert sind, also die Länge 1 besitzen, handelt es sich um ein Ortho*normal*system. Es ist zu beachten, daß die Orthogonalität bezüglich des in (3.95) definierten Skalarprodukts gilt!

ßend mit $\underline{a}_\nu^T$ folgen

$$b_\nu^2 \; \underline{a}_\nu^T \; L'^{-1} \; \underline{a}_\nu = \underline{a}_\nu^T \; C' \; \underline{a}_\nu \qquad (3.102a)$$

bzw.

$$b_\nu^2 = \frac{\underline{a}_\nu^T \; C' \; \underline{a}_\nu}{\underline{a}_\nu^T \; L'^{-1} \; \underline{a}_\nu} \quad . \qquad (3.102b)$$

Macht man Gebrauch von der Tatsache, daß auch C' positiv definit ist, dann folgt aus (3.102b):

Alle Eigenwerte b_ν^2 sind positiv !

Beispiel 3.8:

Das 3-Leitersystem aus Beispiel 3.7 weise jetzt folgende Induktivitäts- bzw. Teilkapazitätsbeläge auf:

$$L' = (L'_{ik}) = \begin{bmatrix} 1,6 & 1,2 & 1,0 \\ 1,2 & 1,5 & 1,1 \\ 1,0 & 1,1 & 1,5 \end{bmatrix} \mu H/m \;, \quad (C'_{ik}) = \begin{bmatrix} 75 & 22 & 2 \\ 22 & 68 & 19 \\ 2 & 19 & 72 \end{bmatrix} pF/m \; .$$

Hieraus sollen die Matrix der Kapazitätskoeffizientenbeläge C', die Produktmatrix B^2, die Diagonalmatrix b^2 sowie die Transformationsmatrix P bestimmt werden. Weiterhin soll die Orthogonalität der Eigenvektormatrizen überprüft werden.

Lösung: Die Matrix C' errechnet sich unmittelbar aus (B39) zu

$$C' = \begin{bmatrix} 99 & -22 & -2 \\ -22 & 109 & -19 \\ -2 & -19 & 93 \end{bmatrix} pF/m \; .$$

Hieraus läßt sich zusammen mit L' die Produktmatrix $B^2 = L'C'$ zu

$$B^2 = \begin{bmatrix} 130,0 & 76,6 & 67,0 \\ 83,6 & 116,2 & 71,4 \\ 71,8 & 69,4 & 116,6 \end{bmatrix} 10^{-18} \; s^2/m^2$$

bestimmen. Die Eigenwerte von B^2 errechnen sich aus dem Verschwinden der Determinante von $(B^2 - 1b_\nu^2)$ gemäß (3.101), also $\det(B^2 - 1b_\nu^2) = 0$ (nur unter dieser Bedingung kann das Gleichungssystem (3.101) nichttriviale, d.h. von Null verschiedene Lösungen bezüglich $\underline{a}_\nu$ haben). Mit 1 ist hierbei die quadratische Einheitsmatrix gemeint, also eine quadratische Matrix, deren Hauptdiagonalelemente sämtlich den Wert 1 aufweisen, während die Nebendiagonalelemente gleich Null sind. Die numerische Auswertung des Gleichungssystems $\det(B^2 - 1b_\nu^2) = 0$ führt auf die Bestimmung der Nullstellen eines Polynoms dritten Grades, welches auch *charakteristisches Polynom* genannt wird. Es ergeben sich für die b_ν^2 die Werte

$$b_1^2 = 267{,}9 \cdot 10^{-18}\ s^2/m^2\ , \qquad b_2^2 = 41{,}17 \cdot 10^{-18}\ s^2/m^2\ , \qquad b_3^2 = 53{,}76 \cdot 10^{-18}\ s^2/m^2\ ,$$

welche gleichzeitig die Diagonalelemente von b^2 bilden. In (3.101) eingesetzt lassen sich die Spaltenmatrizen $\underline{a}_\nu$ der Eigenvektoren berechnen. Da aufgrund der Bedingung $\det(B^2 - 1b_\nu^2) = 0$ die entsprechenden Gleichungssysteme linear abhängig sind, kann jeweils eine Komponente der Eigenvektormatrizen frei gewählt werden. Im vorliegenden Fall wurden diese Komponeneten zu 1,0000 gewählt. Es ergeben sich so die Matrizen

$$\underline{a}_1^T = (1{,}0000 \qquad 0{,}9881 \qquad 0{,}9280),$$
$$\underline{a}_2^T = (1{,}0000 \qquad -1{,}6751 \qquad 0{,}5893),$$
$$\underline{a}_3^T = (1{,}0000 \qquad 0{,}1228 \qquad -1{,}2782),$$

woraus durch Einsetzen schließlich die Transformationsmatrix P entsteht:

$$P = \begin{bmatrix} 1{,}0000 & 1{,}0000 & 1{,}0000 \\ 0{,}9881 & -1{,}6751 & 0{,}1228 \\ 0{,}9280 & 0{,}5893 & -1{,}2782 \end{bmatrix}.$$

Um die Orthogonalität der Matritzen $\underline{a}_1$ bis $\underline{a}_3$ zu zeigen, wird die Matrix L'^{-1} benötigt. Sie ergibt sich durch Matrixinversion aus L':

$$L'^{-1} = \begin{bmatrix} 1{,}6149 & -1{,}0870 & -0{,}2795 \\ -1{,}0870 & 2{,}1739 & -0{,}8696 \\ -0{,}2795 & -0{,}8696 & 1{,}4907 \end{bmatrix} m/\mu H\ .$$

Unter Anwendung von (3.95) erhält man $\left| \underline{a}_\lambda^T L'^{-1} \underline{a}_\mu \right| << \underline{a}_\nu^T L'^{-1} \underline{a}_\nu$, mit $\lambda, \nu, \mu = 1 \ldots 3$ und $\lambda \neq \mu$, wobei der Linksterm der Ungleichung aufgrund von Rundungsfehlern i.a. von Null verschieden sein wird und je nach Genauigkeit des verwendeten Rechners zwischen ca. 200 m/H (4-stellige Genauigkeit) und ca. $5 \cdot 10^{-6}$ m/H (12-stellige Genauigkeit) schwankt. Der Rechtsterm liegt dabei im Bereich von $7{,}6 \cdot 10^5$ m/H bis $1{,}3 \cdot 10^7$ m/H. Die Eigenvektoren bilden also in der Tat ein Orthogonalsystem. ▬

Das Differentialgleichungssystem (3.98) ist jetzt also entkoppelt und läßt sich schreiben als

$$\partial^2 W_\nu / \partial z^2 = b_\nu^2\ \partial^2 W_\nu / \partial t^2\ , \qquad \nu = 1, \ldots, n\ , \tag{3.103}$$

und die Lösung von (3.103) ist die bereits in (3.6) angegebene Lösung von d'Alembert:

$$W_\nu(z, t) = f_\nu(z - b_\nu^{-1}t)\ W_{\nu f} + g_\nu(z + b_\nu^{-1}t)\ W_{\nu g}\ , \nu = 1, \ldots, n\ . \tag{3.104}$$

Hierbei sind f_ν und g_ν zunächst beliebige, zweimal stetig differenzierbare Funktionen, und $W_{\nu f}$ und $W_{\nu g}$ sind Konstanten. Da alle b_ν^2 positiv sind, sind die b_ν (bzw. die b_ν^{-1}) reelle Zahlen, und man könnte z.B. festlegen: $b_\nu > 0$. Es treten also n Wellen auf, von denen sich die ν-te mit der Geschwindigkeit b_ν^{-1} ausbreitet. Die einzelnen Wellen der durch Transformation entkoppelten Leitungen werden häufig auch als *Moden* bezeichnet[50], weshalb das beschriebene Verfahren auch die Bezeichnung *Modalanalyse* trägt.

In Matrixschreibweise folgt aus (3.104)

$$
\begin{bmatrix} W_1(z,t) \\ W_2(z,t) \\ \dots \\ W_n(z,t) \end{bmatrix}
=
\begin{bmatrix}
f_1(z - b_1^{-1}t) & 0 & \dots & 0 \\
0 & f_2(z - b_2^{-1}t) & \dots & 0 \\
\dots & \dots & \dots & \\
0 & 0 & \dots & f_n(z - b_n^{-1}t)
\end{bmatrix}
\cdot
\begin{bmatrix} W_{1f} \\ W_{2f} \\ \dots \\ W_{nf} \end{bmatrix}
$$

$$
+
\begin{bmatrix}
g_1(z + b_1^{-1}t) & 0 & \dots & 0 \\
0 & g_2(z + b_2^{-1}t) & \dots & 0 \\
\dots & \dots & \dots & \\
0 & 0 & \dots & g_n(z + b_n^{-1}t)
\end{bmatrix}
\cdot
\begin{bmatrix} W_{1g} \\ W_{2g} \\ \dots \\ W_{ng} \end{bmatrix}
\;, \qquad (3.105a)
$$

so daß man letztlich erhält[51]:

$$
\underline{W}(z,t) = f\,\underline{W}_f + g\,\underline{W}_g \;. \tag{3.105b}
$$

Dabei korrespondieren f und g mit den quadratischen Matrizen in (3.105a) und $\underline{W}_f$ und $\underline{W}_g$ mit den entsprechenden Spaltenmatrizen. Um die noch durchzuführende Matrixdarstellung der Argumente von f und g zu motivieren, sollen z.B. die f_ν bezüglich ihrer Argumente $z - b_\nu^{-1}t$ in Potenzreihen entwickelt werden, also[52]:

---

[50]Nicht zu verwechseln mit den in Abschn. 3.2.1 behandelten Wellenausbreitungsmoden bei verlustbehaftetem Substrat!

[51]Bezüglich der Indizierung von f_ν und g_ν siehe Fußnote 48.

[52]Eine solche Potenzreihenentwicklung ist dann stets möglich, wenn es sich um sogenannte "analytische Funktionen" handelt. Eine wesentlich allgemeinere Möglichkeit der Definition einer Matrizenfunktion f(A) besteht darin, eine entsprechende skalare Funktion f(g) auf dem Spektrum der Matrix A zu definieren. Hierzu wird ein beliebiges Polynom g(λ) gewählt, welches lediglich auf dem Spektrum von A mit f(λ) übereinstimmen muß. Als Werte von f (bzw. von g) auf diesem Spektrum werden dann die Zahlen f(λ_k), f '(λ_k), ... , f$^{(n_k-1)}$(λ_k) für k = 1, 2, ... , s bezeichnet, wo

$$f_\nu := \sum_{\mu=0}^{\infty} \alpha_{\nu\mu} \, (z - b_\nu^{-1}t)^\mu \; , \quad \alpha_{\nu\mu} = \text{const} \; , \; \nu = 1, ..., n \; , \; \mu \in \mathbb{N}_o \; . \qquad (3.106)$$

In Matrixdarstellung folgt daraus:

$$\mathbf{f} = \sum_{\mu=0}^{\infty} \begin{bmatrix} (z - b_1^{-1}t) & 0 & ... & 0 \\ 0 & (z - b_2^{-1}t) & ... & 0 \\ ... & ... & & ... \\ 0 & 0 & ... & (z - b_n^{-1}t) \end{bmatrix}^\mu$$

$$\cdot \begin{bmatrix} \alpha_{1\mu} & 0 & ... & 0 \\ 0 & \alpha_{2\mu} & ... & 0 \\ ... & ... & & ... \\ 0 & 0 & ... & \alpha_{n\mu} \end{bmatrix}$$

$$= \sum_{\mu=0}^{\infty} (1z - b^{-1}t)^\mu \, \alpha_\mu \; , \qquad \mu \in \mathbb{N}_o \; . \qquad (3.107)$$

Hierin ist $\mathbf{b}^{-1}$ die inverse Matrix von $\mathbf{b}$ und $\mathbf{1}$ die Einheitsmatrix. Dieselben Betrachtungen lassen sich für $\mathbf{g}$ durchführen, und man erkennt, daß es sinnvoll ist, (3.105b) in der Form

$$\underline{W} \, (z, t) = \mathbf{f} \, (1z - b^{-1}t) \, \underline{W}_f + \mathbf{g} \, (1z + b^{-1}t) \, \underline{W}_g \qquad (3.105c)$$

darzustellen. Eine Rücktransformation auf die Gleichung (3.91) zugrundeliegende ursprüngliche Basis des $\mathbb{R}^n$ gemäß (3.97) führt auf

$$\underline{V} \, (z, t) = \mathbf{P} \, \mathbf{f} \, \mathbf{P}^{-1} \, \mathbf{P}\underline{W}_f + \mathbf{P} \, \mathbf{g} \, \mathbf{P}^{-1} \, \mathbf{P}\underline{W}_g \; , \qquad (3.108)$$

$$\Psi(\lambda) = \prod_{k=1}^{s} (\lambda - \lambda_k)^{n_k}$$

das sog. *Minimalpolynom* von $\mathbf{A}$ ist, also jenes Polynom minimalen Grades, für welches $\Psi(\mathbf{A}) = \mathbf{0}$ gilt und λ_k die verschiedenen charakteristischen Wurzeln der Matrix $\mathbf{A}$ sind. $\mathbf{f}(\mathbf{A})$ ist dann *definiert* zu

$$\mathbf{f}(\mathbf{A}) := \mathbf{g}(\mathbf{A}) \; ,$$

wobei $\mathbf{g}(\mathbf{A})$ sich auf kanonische Weise durch einfache Matrizenmultiplikation bzw. -addition berechnen läßt [49]. Im vorliegenden Fall wird die Potenzreihenentwicklung dazu benutzt, die matrixwertige Darstellung der Argumente zu plausibilisieren. Sie ist für die weiteren Betrachtungen nicht von grundlegender Bedeutung.

wobei noch abkürzend $\underline{V}_f := P\underline{W}_f$ und $\underline{V}_g := P\underline{W}_g$ geschrieben werden soll. Die Terme $\mathbf{P\,f\,P}^{-1} =: \mathbf{f}_1$ und $\mathbf{P\,g\,P}^{-1} =: \mathbf{g}_1$ errechnen sich unmittelbar aus (3.107) zu

$$\mathbf{P\,f\,(1z - b\text{-}1t)\,P}^{-1} = \mathbf{P}\,[\,\sum_{\mu=0}^{\infty}(1z - b^{-1}t)^{\mu}\,\alpha_{\mu}\,]\,\mathbf{P}^{-1}$$

$$= \sum_{\mu=0}^{\infty}(1z - \mathbf{P}\,b^{-1}\,\mathbf{P}^{-1}t)^{\mu}\,\mathbf{A}_{\mu} =: \mathbf{f}_1\,(1z - \mathbf{B}\text{-}1t) \qquad (3.109)$$

mit $\mathbf{A}_{\mu} := \mathbf{P}\,\alpha_{\mu}\,\mathbf{P}^{-1}$ und $\mathbf{B}^{-1} = \mathbf{P}\,b^{-1}\,\mathbf{P}^{-1}$; analog für $\mathbf{g}$. Hieraus folgt schließlich

$$\underline{V}\,(z, t) = \mathbf{f}_1\,(1z - \mathbf{B}^{-1}t)\,\underline{V}_f + \mathbf{g}_1\,(1z + \mathbf{B}^{-1}t)\,\underline{V}_g \ . \qquad (3.110)$$

(3.110) ist das matrixwertige Pendant zu (3.23a), also der d'Alembertschen Lösung für die verlustfreie Einzelleitung. Die konsequente Schreibweise in Matrizenform bietet also neben der leichteren Handhabbarkeit und Übersichtlichkeit der Ausdrücke den großen Vorteil, daß man sehr leicht unmittelbare Parallelen zum Fall der Einzelleitung ziehen kann.

Um das Leitungssystem vollständig beschreiben zu können, werden noch die Ströme $\underline{I}\,(z, t)$ benötigt. Analog zu (3.91) erhält man für das verlustfreie Leitungssystem aus (3.88) hinsichtlich der Ströme das Differentialgleichungssystem

$$\partial^2\underline{I}/\partial z^2 = \mathbf{C'L'}\,\partial^2\underline{I}/\partial t^2 \ . \qquad (3.111)$$

Multiplikation von links mit $\mathbf{C'}^{-1}$ ergibt

$$\partial^2(\mathbf{C'}^{-1}\,\underline{I})/\partial z^2 = \mathbf{L'C'}\,\partial^2(\mathbf{C'}^{-1}\,\underline{I})/\partial t^2 \ . \qquad (3.112)$$

Dieses Gleichungssystem hat große Ähnlichkeit mit (3.91): ersetzt man $\mathbf{C'}^{-1}\,\underline{I}$ durch $\underline{V}$, so ist (3.112) mit (3.91) identisch und muß also eine Lösung entsprechend (3.110) besitzen:

$$\mathbf{C'}^{-1}\,\underline{I}\,(z, t) = \mathbf{f}_2\,(1z - \mathbf{B}^{-1}t)\,\underline{V}_f + \mathbf{g}_2\,(1z + \mathbf{B}^{-1}t)\,\underline{V}_g \ , \qquad (3.113)$$

wobei f_2 und g_2 wie vorher schon f_1 und g_1 "beliebige" matrixwertige Funktionen sein sollen (d.h. $n \times n$ Funktionen, von denen i.a. jede eine Linearkombination von n Funktionen ist, wobei die ν-te Funktion das Argument $(z - b_\nu^{-1}t)$ aufweist, $\nu = 1, ..., n$). Um (3.110) und (3.113) an die Differentialgleichungen (3.88) anzupassen (und damit letztlich einen Zusammenhang zwischen f_1 und f_2 bzw. g_1 und g_2 herzustellen), erweist es sich als notwendig, (3.110) und (3.113) sowohl nach der Zeit wie auch nach dem Ort zu differenzieren. Hierzu muß zunächst definiert werden, was man im vorliegenden Fall unter der Differentiation einer matrixwertigen Funktion nach deren Argument zu verstehen hat:

Differenziert man beispielsweise (3.104) nach der *Zeit*, dann erhält man

$$\partial W_\nu(z, t)/\partial t = (\partial f_\nu/\partial \arg f_\nu)(- b_\nu^{-1}) \, W_{\nu f} + (\partial g_\nu/\partial \arg g_\nu) \, b_\nu^{-1} \, W_{\nu f} \; . \qquad (3.114a)$$

Mit $\arg f_\nu$ bzw. $\arg g_\nu$ sind hier die Argumente von f_ν und g_ν bezeichnet. Die Differentialquotienten im Rechtsterm von (3.114a) müssen auch wieder Funktionen der entsprechenden Argumente sein, so daß man z.B. schreiben kann:

$$\partial W_\nu(z, t)/\partial t =: -\Gamma_\nu(z - b_\nu^{-1}t) \, b_\nu^{-1} \, W_{\nu f} + \Theta_\nu(z + b_\nu^{-1}t) \, W_{\nu g} \; . \qquad (3.114b)$$

In völliger Analogie zur Umformung von (3.104) in (3.105c) erhält man aus (3.114b) die Matrixdarstellung

$$\partial \underline{W}(z, t)/\partial t = -\Gamma \, (1z - b^{-1}t) \, b^{-1} \, \underline{W}_f + \Theta \, (1z + b^{-1}t) \, b^{-1} \, \underline{W}_g \; , \qquad (3.115)$$

und entsprechend dem Übergang von (3.105c) zu (3.110) folgt aus (3.115)

$$\partial \underline{V}(z, t)/\partial t = -\Gamma_1 \, (1z - B^{-1}t) \, B^{-1} \, \underline{V}_f + \Theta_1 \, (1z + B^{-1}t) \, B^{-1} \, \underline{V}_g \; . \qquad (3.116a)$$

Definiert man nun

$$\partial f_1/\partial(1z - B^{-1}t) := \Gamma_1 \, (1z - B^{-1}t) \; , \qquad (3.117a)$$

$$\partial g_1/\partial(1z + B^{-1}t) := \Theta_1 \, (1z + B^{-1}t) \; , \qquad (3.117b)$$

dann folgt aus (3.116a)

$$\partial \underline{V}\,(z,\,t)/\partial t = [-\partial \mathbf{f}_1/\partial(\mathbf{1}z - \mathbf{B}^{-1}t)]\;\mathbf{B}^{-1}\;\underline{V}_f$$

$$+\;[\partial \mathbf{g}_1/\partial(\mathbf{1}z + \mathbf{B}^{-1}t)]\;\mathbf{B}^{-1}\;\underline{V}_g\;. \qquad (3.116b)$$

Aus (3.114) ist leicht zu erkennen, daß im vorliegenden Fall die Matrixprodukte $\mathbf{\Gamma}_1\,\mathbf{B}^{-1}$ und $\mathbf{\Theta}_1\,\mathbf{B}^{-1}$ jeweils kommutativ sind, d.h. die entsprechenden Matrizen sind *vertauschbar*. Von dieser Eigenschaft wird im folgenden noch Gebrauch gemacht.

Aufbauend auf dem Vorangegangenen läßt sich nun die Ableitung nach dem *Ort* direkt angeben:

$$\partial \underline{V}\,(z,\,t)/\partial z = \partial \mathbf{f}_1/\partial(\mathbf{1}z - \mathbf{B}^{-1}t)\;\underline{V}_f + \partial \mathbf{g}_1/\partial(\mathbf{1}z + \mathbf{B}^{-1}t)\;\underline{V}_g\;. \qquad (3.118)$$

Die Ableitungen für die Ströme $\underline{I}\,(z,\,t)$ in (3.113) ergeben sich in völliger Analogie. Eingesetzt in (3.88) für $\mathbf{R'} \equiv \mathbf{0}$ erhält man so unmittelbar die Gleichungssysteme

$$- (\partial \mathbf{f}_1/\partial \mathrm{arg}\;\mathbf{f}_1)\;\underline{V}_f - (\partial \mathbf{g}_1/\partial \mathrm{arg}\;\mathbf{g}_1)\;\underline{V}_g$$

$$= \mathbf{L'}\;\{\mathbf{C'}\;[\,-(\partial \mathbf{f}_2/\partial \mathrm{arg}\;\mathbf{f}_2)\;\mathbf{B}^{-1}\;\underline{V}_f + (\partial \mathbf{g}_2/\partial \mathrm{arg}\;\mathbf{g}_2)\;\mathbf{B}^{-1}\;\underline{V}_g]\}\;, \qquad (3.119a)$$

$$- \mathbf{C'}\;(\partial \mathbf{f}_2/\partial \mathrm{arg}\;\mathbf{f}_2)\;\underline{V}_f + (\partial \mathbf{g}_2/\partial \mathrm{arg}\;\mathbf{g}_2)\;\underline{V}_g$$

$$= \mathbf{C'}\;[\,-(\partial \mathbf{f}_1/\partial \mathrm{arg}\;\mathbf{f}_1)\;\mathbf{B}^{-1}\;\underline{V}_f + (\partial \mathbf{g}_1/\partial \mathrm{arg}\;\mathbf{g}_1)\;\mathbf{B}^{-1}\;\underline{V}_g]\;, \qquad (3.119b)$$

und unter Berücksichtigung der Beziehung $\mathbf{L'C'} = \mathbf{B}^2 = \mathbf{B}\,\mathbf{B}$ sowie der Vertauschbarkeit von $\mathbf{\Gamma}_1\,\mathbf{B}^{-1}$ und $\mathbf{\Theta}_1\,\mathbf{B}^{-1}$ schließlich

$$- \mathbf{B}^{-1}\;[(\partial \mathbf{f}_1/\partial \mathrm{arg}\;\mathbf{f}_1)\;\underline{V}_f - (\partial \mathbf{g}_1/\partial \mathrm{arg}\;\mathbf{g}_1)\;\underline{V}_g]$$

$$= -\,(\partial \mathbf{f}_2/\partial \mathrm{arg}\;\mathbf{f}_2)\;\underline{V}_f + (\partial \mathbf{g}_2/\partial \mathrm{arg}\;\mathbf{g}_2)\;\underline{V}_g]\;, \qquad (3.120a)$$

$$- \mathbf{B}^{-1}\;[(\partial \mathbf{f}_1/\partial \mathrm{arg}\;\mathbf{f}_1)\;\underline{V}_f - (\partial \mathbf{g}_1/\partial \mathrm{arg}\;\mathbf{g}_1)\;\underline{V}_g]$$

$$= -\,(\partial \mathbf{f}_2/\partial \mathrm{arg}\;\mathbf{f}_2)\;\underline{V}_f - (\partial \mathbf{g}_2/\partial \mathrm{arg}\;\mathbf{g}_2)\;\underline{V}_g\;. \qquad (3.120b)$$

Addition bzw. Subtraktion von (3.120a) und (3.120b) führt auf

$$\mathbf{B}^{-1} \, (\partial \mathbf{f}_1 / \partial \arg \mathbf{f}_1) \, \underline{V}_f = (\partial \mathbf{f}_2 / \partial \arg \mathbf{f}_2) \, \underline{V}_f \; , \qquad\qquad (3.121a)$$

$$- \mathbf{B}^{-1} \, (\partial \mathbf{g}_1 / \partial \arg \mathbf{g}_1) \, \underline{V}_g = (\partial \mathbf{g}_2 / \partial \arg \mathbf{g}_2) \, \underline{V}_g \; . \qquad\qquad (3.121b)$$

Die Integration von (3.121) ergibt unter Berücksichtigung der Identitäten $\arg \mathbf{f}_2 \equiv \arg \mathbf{f}_1$ und $\arg \mathbf{g}_2 \equiv \arg \mathbf{g}_1$

$$\mathbf{f}_2 \, \underline{V}_f = \mathbf{B}^{-1} \, \mathbf{f}_1 \, \underline{V}_f + \mathbf{const} \, \underline{V}_f \; , \qquad\qquad (3.122a)$$

$$\mathbf{g}_2 \, \underline{V}_g = -\mathbf{B}^{-1} \, \mathbf{g}_1 \, \underline{V}_g + \mathbf{konst} \, \underline{V}_g \; . \qquad\qquad (3.122b)$$

Die Matrizen **const** und **konst** bilden hier die Integrationskonstanten. Dabei ist z.B. **const** *keine* Funktion von $(z - b_\nu^{-1} t) \; \forall \; \nu \in [1,n]$ (was aus der entsprechenden Integration in Diagonaldarstellung unmittelbar erkennbar ist) und folglich auch keine Funktion von $1z - \mathbf{B}^{-1} t$. Somit ist **const** aber *weder* eine Funktion des Ortes, *noch* eine Funktion der Zeit[53]. Addition von (3.122) und (3.122) ergibt unter Berücksichtigung von (3.113) schließlich

$$\mathbf{C}^{'-1} \, \underline{I} \, (z, t) = \mathbf{B}^{-1} \, (\mathbf{f}_1 \, \underline{V}_f - \mathbf{g}_1 \, \underline{V}_g) + \underline{K} \qquad\qquad (3.123)$$

mit $\underline{K} := \mathbf{const} \, \underline{V}_f + \mathbf{konst} \, \underline{V}_g$. Für den Fall $\underline{V} \, (z, t) \equiv \underline{0} \; \forall \; z, t$ verschwinden hin- wie rücklaufende Wellen, also $\mathbf{f}_1 = \mathbf{g}_1 \equiv \mathbf{0}$. Da dann auch $\underline{I} \, (z, t) \equiv \underline{0}$ sein muß, ist also $\underline{K}$ eben-

---

[53]Da sowohl $\mathbf{f}_2$ (bzw. $\mathbf{g}_2$) wie auch $\mathbf{f}_1$ (bzw. $\mathbf{g}_1$) mit Hilfe von $\mathbf{P}$ bzw. $\mathbf{P}^{-1}$ voraussetzungsgemäß diagonalisierbar sind, muß dies auch für **const** (bzw. **konst**) gelten. Entsprechend sei $\mathbf{const}_d$ eine Diagonalmatrix gemäß

$$\mathbf{const}_d := \mathbf{P}^{-1} \, \mathbf{const} \, \mathbf{P} \qquad\qquad (*)$$

mit den Diagonalelementen $\mathbf{const}_{d\nu}$. $\mathbf{const}_{d\nu}$ möge nun von z, aber *nicht* von $(z - b_\nu^{-1} t)$ abhängen, also

$$0 = \partial \mathbf{const}_{d\nu} / \partial (z - b_\nu^{-1} t) \qquad\qquad (**)$$

bzw. $\qquad 0 = \partial \mathbf{const}_{d\nu} / \partial z \cdot \partial z / \partial (z - b_\nu^{-1} t) \; . \qquad\qquad (***)$

Der letzte Faktor in $(***)$ ist von Null verschieden, nämlich gleich 1. Mithin muß $\partial \mathbf{const}_{d\nu} / \partial z$ gleich Null sein im Widerspruch zur gemachten Voraussetzung. Analoge Überlegungen gelten für die Abhängigkeit von t.

falls mit der Nullspaltenmatrix identisch, und man erhält endgültig für den Strom

$$\mathbf{Z}_o \, \underline{I} \, (z, t) = \mathbf{f}_1 \, (1z - \mathbf{B}^{-1}t) \, \underline{V}_f - \mathbf{g}_1 \, (1z + \mathbf{B}^{-1}t) \, \underline{V}_g \ . \qquad (3.124)$$

Dabei wurde der Wellenwiderstand $\mathbf{Z}_o$ des Leitungs*systems* wie folgt *definiert*:

$$\mathbf{Z}_o := \mathbf{B} \, \mathbf{C}^{,-1} \ . \qquad (3.125)$$

Die Gleichungen (3.110), (3.124) und (3.125) gehen für $n = 1$ unmittelbar in die entsprechenden Gleichungen für die Einzelleitung über. Die hier konsequent durchgeführte Darstellung in Matrizenschreibweise wird sich im folgenden noch als sehr hilfreich erweisen. Eine Illustration des vorangegangenen gibt das abschließende Beispiel 3.9.

Beispiel 3.9:

Ein symmetrisches, unendlich langes Doppelleitungssystem weise die folgenden Leitungsparameter auf:

$$\mathbf{L}^{\text{'}} = (\mathbf{L}'_{ik}) = \begin{bmatrix} 1{,}5 & 1{,}2 \\ 1{,}2 & 1{,}5 \end{bmatrix} \mu H/m \ , \quad (\mathbf{C}'_{ik}) = \begin{bmatrix} 72 & 22 \\ 22 & 72 \end{bmatrix} pF/m \ .$$

Die erste Leitung wird an ihrem Eingang ($z = 0$) mit einem trapezförmigen Signal der Amplitude V_o gemäß Bild 3.2 b) beaufschlagt, während die zweite Leitung eingangsseitig nach Masse kurzgeschlossen ist, also

$$V_1(0, t) = V_o \cdot \begin{cases} 0 & t < 0 \\ t/\tau \quad \text{für} \quad 0 \leq t < \tau \ , \\ 1 & \tau \leq t \end{cases} \qquad V_2(0, t) \equiv 0 \ . \qquad (B41a,b)$$

Für die Anstiegszeit τ des Signals soll wie in Beispiel 3.1 ein Wert von 300 ps gelten. Es sind die Matrizen $\mathbf{B}^2$, $\mathbf{b}^2$, $\mathbf{P}$, $\mathbf{P}^{-1}$, $\mathbf{b}^{-1}$ und $\mathbf{B}^{-1}$ zu bestimmen. Außerdem sollen an der Stelle $z = 1 = 2$ cm die zeitlichen Verläufe der Signale auf beiden Leitungen, also die Spaltenmatrix $\underline{V}$ $(1, t)$ bestimmt werden. Hierzu ist vorher die Spaltenmatrix $\underline{W}$ $(1, t)$ zu berechnen. Sowohl $\underline{W}$ $(1, t)$ wie auch $\underline{V}$ $(1, t)$ sollen graphisch dargestellt und diskutiert werden.

Lösung: Die Matrizen $\mathbf{B}^2$, $\mathbf{b}^2$ und $\mathbf{P}$ lassen sich völlig analog zu Beispiel 3.8 berechnen, und man erhält

$$\mathbf{B}^2 = \begin{bmatrix} 114{,}6 & 79{,}8 \\ 79{,}8 & 114{,}6 \end{bmatrix} 10^{-18} \, s^2/m^2 \ , \qquad \mathbf{b}^2 = \begin{bmatrix} 194{,}4 & 0 \\ 0 & 34{,}8 \end{bmatrix} 10^{-18} \, s^2/m^2 \ ,$$

$$\mathbf{P} = 1/\sqrt{2} \begin{bmatrix} 1 & 1 \\ 1 & -1 \end{bmatrix} = \mathbf{P}^{-1} \ ,$$

wobei sich im vorliegenden Spezialfall einer symmetrischen Doppelleitung die Transformationsmatrix P so bestimmen läßt, daß $P = P^{-1}$ gilt. Die Matrix b^{-1} erhält man durch Radizieren und Invertieren der Diagonalelemente von b^2 und schließlich B^{-1} durch Transformation von b^{-1} gemäß $P\,b^{-1}\,P^{-1}$:

$$b^{-1} = \begin{bmatrix} 71{,}72 & 0 \\ 0 & 169{,}5 \end{bmatrix} 10^6 \text{ m/s} , \qquad B^{-1} = \begin{bmatrix} 120{,}6 & -48{,}9 \\ -48{,}9 & 120{,}6 \end{bmatrix} 10^6 \text{ m/s} .$$

Die Diagonalelemente in b^{-1} sind offensichtlich die Wellenausbreitungsgeschwindigkeiten auf den einzelnen, durch Transformation entkoppelten Leitungen. Diese Ausbreitungsgeschwindigkeiten sollen deshalb im folgenden auch mit v_1 und v_2 bezeichnet werden. Es läßt sich durch einfaches Nachrechnen leicht zeigen, daß im vorliegenden Fall gilt:

$$v_1 = [(L_{11}' + L_{12}')\,C_{11}']^{-1/2} , \tag{B42a}$$

$$v_2 = [(L_{11}' - L_{12}')\cdot(C_{11}' + 2\,C_{12}')]^{-1/2} . \tag{B42b}$$

Da das Leitungssystem unendlich lang sein soll, treten keine reflektierten Wellen auf, für die Komponenten des Spaltenvektors $\underline{W}\,(z,\,t)$ gilt also

$$W_\nu(z,\,t) = f_\nu(z - b_\nu^{-1}t)\,W_{\nu f} , \qquad \nu = 1,\,2 . \tag{B43a,b}$$

An der Stelle $z = 0$ erhält man $\underline{W}\,(0,\,t)$ bzw. die Komponenten $W_1(0,\,t)$ und $W_2(0,\,t)$ aus (B41) durch Transformation gemäß (3.97):

$$W_1(0,\,t) = V_0/\sqrt{2} \cdot \begin{cases} 0 & t < 0 \\ t/\tau & \text{für } 0 \leq t < \tau \\ 1 & \tau \leq t \end{cases} = W_2(0,\,t) . \tag{B44a,b}$$

Setzt man z.B. $W_{1f} = W_{2f} = V_0/\sqrt{2}$, also $\underline{W}_f^T = (V_0/\sqrt{2}\,,\,V_0/\sqrt{2})$, dann läßt sich in Analogie zu (B5), Beispiel 3.1, für die $f_\nu(z - b_\nu^{-1}t)$ sofort schreiben:

$$f_1(z - v_1 t) = \begin{cases} 0 & 0 < z - v_1 t \\ \dfrac{v_1 t - z}{v_1 \tau} & \text{für } -v_1 \tau < z - v_1 t \leq 0 , \\ 1 & \text{sonst} \end{cases} \tag{B45a}$$

$$f_2(z - v_2 t) = \begin{cases} 0 & 0 < z - v_2 t \\ \dfrac{v_2 t - z}{v_2 \tau} & \text{für } -v_2 \tau < z - v_2 t \leq 0 , \\ 1 & \text{sonst} \end{cases} \tag{B45b}$$

bzw. in Matrixform gemäß (3.105a)

$$\mathbf{f} = \begin{bmatrix} f_1 & 0 \\ 0 & f_2 \end{bmatrix} , \qquad \text{(B45c)}$$

und gemäß (3.105c), also durch rechtsseitige Multiplikation von (B45c) mit der transponierten Matrix von $\underline{W}_f^T = (V_o/\sqrt{2}\, , \, V_o/\sqrt{2})$, erhält man $\underline{W}$ (z, t). Die zeitlichen Verläufe von $\underline{W}$ (l, t) bzw. $W_1(l, t)$ und $W_2(l, t)$ sind in Bild 3.28 graphisch dargestellt. Je nachdem ob die induktive oder die kapazitive Kopplung zwischen den Leitungen überwiegt, eilt W_2 gegenüber W_1 nach oder vor, wie sich unmittelbar aus (B42) ergibt. Im vorliegenden Fall überwiegt offenbar die induktive Kopplung: L'_{12} ist so groß bzw. C'_{12} so klein, daß $v_1 > v_2$ ist.

Die Werte von $\underline{V}$ (l, t) bzw. $V_1(l, t)$ und $V_2(l, t)$ ergeben sich durch Transformation von $\underline{W}$ entsprechend (3.97). Man erhält

$$\underline{V}_f = \mathbf{P}\,\underline{W}_f = \begin{bmatrix} V_o \\ 0 \end{bmatrix} \qquad \text{(B46a)}$$

und

$$f_1 = 1/2 \begin{bmatrix} f_1+f_2 & f_1-f_2 \\ f_1-f_2 & f_1+f_2 \end{bmatrix}$$

$$\text{(B46b)}$$

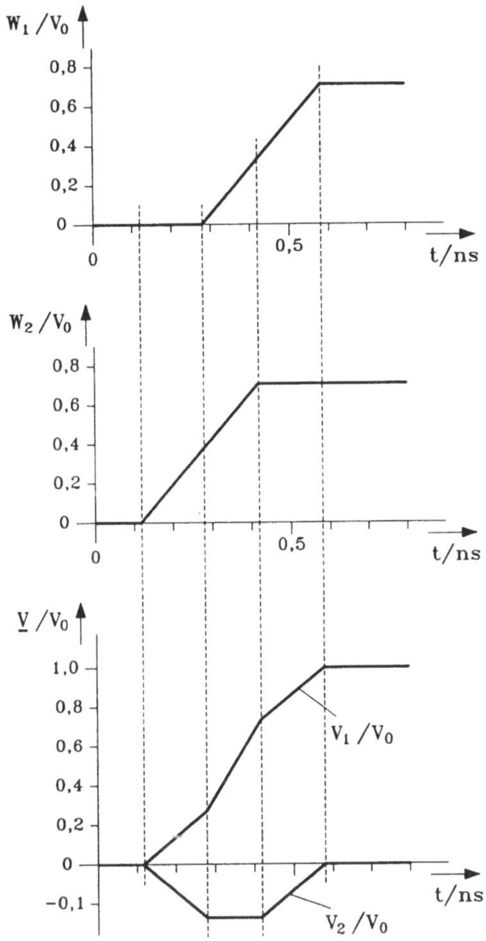

(Die Argumente der Funktionen wurden zugunsten einer übersichtlicheren Darstellung

Bild 3.28. Signalverläufe von $\underline{W}$ und $\underline{V}$ an der Stelle z = l = 2 cm über der Zeit t.

nicht mitgeschrieben). $\underline{V}$ (l, t) ergibt sich dann mit Hilfe von (3.110). Die entsprechenden Signalverläufe sind ebenfalls in Bild 3.28 dargestellt, wobei V_1 und V_2 gemäß (B46) im wesentlichen als Summe bzw. Differenz von W_1 und W_2 entstehen. Eine *induktiv* geprägte Kopplung ergibt also bei positivem Signalanstieg auf der ersten Leitung ein *negatives* Signal auf der zweiten Leitung wie man es aufgrund des Induktionsgesetzes ja auch erwartet. Entsprechend würde eine *kapazitiv* geprägte Kopplung zu einem *positiven* Signalverlauf auf der zweiten Leitung führen.

4   Simulation des Signalverhaltens

Für die Simulation des Signalverhaltens auf Leitungen bieten sich grundsätzlich zwei
Verfahren an: zum einen die direkte Simulation im Zeitbereich, zum anderen die Simulation
im Frequenzbereich[54] mit anschließender Rücktransformation in den Zeitbereich.

Das erste Verfahren hat den *Vorteil*, daß die numerisch aufwendige Rücktransformation enfällt
und man die i.a. nichtlineare Schaltungsumgebung besonders einfach berücksichtigen kann.
Nachteilig ist, daß die Lösung der hierbei auftretenden partiellen Differentialgleichungen
vergleichsweise kompliziert ist. Dies gilt insbesondere dann, wenn es sich um verlustbehaftete
Leitungs*systeme* handelt, die sich, wie es der Regelfall ist, in einem querinhomogenen
Medium befinden. Hinzu kommt, daß die Berücksichtigung einer eventuellen Frequenzabhängigkeit der Leitungsbeläge i.a. ebenfalls schwierig (aber nicht unmöglich) ist.

Beim zweiten Verfahren liegt der *Vorteil* darin, daß für die auftretenden gewöhnlichen
Differentialgleichungen die analytische Lösung bekannt und außerdem von sehr einfacher
Gestalt ist. Außerdem bereitet die Berücksichtigung frequenzabhängiger Leitungsbeläge
praktisch keine Probleme. Ein wesentlicher *Nachteil* des zweiten Verfahrens besteht darin, daß
eine nichtlineare Schaltungsumgebung nur mit sehr großem numerischen Aufwand berücksichtigt werden kann.

Da die nichtlineare Schaltungsumgebung (speziell in der Digitaltechnik) für die moderne
Nachrichtentechnik eine große, die Frequenzabhängigkeit der Leitungsparameter aber,

---

[54]Der Begriff *Frequenzbereich* soll hier synonym (wenn auch nicht ganz korrekt) ebenfalls für den sog. *Bildbereich* benutzt werden, wo anstelle der Kreisfrequenz ω die komplexe Variablen $s = \sigma + j\omega$ benutzt wird.

zumindest in erster Näherung, nur eine untergeordnete Rolle spielt (siehe auch Abschn. 3.1.2), gab es trotz der beschriebenen Schwierigkeiten schon frühzeitig Ansätze für eine Simulation *direkt* im Zeitbereich.

Eine grundlegende Arbeit auf dem Gebiet der Simulation des Signalverhaltens auf Leitbahnen stammt aus dem Jahr 1967 von F. H. Branin Jr., der eine Netzwerkinterpretation der Lösung der partiellen Differentialgleichungen für verlustfreie Einzelleitungen mit Hilfe gesteuerter Quellen angegeben hat. Die meisten der heute verwendeten Simulationstechniken gehen auf diese Arbeit zurück. Dabei hat sich kein bestimmtes, allen anderen Vorgehensweisen überlegenes Verfahren herauskristallisiert. Vielmehr zeigt sich eine gewisse Inhomogenität bei den verschiedenen Methoden: je nach vom Anwender gesetzten Schwerpunkt werden bestimmte Arten der Simulation verwandt. Diese Inhomogenität macht es außerordentlich schwierig, die verschiedenen Simulationsmethoden objektiv zu bewerten. Als Trend ist lediglich erkennbar, daß die Entwicklung von der Simulation verlust*loser* Einzelleitungen über verlust*behaftete* Einzelleitungen, verlust*lose* Mehrfachleitungen (in querinhomogenem Medium[55]), verlust*behaftete* Mehrfachleitungen in quer*homogenem* Medium und verlustbehaftete Mehrfachleitungen in quer*inhomogenem* Medium bis hin zu verlustbehafteten Mehrfachleitungen in querinhomogenem Medium bei *signalabhängigen* (speziell: *frequenzabhängigen*) *Leitungsparametern* geht. Teilweise wurden diese Ziele schon recht frühzeitig erreicht (siehe z.B. [59]), allerdings um den Preis sehr hoher Rechenzeiten und mitunter auch numerisch nicht besonders stabiler Verfahren. In Tabelle 4.1 wird versucht, einen Überblick über die bisherige Entwicklung der Rechnersimulation des Signalverhaltens auf Leitbahnen zu geben. Es ist von vornherein klar, daß ein solcher Überblick, schon allein auf Grund der großen Anzahl der bisher erschienenen Arbeiten, keinen Anspruch auf Vollständigkeit erheben kann. So wurde hier eine Auswahl getroffen, von der anzunehmen ist, daß sie die wesentlichsten Entwicklungstendenzen wiedergibt.

Aufbauend auf den in Kap. 3 vorgestellten theoretischen Grundlagen sollen im folgenden die verschiedenen Vorgehensweisen sowie grundlegende Verfahren zu Simulation des Signalverhaltens auf Leitbahnen behandelt werden.

---

[55]Die Behandlung verlustfreier Mehrfachleitungen in quer*homogenem* Medium ist vergleichsweise einfach und unterscheidet sich praktisch nicht von der Behandlung verlustfreier Einzelleitungen.

Tabelle 4.1. Simulation des Signalverhaltens auf Leitbahnen - ein Überblick

Jahr	Autor	Beschreibung
1967	F. H. Branin Jr. [50]	Interpretation der Lösung der partiellen Differentialgleichungen für verlustfreie Einzelleitungen als Netzwerk mit gesteuerten Quellen; hieraus: Algorithmus zur Simulation *verlustfreier Einzelleitungen im Zeitbereich*.
1969	H. W. Dommel [51]	Simulation *verlustbehafteter Einzelleitungen im Zeitbereich* durch Behandlung ohmscher Leitungsverluste als diskrete Bauelemente[56]; sonst wie Branin.
1970	F.-Y. Chang [53]	Simulation *verlustfreier Leitungssysteme im Zeitbereich* bei *querinhomogenem Dielektrikum* (d.h., daß die Produktmatrix $\mathbf{B}^2 = \mathbf{L}'\mathbf{C}'$ (siehe Abschn. 3.4.4) voll besetzt ist und insbesondere keine Diagonalmatrix bildet); Entwicklung einer speziellen Transformatorschaltung zur Entkopplung der Differentialgleichungen (d.h. zur Diagonalisierung von $\mathbf{B}^2$, Abschn. 3.4.4).
1973	C. W. Ho [54], K. D. Marx [55]	Simulation *verlustfreier Leitungssysteme im Zeitbereich* bei *querinhomogenem Dielektrikum*; kompakte theoretische Analyse gekoppelter verlustloser Leitungen im Zeitbereich und Angabe entsprechender Ersatzschaltungen.
1976	G. Thiem [56]	Simulation *verlustbehafteter Leitungssysteme im Zeitbereich* bei *querhomogenem Dielektrikum* (d.h. die Produktmatrix $\mathbf{B}^2$ ist nicht nur eine Diagonalmatrix, sondern sogar eine (mit dem Quadrat der inversen Phasengeschwindigkeit $v^{-2} = \mu\varepsilon$ multiplizierte) Einheitsmatrix).
1978	P. A. Brennan, A. E. Ruehli [57]	Simulation *verlustbehafteter Einzelleitungen im Zeitbereich unter Berücksichtigung des Skineffekts* (verlustlose Leitung wird wie bei Dommel modelliert; Skineffekt wird durch in Reihe geschaltete Induktivitäten mit jeweils parallelen Widerständen berücksichtigt, wobei die Induktivitäten durch kurze verlustlose Leitungsstücke gebildet werden). Hinweis: elegantes Verfahren, daß keine numerischen Integrationen benötigt und daher sehr schnell und numerisch stabil arbeitet.
1979	A. J. Gruodis [58]	Simulation *verlustbehafteter Einzelleitungen sowie Leitungssysteme im Zeitbereich* bei *querhomogenem Dielektrikum* (Diskussion und Erweiterung der Arbeiten von Dommel hinsichtlich der Anzahl der zu verwendenden diskreten Bauelemente zur Beschreibung der Verluste).
1981	A. J. Gruodis, C. S. Chang [59]	Simulation *verlustbehafteter Leitungssysteme im Zeitbereich* bei *querinhomogenem Dielektrikum* sowie Berücksichtigung *frequenzabhängiger Parameter* Hinweis: infolge einer großen Anzahl erforderlicher numerischer Integrationen insgesamt sehr aufwendig. Stabilitätsprobleme.

(Fortsetzung)

---

[56]Die im Grunde sehr naheliegende Idee, ohmsche Verluste in Form *diskreter* Bauelemente zu behandeln, während die übrige Leitung weiterhin in Form *verteilter* Elemente berücksichtigt wird, ist bereits in den 50er Jahren vorgeschlagen worden (siehe [52]), hatte damals aber aufgrund fehlender geeigneter Rechenanlagen keine praktische Bedeutung.

Tabelle 4.1. Simulation des Signalverhaltens auf Leitbahnen - ein Überblick *(Fortsetzung)*

Jahr	Autor	Beschreibung
1985	H. Grabinski, J. P. Mucha [60]	Simulation *verlustbehafteter Leitungssysteme im Zeitbereich* bei *querinhomogenem Dielektrikum* (basiert auf den Arbeiten von Dommel sowie Gruodis). Hinweis: benötigt keinerlei numerische Integrationen, dadurch sehr schnell und numerisch stabil.
1985	V. K. Tripathi, J. B. Rettig [61]	Simulation *verlustfreier Leitungssysteme im Zeitbereich* bei *querinhomogenem Dielektrikum* durch Einbau gesteuerter Quellen (zwecks Entkopplung der Leitungen, d.h. Diagonalisierung der Matrix B^2) in ein Netzwerkanalyseprogramm. Hinweis: leicht implementierbar, bei Verwendung relativ kurzer Leitungen rechenzeitaufwendig.
1987	F. Romeo, M. Santomauro [62]	Simulation *verlustfreier Leitungssysteme im Zeitbereich* bei *querinhomogenem Dielektrikum* (wie Tripathi, zusätzlich vereinfachende Annahmen bezüglich des Koppelverhaltens). Hinweis: siehe Tripathi.
1987	V. K. Tripathi, R. J. Bucolo [63]	Simulation *verlustbehafteter Leitungssysteme im Zeitbereich*, auch bei *querinhomogenem Dielektrikum* (Erweiterung des Verfahrens von 1985 auch auf dreidimensionale Strukturen). Hinweis: leicht implementierbar, aber unter Ausnutzung aller Möglichkeiten u.U. sehr rechenzeitintensiv.
1987	A. R. Djordjewić, T. K. Sarkar, R. F. Harrington [64]	Simulation *verlustbehafteter Leitungssysteme im Zeitbereich*, auch bei *querinhomogenem Dielektrikum*; Berücksichtigung *frequenzabhängiger Leitungsbeläge* (Ermittlung der Impulsantwort (Greensche Funktion) des Leitungssystems durch numerische Berechnung im Frequenzbereich und anschließende Rücktransformation; Auswertung durch num. Berechnung von Faltungsintegralen). Hinweis: problematisch hinsichtlich Rechenzeit (num. Integrationen) und eventuell Genauigkeit bei dämpfungsarmen Systemen.
1988	F. Keller [65]	Simulation *verlustbehafteter Einzelleitungen (teilw. auch Mehrfachleitungen) in nichtlinearer Schaltungsumgebung im Zeitbereich* (analytische Lösung der partiellen Differentialgleichungen; Signale werden dabei auf geschickte Weise durch Rampenfunktionen approximiert) Hinweis: gut geeignet für RC- und auch noch für RLC-Einzelleitungen, kann aber insbesondere bei Mehrfachleitungen sehr aufwendig werden.
1989	K.-P. Dyck et al. [66, 67]	Entwicklung des Analyseprogramms LISIM zur Simulation *verlustbehafteter Leitungssysteme in nichtlinearer Schaltungsumgebung im Zeitbereich* (basierend auf der Arbeit von Grabinski und Mucha)
1990	E. Grotelüschen et al. [83]	Simulation *verlustbehafteter Leitungssysteme im Zeitbereich* unter Berücksichtigung von *Skin- und Proximity-Effekten* (Erweiterung der Arbeit von Dyck). Hinweis: benötigt keinerlei numerische Integrationen.

4.1 Simulation bei quasistationärer Betrachtung mit Hilfe eines Netzwerkanalyseprogramms

Die mit Abstand simpelste Vorgehensweise bei der Simulation des Signalverhaltens ist die Nachbildung der Leitung bzw. des Leitungssystems durch konzentrierte Bauelemente und die anschließende Simulation der dabei entstehenden Schaltung mit Hilfe eines der vielen auf dem Markt befindlichen Netzwerkanalyseprogramme. Die Nachteile einer solchen Vorgehensweise wurden bereits in Abschn 2.1 diskutiert. Für Einzelleitungen, die so kurz bzw. so stark verlustbehaftet sind, daß sie hinreichend genau durch eines oder mehrere R-C-Glieder elektrisch modelliert werden können, bietet sich dieses Verfahren aufgrund seiner Einfachheit aber dennoch an. So ist es durchaus sinnvoll und auch hinsichtlich der aufzuwendenden Rechenzeit noch vertretbar, schmale (d.h. stark verlustbehaftete) Einzelleitungen auf hochintegrierten Schaltungen entsprechend zu simulieren. Andererseits genügt es in diesen Fällen häufig auch, lediglich die Signallaufzeiten *abzuschätzen*, zumindest wenn es sich um Digitalschaltungen handelt. Für solche Laufzeitabschätzungen sind aus der Literatur verschiedene Verfahren sowie auch einfache Formeln bekannt [68-70]. Für Mehrfachleitungen ist eine einfache Abschätzung der Signallaufzeiten nicht mehr möglich, weil die Signallaufzeit einer Leitung von den Signalen auf den übrigen Leitungen stark abhängt (siehe Abschn. 4.3.3).

Die Netzwerkmodellierung der Leitungen kann z.B. gemäß Bild 3.23 vorgenommen werden, wobei es sich u.U. als günstig erweist, aufgrund der Symmetrie der Leitungen auch eine symmetrische Ersatzschaltung zu wählen, d.h. die Kapazität C'Δz in Bild 3.23 kann z.B. in zwei Kapazitäten jeweils mit dem Wert 1/2 C'Δz aufgeteilt werden. Diese Kapazitäten werden dann ein- und ausgangsseitig des Netzwerksegmentes angeordnet, so daß man in diesem Fall zu einer symmetrischen Π-Schaltung gelangt. Entsprechend lassen sich auch symmetrische T-Schaltungen erzeugen. Je mehr Segmente für die Modellierung einer Leitung benötigt werden, umso weniger fällt natürlich die Verwendung symmetrischer Segmente ins Gewicht. Zur Modellierung von Leitungs*systemen* müssen noch zusätzlich Elemente in das Netzwerkmodell eingebracht werden, die die elektromagnetischen Koppeleffekte nachbilden. Es handelt sich bei diesen Elementen im wesentlichen um Koppelkapazitäten sowie Koppelinduktivitäten, die sich i.a. als sog. Gegeninduktivitäten modellieren lassen. Bild 4.1 zeigt in Analogie zu Bild 3.23 ein entsprechendes Netzwerkmodell für ein Segment der Länge Δz einer verlustbehafteten n-fach Leitung ohne galvanische Kopplung. Die Netzwerkelemente berechnen sich dann bei einem Leitungssystem der Länge 1 z.B. gemäß $\Delta R_{11} = R'_{11} \cdot \Delta z$ usw. Geht man davon aus, daß für eine hinreichend genaue Simulation in der Regel eine größere Anzahl solcher Segmente in Reihe zu schalten sind, dann wird klar, daß das gewählte Verfahren eine sehr zeitintensive Simulation erforderlich macht.

Beispiel 4.1:

Unter Zugrundelegung des Netzwerks gemäß Bild 4.1 sollen einige Simulationen mit Hilfe eines Netz-

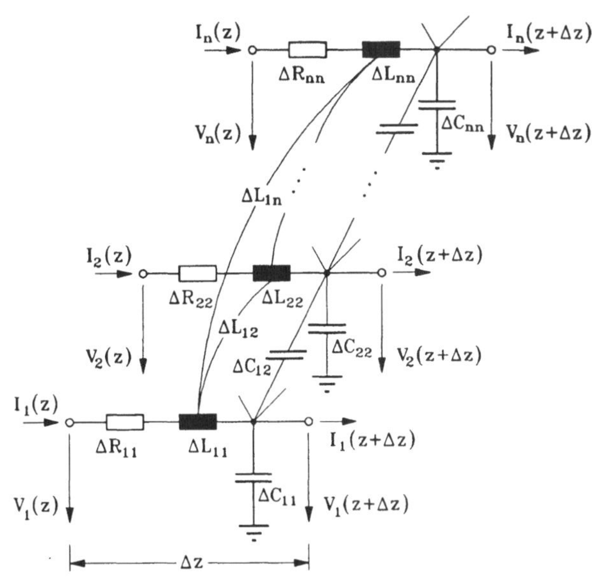

Bild 4.1. Netzwerk für ein Leitungssegment einer n-fach Leitung

werkanalyseprogramms durchgeführt werden. Simuliert werden soll ein aus neun gleichen parallelen Leitungen bestehendes Leitungssystem der Länge l = 1 cm, wie es typischerweise auf integrierten Si-Schaltungen vorkommen kann. Das Leitungssystem habe die Widerstandsbeläge R'_{ii} = 57 kΩ/m, i = 1 ... 9, und die Induktivitäts- bzw. Kapazitätsbeläge[57]

$$
L' = \begin{bmatrix}
1,50 & 1,20 & 1,10 & 1,02 & 0,96 & 0,92 & 0,88 & 0,86 & 0,84 \\
 & 1,50 & 1,20 & 1,10 & 1,02 & 0,96 & 0,92 & 0,88 & 0,86 \\
 & & 1,50 & 1,20 & 1,10 & 1,02 & 0,96 & 0,92 & 0,88 \\
 & & & 1,50 & 1,20 & 1,10 & 1,02 & 0,96 & 0,92 \\
 & & & & 1,50 & 1,20 & 1,10 & 1,02 & 0,96 \\
 & & & & & 1,50 & 1,20 & 1,10 & 1,02 \\
 & ./. & & & & & 1,50 & 1,20 & 1,10 \\
 & & & & & & & 1,50 & 1,20 \\
 & & & & & & & & 1,50
\end{bmatrix} \; \mu\text{H/m} \, ,
$$

$$
(C'_{ik}) = \begin{bmatrix}
122 & 46 & 1,1 & 0 & 0 & 0 & 0 & 0 & 0 \\
 & 122 & 46 & 1,1 & 0 & 0 & 0 & 0 & 0 \\
 & & 122 & 46 & 1,1 & 0 & 0 & 0 & 0 \\
 & & & 122 & 46 & 1,1 & 0 & 0 & 0 \\
 & & & & 122 & 46 & 1,1 & 0 & 0 \\
 & & & & & 122 & 46 & 1,1 & 0 \\
 & ./. & & & & & 122 & 46 & 1,1 \\
 & & & & & & & 122 & 46 \\
 & & & & & & & & 122
\end{bmatrix} \; \text{pF/m}
$$

---

[57]Die Kapazitätsbeläge am Rand eines Leitungssystems sind i.a. *geringfügig* größer als die Beläge im mittleren Bereich. Aus Gründen einer einfacheren Darstellung wurden hier aber alle C'_{ii} als gleich angenommen.

Tabelle 4.2 SPICE Eingabedatensatz für 10 Segmente

```
.SUBCKT RC 1 2
R1 1 2 57
C1 2 0 12.2E-14
.ENDS RC
*
*
.SUBCKT LSEG 1 2 3 4 5
+ 6 7 8 9 11 12 13 14
+ 15 16 17 18 19
*
L1 1 11 1.5E-9
L2 2 12 1.5E-9
L3 3 13 1.5E-9
L4 4 14 1.5E-9
L5 5 15 1.5E-9
L6 6 16 1.5E-9
L7 7 17 1.5E-9
L8 8 18 1.5E-9
L9 9 19 1.5E-9
*
K12 L1 L2 0.8
K13 L1 L3 0.733
K14 L1 L4 0.68
K15 L1 L5 0.64
K16 L1 L6 0.613
K17 L1 L7 0.587
K18 L1 L8 0.57
K19 L1 L9 0.56
*
K23 L2 L3 0.8
K24 L2 L4 0.733
K25 L2 L5 0.68
K26 L2 L6 0.64
K27 L2 L7 0.613
K28 L2 L8 0.587
K29 L2 L9 0.57
*
K34 L3 L4 0.8
K35 L3 L5 0.733
K36 L3 L6 0.68
K37 L3 L7 0.64
K38 L3 L8 0.613
K39 L3 L9 0.587
*
K45 L4 L5 0.8
K46 L4 L6 0.733
K47 L4 L7 0.68
K48 L4 L8 0.64
K49 L4 L9 0.613
*
K56 L5 L6 0.8

K57 L5 L7 0.733
K58 L5 L8 0.68
K59 L5 L9 0.64
*
K67 L6 L7 0.8
K68 L6 L8 0.733
K69 L6 L9 0.68
*
K78 L7 L8 0.8
K79 L7 L9 0.733
*
K89 L8 L9 0.8
*
.ENDS LSEG
*
*
.SUBCKT RCSEG 1 2 3 4 5
+ 6 7 8 9 11 12 13 14
+ 15 16 17 18 19
*
X1 1 11 RC
X2 2 12 RC
X3 3 13 RC
X4 4 14 RC
X5 5 15 RC
X6 6 16 RC
X7 7 17 RC
X8 8 18 RC
X9 9 19 RC
*
C12 11 12 46E-15
C13 11 13 11E-16
*
C23 12 13 46E-15
C24 12 14 11E-16
*
C34 13 14 46E-15
C35 13 15 11E-16
*
C45 14 15 46E-15
C46 14 16 11E-16
*
C56 15 16 46E-15
C57 15 17 11E-16
*
C67 16 17 46E-15
C68 16 18 11E-16
*
C78 17 18 46E-15
C79 17 19 11E-16
*

C89 18 19 46E-15
*
.ENDS RCSEG
*
*
.SUBCKT LTGSEG 1 2 3 4
+ 5 6 7 8 9 11 12 13 14
+ 15 16 17 18 19
*
X1 1 2 3 4 5 6 7 8 9 21
+ 22 23 24 25 26 27 28
+ 29 RCSEG
X2 21 22 23 24 25 26 27
+ 28 29 11 12 13 14 15
+ 16 17 18 19 LSEG
*
.ENDS LTGSEG
*
*
.SUBCKT LTG2SEG 1 2 3 4
+ 5 6 7 8 9 11 12 13 14
+ 15 16 17 18 19
*
X1 1 2 3 4 5 6 7 8 9 21
+ 22 23 24 25 26 27 28
+ 29 LTGSEG
X2 21 22 23 24 25 26 27
+ 28 29 11 12 13 14 15
+ 16 17 18 19 LTGSEG
*
.ENDS LTG2SEG
*
*
.SUBCKT LTG4SEG 1 2 3 4
+ 5 6 7 8 9 11 12 13 14
+ 15 16 17 18 19
*
X1 1 2 3 4 5 6 7 8 9 21
+ 22 23 24 25 26 27 28
+ 29 LTG2SEG
X2 21 22 23 24 25 26 27
+ 28 29 11 12 13 14 15
+ 16 17 18 19 LTG2SEG
*
.ENDS LTG4SEG
*
*
.SUBCKT LTG8SEG 1 2 3 4
+ 5 6 7 8 9 11 12 13 14
+ 15 16 17 18 19
*
X1 1 2 3 4 5 6 7 8 9 21
+ 22 23 24 25 26 27 28
+ 29 LTG4SEG
X2 21 22 23 24 25 26 27
+ 28 29 11 12 13 14 15
+ 16 17 18 19 LTG4SEG
*
.ENDS LTG8SEG
*
*
*LEITUNGBESCHREIBUNG
*
X1 1 1 1 1 0 1 1 1 1 61
+ 62 63 64 65 66 67 68
+ 69 LTG8SEG
X4 61 62 63 64 65 66 67
+ 68 69 31 32 33 34 35
+ 36 37 38 39 LTG2SEG
R2 31 0 1T
R3 32 0 1T
R4 33 0 1T
R5 34 0 1T
R6 35 0 1T
R7 36 0 1T
R8 37 0 1T
R9 38 0 1T
R10 39 0 1T
*
*
* SPANNUNGSQUELLEN
*
V1 1 0 PULSE (0 5 0
+ 100P 500P 4.9N 10N)
*
.TRAN .05N 10N
.PRINT TRAN V(1) V(31)
+ V(32) V(33) V(34)
+ V(35)
.PRINT TRAN V(1) V(11)
+ V(12) V(13) V(14)
+ V(15)
.PRINT TRAN V(1) V(36)
+ V(37) V(38) V(35)
.PLOT TRAN V(1) V(31)
+ V(32) V(33) V(34)
+ V(35)
.PLOT TRAN V(1) V(36)
+ V(37) V(38) V(35)
*
*
.END
```

(da die Matrizen symmetrisch sein müssen, wurde nur die jeweils obere Dreiecksmatrix angegeben). Die jeweils vier äußeren Leitungen sollen eingangsseitig ($z = 0$) simultan mit einem trapezförmigen Signal angesteuert werden (Anstiegszeit 100 ps, Abfallzeit 500 ps, Gesamtsignaldauer 5,5 ns, Amplitude 5V), während die mittlere Leitung eingangsseitig geerdet ist. Per Simulation sind die Signale an den Ausgängen des Leitungssystems ($z = l$) zu berechnen. Dabei soll das Leitungssystem mit Hilfe von 10, 20 und 40 Segmenten, jedes gemäß Bild 4.1, modelliert werden.

Lösung: Für die Simulation wurde das Netzwerkanalyseprogramm SPICE benutzt, und Tabelle 4.2 zeigt den Eingabedatensatz bei einer Modellierung des Leitungssystems durch z.B. 10 Segmente. Die Eingabedatensätze für 20 und 40 Segmente sind hieraus leicht entwickelbar. Um die Simulationsresultate besser miteinander vergleichen zu können, wurden die von SPICE erzeugten Ausgabedaten entsprechend aufbereitet und als Plots dargestellt (Bild 4.2 - 4.4), wobei aus Gründen der Übersichtlichkeit nur das Ausgangssignal der mittleren Leitung sowie die Ausgangssignale der unmittelbar benachbarten Leitungen 4 und 6 und der äußeren Leitungen 1 und 9 abgebildet wurden. Wegen der Symmetrie von Leitungssystem und Ansteuerung sind allerdings nur drei Signale voneinander unterscheidbar (die gestrichelte Linie repräsentiert jeweils die *Eingangs*signale der acht äußeren Leitungen). Es ist erkennbar, daß sich die Kurvenverläufe mit Erhöhung der Segmentzahl offenbar einer idealen Grenzkurve nähern, wobei zu erwarten ist, daß eine weitere Segmentzahlerhöhung nicht mehr zu wesentlich besseren Ergebnissen führt. Allerdings ist die Zunahme der benötigten Rechenzeiten erheblich: normiert man die Rechenzeit[58] für 10 Segmente auf 1, dann benötigt man für 20 Segmente die Rechenzeit 3 und für 40 Segmente bereits die Rechenzeit 8,7 (Es sei aber schon an dieser Stelle erwähnt, daß bei Verwendung spezieller Simulatoren die Rechenzeit, selbst bei höherer Genauigkeit als im Fall der Zerlegung in 40 Segmente, in der Größenordnung von nur 0,05 liegt; siehe hierzu Abschn. 4.3.3.). Außerdem ist erkennbar, daß insbesondere sehr steile Signalflanken offensichtlich Probleme bereiten: es kommt zu einem (aus physikalischer Sicht nicht motivierbaren) Überschwingen, daß mit zunehmender Segmentierung etwas abnimmt, aber nicht verschwindet. Ähnliches gilt für den ersten negativen Impuls (als Folge der magnetischen Kopplung): dem zeitlich

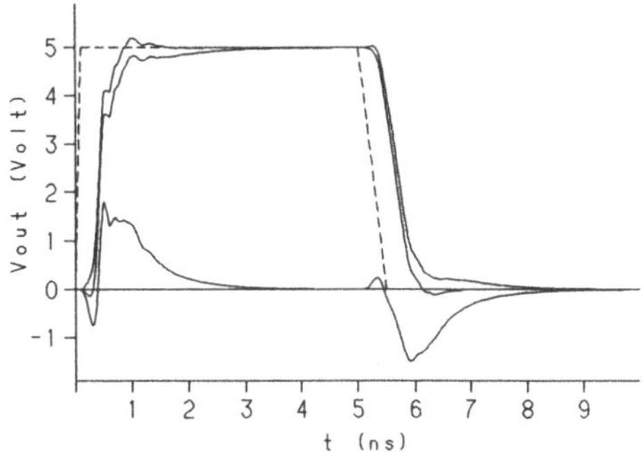

Bild 4.2. SPICE-Simulation unter Verwendung von 10 Netzwerksegmenten

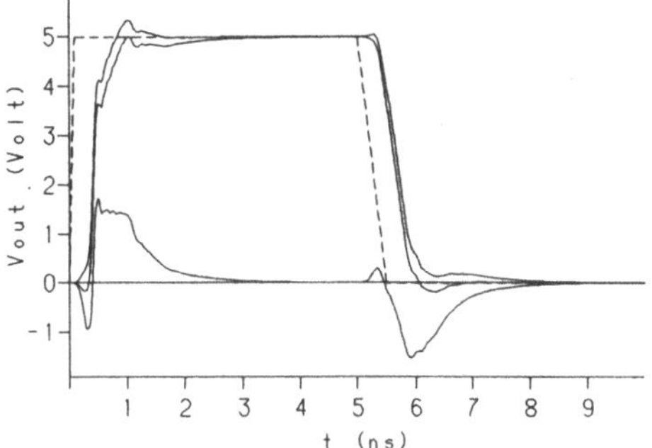

Bild 4.3. SPICE-Simulation unter Verwendung von 20 Netzwerksegmenten

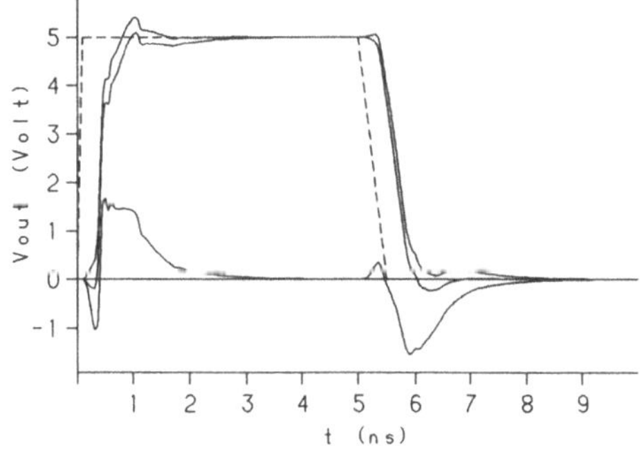

Bild 4.4. SPICE-Simulation unter Verwendung von 40 Netzwerksegmenten

---

[58]Die *absoluten* Rechenzeiten sind unerheblich, da sie von der verwendeten Hardware abhängen. Um einen Eindruck zu gewinnen, sollen diese Rechenzeiten aber nicht verschwiegen werden: unter Verwendung einer Großrechenanlage vom Typ Cyber 990 (RRZN Hannover) betrugen die Simulationszeiten für 10 Segmente 115 s, für 20 Segmente 344 s und für 40 Segmente 1003 s.

sehr schmalen Signal kann der Simulator erst bei hinreichend starker Segmentierung folgen.

Eine Diskussion der aus den Simulationsresultaten beobachtbaren Effekte soll erst in Abschn. 4.2.2 erfolgen, da die dort zur Verfügung stehenden Simulationsergebnisse qualitativ besser sind, als die hier unter Zugrundelegung quasistationären Verhaltens gewonnenen Resultate.

Zusammenfassend sei noch angemerkt, daß man größere Leitungssysteme natürlich nicht in der hier dargestellten Form simulieren wird. Man kann sich leicht vorstellen, daß im Fall einer real zu simulierenden Schaltung, also einer Schaltung, die *mehrere* Leitungssysteme und zusätzlich noch eine größere Anzahl peripherer linearer wie nichtlinearer Bauelemente enthält, der Zeitaufwand für die Simulation extrem groß wird. Das gilt auch für die in Tabelle 4.1 erwähnten Verfahren von Tripathi [61, 63] und Romeo [62]: Diese Autoren benutzen Netzwerkanalyseprogramme zwar im wesentlichen, um die Produktmatrix $\mathbf{B}^2$ zu diagonalisieren (siehe Abschn. 3.4.4), setzen also keineswegs quasistationäres Verhalten voraus (insofern gehört die Beschreibung dieser Verfahren nicht in dieses Kapitel), sie verwenden aber das in den meisten Netzwerkanalyseprogrammen vorhandene Bauelement "verlustlose Einzelleitung", wodurch die interne Steuerung der zeitlichen Simulationsschrittweite i.a. sehr eingeschränkt wird und die Simulationszeiten vergleichsweise groß werden.

4.2   Simulation im Frequenzbereich

Da es sich bei den hier zu behandelnden Leitungen um lineare zeitinvariante Systeme handelt, bietet sich eine Beschreibung im Frequenzbereich an. Diese Vorgehensweise hat den Vorteil, daß nur *gewöhnliche* Differentialgleichungen behandelt werden müssen, deren analytische Lösung bekannt ist. Ferner können frequenzabhängige Leitungsparameter außerordentlich einfach berücksichtigt werden, und dies ist der Hauptgrund für die Benutzung des Verfahrens. Es gibt allerdings zwei Nachteile:

1. Es werden in jedem Fall numerische Integrationsverfahren benötigt, um die Eingangssignale in den Frequenzbereich bzw. die Ausgangssignale wieder in den Zeitbereich zu transformieren.

2. Periphere Nichtlinearitäten (z.B. die Transistortreiberstufen für die Leitungen) können nur unter sehr großem Rechenaufwand berücksichtigt werden.

Der erste der geschilderten Nachteile ist vergleichsweise unproblematisch: bei den erwähnten numerischen Integrationen handelt es sich um Fourier-Transformationen, für die es spezielle, sehr schnelle Rechenalgorithmen gibt, die unter der Bezeichnung FFT (Fast Fourier-Transformation = schnelle Fourier-Transformation) zusammengefaßt sind[59]. In der Tat zeigt sich, daß der Zeitaufwand für die Simulation des reinen Leitungssystems (also *ohne* periphere Nichlinearitäten) im Frequenzbereich von gleicher Größenordnung ist wie im Zeitbereich (vergl. Abschn. 4.2.2 und 4.3.3). Der zweite Nachteil ist wesentlich ernster: da das zu behandelnde Leitungssystem sehr häufig (bei Digitalschaltungen: *immer*) in nichtlinearer Schaltungsumgebung anzutreffen ist, muß an den Leitungsenden ein numerischer Interpolationsprozeß durchgeführt werden, der, sofern er überhaupt stabile Ergebnisse liefert, ständige Fouriertransformationen erforderlich macht. Dies ist in der Regel derart aufwendig, daß das Verfahren der Simulation im Frequenzbereich dann praktisch nicht mehr anwendbar ist.

Andererseits besteht häufig der Wunsch, das *reine* Leitungssystem, also *ohne* Schaltungsumgebung, zu untersuchen, oder aber die Nichtlinearitäten sind in einer Analogschaltung so schwach ausgeprägt, daß sie vernachlässigt werden können, so daß der Simulation im Frequenzbereich durchaus Bedeutung zukommt. Außerdem gibt es Simulationstechniken, die sich *beider* Verfahren, also der Simulation im Frequenz- *und* im Zeitbereich bedienen (siehe z.B. Tabelle 4.1, Djordjević et al., sowie Abschn. 4.4), so daß es schon aus diesem Grund sinnvoll ist, sich auch mit Simulationsverfahren im Frequenzbereich zu beschäftigen.

4.2.1 Allgemeines Vorgehen zur Simulation

Ausgehend von den Differentialgleichungssystemen (3.88) ergibt sich im Frequenzbereich (d.h. Ableitungen nach der Zeit, also alle $\partial/\partial t$, werden durch den Operator $j\omega$ ersetzt)[60]:

$$-\partial \underline{V}/\partial z = (\mathbf{R'} + j\omega \mathbf{L'}) \cdot \underline{I} \ , \qquad\qquad (4.1a)$$

---

[59] Auf das seit bereits 1965 bekannte Verfahren der FFT soll hier nicht eingegangen werden. Es wird auf die umfangreiche Literatur hierzu verwiesen, z.B. auf [71].

[60] Bei $\underline{V}$ und $\underline{I}$ handelt es sich in diesem Abschnitt natürlich um komplexe Größen, was hier nicht besonders gekennzeichnet werden soll. Dasselbe gilt i.a. für die auftretenden quadratischen Matrizen.

$$-\partial \underline{I}/\partial z = j\omega \mathbf{C'} \cdot \underline{V} \; . \tag{4.1b}$$

Differentiation und gegenseitiges Einsetzen führt entsprechend (3.89) auf

$$\partial^2 \underline{V}/\partial z^2 = (\mathbf{R'} + j\omega \mathbf{L'}) \cdot j\omega \mathbf{C'} \cdot \underline{V} \; . \tag{4.2}$$

Die folgenden Betrachtungen sind völlig analog zu den bekannten Herleitungen für die *Einzel*leitung im Frequenzbereich. Aus diesem Grund werden sie hier nur skizziert, wobei Details dem nachfolgenden Beispiel 4.2 entnommen werden können.

Setzt man $(\mathbf{R'} + j\omega \mathbf{L'}) \cdot j\omega \mathbf{C'} =: \mathbf{B}^2$ (wo $\mathbf{B}^2$ im Gegensatz zu Abschn. 3.4.4 jetzt eine *komplexe* quadratische Matrix ist) und führt wieder eine Hauptachsentransformation durch[61], so erhält man schließlich auf völlig analoge Weise wie im letzten Unterabschnitt von Abschn. 3.4.4 als Lösung von (4.2) das Pendant zu (3.110) für den Frequenzbereich (allerdings jetzt unter Berücksichtigung der Leitungsverluste)

$$\underline{V}(z) = e^{-\mathbf{B}\,z} \cdot \underline{A} + e^{\mathbf{B}\,z} \cdot \underline{B} \; , \tag{4.3}$$

wo $\underline{A}$ und $\underline{B}$ konstante (komplexe) Spaltenmatrizen sind und die Matrixfunktionen $e^{\pm \mathbf{B}\,z}$ auf natürliche Weise über ihre Potenzreihendarstellungen (also letztlich über Matrizenpolynome) definiert sind. Entsprechend erhält man für die Leiterströme

$$\mathbf{Z_o} \cdot \underline{I}(z) = e^{-\mathbf{B}\,z} \cdot \underline{A} - e^{\mathbf{B}\,z} \cdot \underline{B} \tag{4.4}$$

mit

$$\mathbf{Z_o} := \mathbf{B} \cdot (j\omega \mathbf{C'})^{-1} \; . \tag{4.5}$$

Die Konstanten $\underline{A}$ und $\underline{B}$ bestimmen sich, wie man es auch von der Einzelleitung kennt, aus den Abschlüssen des Leitungssystems: werden die Eingangsspannungen ($z = 0$) mit $\underline{V}_1$ und Ausgangsspannungen sowie Ausgangsströme ($z = 1 = $ Leitungslänge) entsprechend mit $\underline{V}_2$ bzw. $\underline{I}_2$ bezeichnet, dann erhält man, wenn die Lastimpedanz des Leitungssystems durch die

---

[61] Auf den Fall einer eventuellen Degenerierung des Systems, d.h. des Auftretens mehrerer gleicher Eigenwerte, soll hier nicht eingegangen werden, siehe aber [72, 73]. Wie in Abschn. 3.4.4 gezeigt wurde, sind im Fall verlust*freier* Leitungssysteme grundsätzlich alle Eigenwerte voneinander verschieden.

Matrix $\underline{\mathbf{Z}}_L$ (mit $\underline{\mathbf{Z}}_L =: \underline{\mathbf{Y}}_L^{-1}$) repräsentiert wird, aus (4.3) und (4.4)

$$\underline{\mathbf{V}}_2 = e^{-\mathbf{B}\,l}\cdot\underline{\mathbf{A}} + e^{\mathbf{B}\,l}\cdot\underline{\mathbf{B}} \, , \tag{4.6a}$$

$$\underline{\mathbf{Z}}_0\cdot\underline{\mathbf{Y}}_L\cdot\underline{\mathbf{V}}_2 = e^{-\mathbf{B}\,l}\cdot\underline{\mathbf{A}} - e^{\mathbf{B}\,l}\cdot\underline{\mathbf{B}} \, , \tag{4.6b}$$

und hieraus unmittelbar $\underline{\mathbf{A}}$ und $\underline{\mathbf{B}}$ als Funktionen von $\underline{\mathbf{V}}_2$. In (4.3) an der Stelle $z = 0$ eingesetzt folgt schließlich

$$\underline{\mathbf{V}}_2 = [\cosh\,(\mathbf{B}l) + \sinh\,(\mathbf{B}l)\cdot\underline{\mathbf{Z}}_0\cdot\underline{\mathbf{Y}}_L]^{-1}\cdot\underline{\mathbf{V}}_1 \, . \tag{4.7}$$

Zur Berechnung von $\underline{\mathbf{V}}_2$ ist also folgendermaßen vorzugehen:

1. $\mathbf{B}^2$ bei vorgegebener Frequenz aus den Leitungsparametern bestimmen.

2. Bestimmung der Eigenwerte und Eigenvektormatrizen von $\mathbf{B}^2$. Hieraus ergeben sich unmittelbar die (komplexe) Diagonalmatrix $\mathbf{b}^2$ und die (ebenfalls komplexe) Transformationsmatrix $\mathbf{P}$ sowie durch Inversion $\mathbf{P}^{-1}$.

3. Berechnung von $\mathbf{b}$ durch Radizieren.

4. Berechnung von $\mathbf{B}$ gemäß $\mathbf{B} = \mathbf{P}\,\mathbf{b}\,\mathbf{P}^{-1}$.

5. Berechnung von $\mathbf{Z}_0$ gemäß Gleichung (4.5).

6. Berechnung der Diagonalmatrizen $\sinh(\mathbf{b}\,l)$ und $\cosh(\mathbf{b}\,l)$, wobei $[\sinh(\mathbf{b}\,l)]_{ii} = \sinh(b_{ii}l)$ gilt, entsprechend für $\cosh(\mathbf{b}\,l)$.

7. Bestimmung von $\sinh(\mathbf{B}\,l)$ und $\cosh(\mathbf{B}\,l)$ gemäß $\mathbf{P}\sinh(\mathbf{b}\,l)\,\mathbf{P}^{-1}$ und $\mathbf{P}\cosh(\mathbf{b}\,l)\,\mathbf{P}^{-1}$.

8. Berechnung von $\underline{\mathbf{V}}_2$ gemäß (4.7).

Für eine anschließende inverse Fourier-Transformation (also die Transformation in den Zeitbereich) wird $\underline{\mathbf{V}}_2$ für verschiedene Frequenzen benötigt, so daß man die Kreisfrequenz ω z.B. inkrementiert und wieder bei Schritt 1 beginnt usw. Für den Fall, daß $\underline{\mathbf{Y}}_L \equiv \mathbf{0}$ ist (Leerlauf der Leitungen), kann Schritt 5 natürlich übersprungen werden.

Beispiel 4.2:

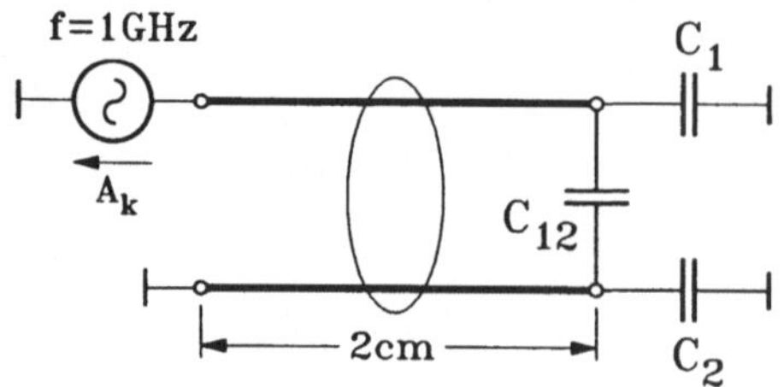

Bild 4.5. Kapazitiv belastete Doppelleitung

Das Doppelleitungssystem aus Beispiel 3.9 sei jetzt verlustbehaftet und weise die Widerstandsbeläge R'_{11} = 57 kΩ/m und R'_{22} = 34 kΩ/m auf. Außerdem seien die Leitungen gemäß Bild 4.5 kapazitiv belastet, wobei gilt: C_1 = 100 fF (1 fF = 10^{-15}F), C_2 = 40 fF und C_{12} = 10 fF. Das rampenförmige Eingangssignal von Leitung 1 wird in geeigneter Weise periodisch fortgesetzt und in eine Fourierreihe zerlegt, und der k-te Term dieser Reihe habe die Form $A_k \sin(k\omega t + \varphi_k)$, $A_k \neq 0$. Bezüglich dieses Terms sind die Ausgangssignale des Leitungssystems zu bestimmen, wobei die k-fache Grundfrequenz gerade 1 GHz betragen soll, also $k\omega = 2\pi \cdot 1$ GHz.

Lösung: Die Berechnung erfolgt gemäß der oben angegebenen Vorgehensweise (Punkte 1 bis 8):

zu 1.: Entsprechend $(R' + j\omega L') \cdot j\omega C' =: B^2$ ergibt sich

$$B^2 = \begin{bmatrix} -4524 + j\,33665 & -3150 - j\,7879 \\ -3150 - j\,4700 & -4524 + j\,20081 \end{bmatrix} m^{-2} .$$

zu 2.: Aus der Gleichung $\det(B^2 - 1\,b_\nu^2) = 0$ ergeben sich die Eigenwerte b_1^2 und b_2^2, also die Diagonalelemente von b^2. Entsprechend Beispiel 3.8 bestimmt man die Eigenvektoren und damit die Transformationsmatrix P:

$$b^2 = \begin{bmatrix} -2284 + j\,35719 & 0 \\ 0 & -6764 + j\,18027 \end{bmatrix} m^{-2} ,$$

$$P = \begin{bmatrix} 1 & 1 \\ -0,3228 + j\,0,1552 & 1,809 + j\,0,4391 \end{bmatrix} ,$$

$$P^{-1} = \begin{bmatrix} 0,8608 + j\,0,0914 & -0,4609 + j\,0,0614 \\ 0,1392 - j\,0,0914 & 0,4609 - j\,0,0614 \end{bmatrix} .$$

zu 3.: b ergibt sich, indem man die Elemente der Matrix von b^2 radiziert:

$$b = \begin{bmatrix} 129,4 + j\,138,0 & 0 \\ 0 & 79,03 + j\,114,1 \end{bmatrix} m^{-1} .$$

zu 4.: Transformation von b ergibt B:

$$B = \begin{bmatrix} 120,2 + j\,139,3 & -24,70 - j\,7,931 \\ -17,21 - j\,1,736 & 88,23 + j\,112,8 \end{bmatrix} m^{-1} .$$

zu 5.: Rechtsseitige Multiplikation von $\mathbf{B}$ mit $(j\omega C')^{-1}$ ergibt $\mathbf{Z_o}$:

$$\mathbf{Z_o} = \begin{bmatrix} 246{,}1 - j\,205{,}0 & 44{,}17 - j\,6{,}159 \\ 44{,}17 - j\,6{,}159 & 201{,}3 - j\,150{,}8 \end{bmatrix} \Omega\ .$$

zu 6.: Berechnung von sinh(bl) und sinh(bl):

$$\sinh(\mathbf{bl}) = \begin{bmatrix} -6{,}142 + j\,2{,}495 & 0 \\ 0 & -1{,}517 + j\,1{,}919 \end{bmatrix}\ ,$$

$$\cosh(\mathbf{bl}) = \begin{bmatrix} -6{,}212 + j\,2{,}467 & 0 \\ 0 & -1{,}651 + j\,1{,}763 \end{bmatrix}\ .$$

zu 7.: Transformation ergibt sinh(Bl) und sinh(Bl):

$$\sinh(\mathbf{Bl}) = \begin{bmatrix} -5{,}551 + j\,1{,}993 & 2{,}096 - j\,0{,}5494 \\ 1{,}291 - j\,0{,}6498 & -2{,}108 + j\,2{,}422 \end{bmatrix}\ ,$$

$$\cosh(\mathbf{Bl}) = \begin{bmatrix} -5{,}641 + j\,1{,}953 & 2{,}059 - j\,0{,}6044 \\ 1{,}258 - j\,0{,}6805 & -2{,}222 + j\,2{,}278 \end{bmatrix}\ .$$

zu 8.: Zur Berechnung der Übertragungsfunktion (= Inverse der in (4.7) in eckigen Klammern stehenden Matrix) des Leitungssystems muß noch $\mathbf{Y_L}$ bestimmt werden. Es läßt sich leicht überprüfen, daß für die Lastadmittanzmatrix

$$\mathbf{Y_L} = j\omega \begin{bmatrix} C_1 + C_{12} & -C_{12} \\ -C_{12} & C_2 + C_{12} \end{bmatrix} = j \begin{bmatrix} 691{,}2 & -62{,}83 \\ -62{,}83 & 314{,}2 \end{bmatrix} 10^{-6}\ \Omega^{-1}$$

gelten muß, so daß sich für den Zusammenhang zwischen $\underline{V}_2$ und $\underline{V}_1$ schließlich ergibt:

$$\underline{V}_2 = \begin{bmatrix} -0{,}16547 - j\,0{,}04388 & -0{,}08414 - j\,0{,}08234 \\ -0{,}06772 - j\,0{,}04829 & -0{,}24360 - j\,0{,}25247 \end{bmatrix} \cdot \underline{V}_1\ .$$

Im vorliegenden Fall hat das Eingangssignal die Form $\underline{v}_1 = (A_k \sin(2\pi \cdot 1\mathrm{GHz}\cdot t + \varphi_k),\ 0)^T$ bzw. $\underline{v}_1 = (\mathrm{Im}\{A_k \cdot e^{j2\pi \cdot 1\mathrm{GHz}\cdot t} \cdot e^{j\varphi_k}\},\ 0)^T$ (T = transponiert, siehe Abschn. 3.4.1; Im = Imaginärteil)[62]. Eingesetzt ergibt sich hieraus für $\underline{V}_2$:

$$\underline{V}_2 = A_k \cdot e^{j2\pi \cdot 1\mathrm{GHz}\cdot t} \cdot e^{j\varphi_k} \begin{bmatrix} -0{,}16547 - j\,0{,}04388 \\ -0{,}06772 - j\,0{,}04829 \end{bmatrix} = A_k \cdot e^{j2\pi \cdot 1\mathrm{GHz}\cdot t} \cdot e^{j\varphi_k} \begin{bmatrix} 0{,}1712 \cdot e^{-j165°} \\ 0{,}0832 \cdot e^{-j145°} \end{bmatrix}$$

---

[62]Zur Unterscheidung zwischen reellen und komplexen Werten werden in diesem Beispiel die reellen Darstellungen von $\underline{V}_1$ und $\underline{V}_2$ durch $\underline{v}_1$ und $\underline{v}_2$ gekennzeichnet.

bzw.

$$\underline{v}_2 = \begin{bmatrix} 0,1712 \; A_k \; \sin(2\pi \cdot 1GHz \cdot t + \varphi_k - 165°) \\ 0,0832 \; A_k \; \sin(2\pi \cdot 1GHz \cdot t + \varphi_k - 145°) \end{bmatrix} .$$

Für die übrigen Terme der Fourierreihe verfährt man ebenso und transformiert anschließend in den Zeitbereich zurück, um schließlich die gesuchte Antwort des Leitungssystems auf die rampenförmige Erregung zu bekommen.

4.2.2 Simulationsresultate

Im folgenden werden einige gemäß obiger Vorgehensweise gewonnene Simulationsergebnisse vorgestellt und diskutiert. Um einen Vergleich zu ermöglichen, ist die simulierte Schaltung identisch mit jener aus Beispiel 4.1, ebenso die Signalstimuli, wobei hier natürlich *keine* Segmentierung vorgenommen werden muß. Wie bereits erläutert, müssen die (hier trapezförmigen) Eingangssignale periodisch fortgesetzt und danach in eine Fourierreihe entwickelt werden (wobei sich für die folgenden Beispiele eine Periodendauer von etwa 10 bis 11 ns als ausreichend erwies). Eine solche Fourierreihe enthält i.a. unendlich viele Terme, von denen natürlich nur eine endliche Teilmenge für die numerische Auswertung berücksichtigt werden kann. Bild 4.6 zeigt die Ausgangssignale aller neun Leitungen (wegen der Symmetrie von Leitungssystem und Stimuli lassen sich allerdings, wie bereits in Beispiel 4.1 erwähnt, hier nur maximal fünf Signale voneinander unterscheiden). Bei den dabei durchgeführten numerischen Fouriertransformationen (FFT) wurden insgesamt 256 Werte berücksichtigt, d.h. die in Beispiel 4.2 exemplarisch gezeigte Berechnung erfolgte hier für 256 verschiedene Frequenzwerte. Die in Bild 4.6 dargestellten Signale lassen bereits eine recht gute Interpretation der Wellenausbreitungsvorgänge auf dem betrachteten Leitungssystem zu:

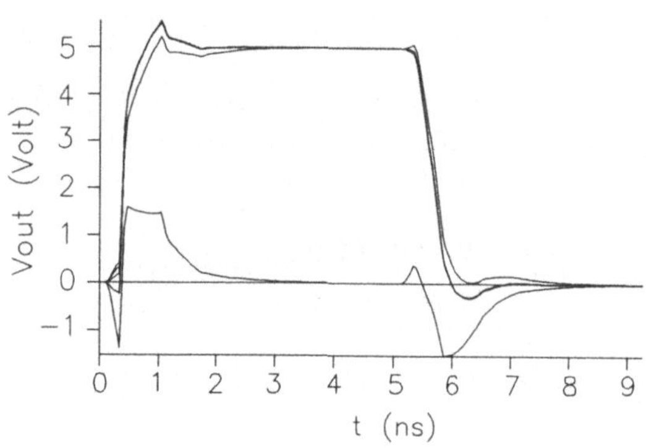

Bild 4.6. Simulation im Frequenzbereich bei Erregung mit Trapezsignal (256 Abtastwerte)

Nach ca. 115 ps Laufzeit (infolge endlicher Wirkungsausbreitungsgeschwindigkeit; siehe Kap. 2) erreicht die gemeinsame Wellenfront das *Ende* des Leitungssystems und wird dort zum erstenmal reflektiert. Die dabei entstandene rücklaufende Welle wird nach weiteren 115 ps an den Leitungs*eingängen* reflektiert und gelangt schließlich zum Zeitpunkt t = 3·115 ps = 345 ps an den Leitungsenden zur Beobachtung. Während der Zeit des ersten Hin- und Herlaufens der Wellenfront (also im Zeitbereich von 115 ps bis 345 ps) kommt es zu einer starken magnetischen Signalkopplung (siehe auch Beispiel 3.9) auf die mittlere (nicht angesteuerte) Leitung des Systems, so daß dort eine relativ hohe negative Signalspitze zu erkennen ist. Die hierfür benötigte Energie wird den äußeren Leitungen entnommen, die ja alle relativ stark mit der mittleren Leitung magnetisch verkoppelt sind, so daß der Signal- anstieg auf den Außenleitungen zunächst nur langsam erfolgt (bzw. auf der der mittleren unmittelbar benachbarten vierten und sechsten Leitung sogar leicht negativ ist). Nach 345 ps erreicht der (energetische) Hauptteil der Wellenfront das Leitungssystemende, erkennbar am starken positiven Signalanstieg auf den Außenleitungen, aber auch auf der mittleren Leitung, bei der die Kopplung jetzt hauptsächlich kapazitiv erfolgt. Auch diese Wellenfront wird an den Leitungsenden reflektiert, wobei der reflektierte Anteil (nach nochmaliger Reflexion an den Leitungseingängen) nach 3·345 ps = 1035 ps wieder an den Leitungsenden erscheint, erkennbar am Knick im Signalverlauf. Im Bereich zwischen ca. 440 ps und 1035 ps ist der Signalverlauf gekrümmt (besonders gut erkennbar auf den Außenleitungen), obwohl das Eingangssignal trapezförmig, also geradlinig verläuft. Diese Krümmung ist auf Dispersions- effekte infolge der Leitungsverluste zurückzuführen. Ab etwa 4 ns sind sämtliche transienten Vorgänge abgeklungen ($\partial/\partial t = 0$), so daß ab dort keine Signalkopplung mehr stattfinden kann. Erst oberhalb 5 ns kommt es infolge der jetzt fallenden Flanke des Eingangssignals wieder zu Kopplungseffekten, die aber wegen der im Vergleich zur ansteigenden Signalflanke geringeren Flankensteilheit nicht mehr ganz so ausgeprägt sind. Oberhalb etwa 9 ns sind alle Signale abgeklungen, wie man es auch erwartet. Interessant ist, daß das eingekoppelte Signal durchaus signifikante Werte annehmen kann, die hier etwa bei immerhin $\pm 1{,}5$ V liegen.

Ein Vergleich mit den Resultaten insbesondere der in Abschn. 4.1 zuletzt durchgeführten SPICE-Simulation (Bild 4.4) zeigt sehr große Ähnlichkeiten mit den bei der Simulation im Frequenzbereich gewonnenen Resultaten, wobei zu erkennen ist, daß die Wahl von 40 Segmenten für die SPICE-Simulation für eine genaue Analyse offensichtlich noch nicht ausreichend war. Die Simulationszeit für die Frequenzbereichssimulation betrug unter Verwendung derselben Rechenanlage wie für die Netzwerksimulation 5,6 s, war also bei

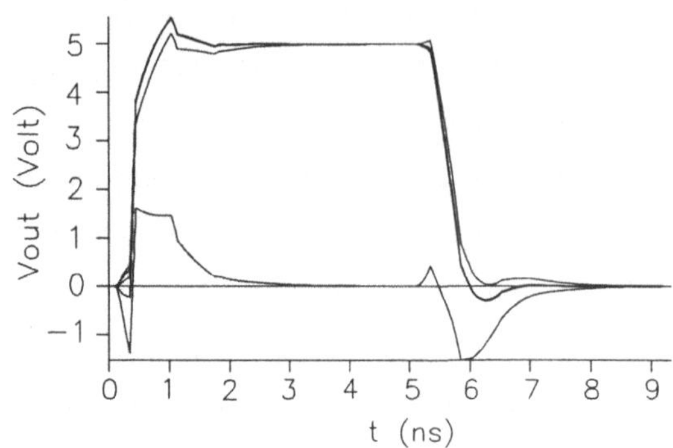

Bild 4.7. Simulation im Frequenzbereich bei Erregung mit Trapezsignal (2048 Abtastwerte)

offenbar wesentlich höherer Simulationsgenauigkeit um das 180fache schneller als die Simulation mit Hilfe des Netzwerkanalyseprogramms.

Es stellt sich die Frage, ob die Simulationsgenauigkeit weiter zu erhöhen ist, wenn man anstelle der gewählten $2^8 = 256$ Abtastwerte eine größere Abtastrate wählt. Zur Beantwortung dieser Frage wurde die gleiche Simulation wie vorher durchgeführt, diesmal aber mit $2^{11} = 2048$ Abtastwerten, wofür eine Simulationszeit von 41,6 s benötigt wurde. Das Resultat zeigt Bild 4.7: es sind kaum Änderungen gegenüber Bild 4.6 erkennbar, eine Abtastrate von 256 ist also offenbar völlig ausreichend.

Anders sieht die Situation aus, wenn die Signalanstiegszeiten verringert werden. Als Extremfall wurde hier eine gegen Null strebende Anstiegs- bzw. Abfallzeit gewählt, das Leitungssystem also mit einem zum Zeitpunkt t = 0 beginnenden und zum Zeitpunkt t = 5ns endenden Rechteckimpuls anstelle des Trapezsignals beaufschlagt. Bild 4.8 zeigt die Ausgangssignale für 256 Abtastwerte: der Signalverlauf ist noch erkennbar, aber sehr unruhig. Die Vermutung, eine Erhöhung der Abtastwerte könnte zu besseren Resultaten führen, ist nur bedingt richtig: Bild 4.9 zeigt das Simulationsergebnis für 2048 Abtastwerte, aber während der Signalverlauf in der Tat wesentlich ruhiger ist als in Bild 4.8, kommt es an den Schaltflanken zu einem starken Überschwingen. Dieses (physikalisch nicht motivierbare) Überschwingen ist typisch für das gewählte Simulationsverfahren und bei schnellen Signalen praktisch nicht vermeidbar. Die Rechenzeiten

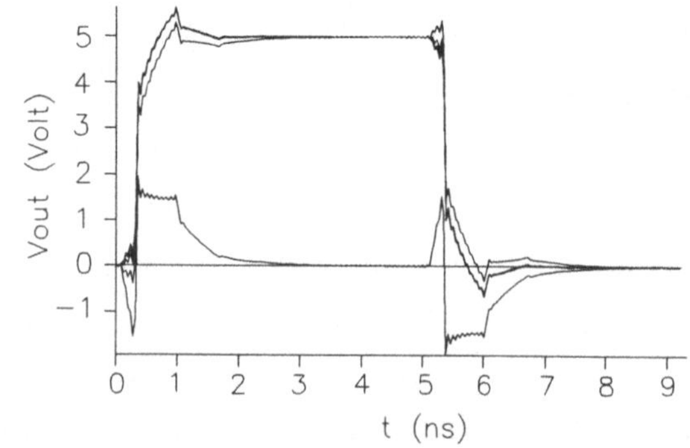

Bild 4.8. Simulation im Frequenzbereich bei Erregung mit Rechtecksignal (256 Abtastwerte)

sind hier natürlich unabhängig von
der Stimulierung des Leitungssystems und entsprechen also den
oben für die Ansteuerung mit Trapezsignal angegebenen.

Durch die oben vorgestellten Simulationsresultate ist deutlich geworden, daß die Leitungssimulation im
Frequenzbereich recht brauchbare
Ergebnisse liefert und der Simula-

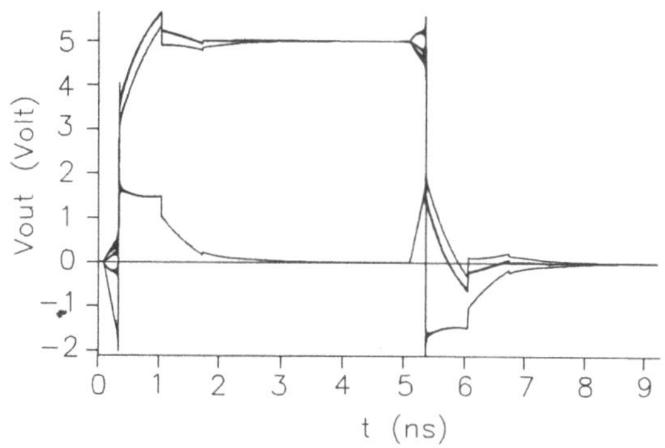

Bild 4.9. Simulation im Frequenzbereich bei Erregung mit Rechtecksignal (2048 Abtastwerte)

tion mit Hilfe eines Netzwerkanalyseprogramms, zumindest bei der Behandlung reiner
Leitungen (ohne periphere Bauelemente), weit überlegen ist. Nach den in Kap. 2 gemachten
Ausführungen ist letzteres allerdings auch nicht sonderlich verwunderlich.

4.3   Simulation im Zeitbereich

Der wesentliche *Vorteil* einer Simulation im Zeitbereich besteht darin, daß periphere Nichtlinearitäten (also z.B. die das Leitungssystem treibenden Transistoren) vergleichsweise einfach
berücksichtigt werden können (siehe auch die Einleitung zu Kap. 4). Dies ist deshalb
besonders bedeutsam, weil das nichtlineare Verhalten speziell in Digitalschaltungen besonders
ausgeprägt ist und einen entsprechend großen Einfluß auf die Signalform hat. Man wird die
peripher auftretenden nichtlinearen Bauelemente also bei der Simulation i.a. *nicht* (auch nicht
näherungsweise) durch lineare Bauelemente approximieren können, ohne einen mehr oder
weniger großen Fehler zu begehen. Demgegenüber ist der Haupt*nachteil* des Verfahrens,
nämlich die kompliziertere Modellierung frequenzabhängiger Parameter (speziell: Skineffekt),
nur von untergeordneter Bedeutung: durch entsprechende Messungen[63] konnte gezeigt
werden, daß zwar eine Frequenzabhängigkeit hinsichtlich der Leitungsparameter existiert,
diese sich aber, speziell auf integrierten Schaltungen, nur sehr unwesentlich auf das

---

[63]Die Messungen wurden am Laboratorium für Informationstechnologie der Universität Hannover für einen
Frequenzbereich von ca. 300 kHz bis 20 GHz durchgeführt (siehe auch Fußnote 25).

Signalverhalten auswirkt und i.a. in sehr guter Näherung vernachlässigt werden kann (siehe auch Kap. 6).

4.3.1 Lösung der Differentialgleichungssysteme für den verlustbehafteten Fall

In Abschn. 3.4.4 wurde die allgemeine Lösung (3.110, 3.124) jenes partiellen Differentialgleichungssystems hergeleitet, welches das verlust*lose* Leitungssystem beschreibt. Diese Lösung enthielt die weitgehend beliebig wählbaren matrixwertigen Funktionen $\mathbf{f}_1$ und $\mathbf{g}_1$. Um schließlich zu einer Lösung für den verlust*behafteten* Fall zu gelangen, sollen zunächst $\mathbf{f}_1$ und $\mathbf{g}_1$ durch bekannte Funktionen ersetzt und anschließend ohmsche Verluste (wie unter 3.4.3 eingeführt) in geeigneter Weise berücksichtigt werden.

Bestimmung der unbekannten Matrizen $\mathbf{f}_1$ und $\mathbf{g}_1$

Es wird ein zunächst noch verlustfreies Leitersystem der endlichen (aber ansonsten beliebigen) Länge Δz_k betrachtet. Dem einen Ende des Leitungssystems wird die Position z_k, dem anderen Ende die Position z_{k+1} derart zugeordnet, daß gilt: $\Delta z_k := z_{k+1} - z_k > 0$. Der Grund, weshalb hier ein Index k eingeführt wird, wird in Abschn. 4.3.2 deutlich werden. Aus (3.110) (bzw. (3.104)) und (3.124) ergeben sich somit für den Zeitpunkt $t - \tau_\nu^k$ und an der Stelle $z = z_k$ unmittelbar

$$W_\nu(z_k, t-\tau_\nu^k) = f_\nu[z_k - b_\nu^{-1}(t-\tau_\nu^k)] \, W_{\nu f} + g_\nu[z_k + b_\nu^{-1}(t-\tau_\nu^k)] \, W_{\nu g} \, , \qquad (4.8a)$$

$$\sum_{\mu=1}^{n} z_{\nu\mu} \, J_\mu(z_k, t-\tau_\nu^k) = f_\nu[z_k - b_\nu^{-1}(t-\tau_\nu^k)] \, W_{\nu f} - g_\nu[z_k + b_\nu^{-1}(t-\tau_\nu^k)] \, W_{\nu g} \, , \qquad (4.8b)$$

wo $z_{\nu\mu}$ ein Element der Matrix $\mathbf{z} := \mathbf{P}^{-1} \mathbf{Z_o} \mathbf{P}$, J_μ ein Element der Spaltenmatrix $\underline{J} := \mathbf{P}^{-1} \underline{I}$ und $\tau_\nu^k := \Delta z_k \, b_\nu > 0$ die Laufzeit der ν-ten (vermöge Transformation mit $\mathbf{P}^{-1}$ entkoppelten) Leitung ist[64]. Addition von (4.8a) und (4.8b) ergibt dann:

---

[64]Es ist zu beachten, daß k hier kein Exponent, sondern ein Index ist!

$$2\, f_\nu(z_{k+1} - b_\nu^{-1}t)\, W_{\nu f} = W_\nu(z_k, t\text{-}\tau_\nu^k) + \sum_{\mu=1}^{n} z_{\nu\mu}\, J_\mu(z_k, t\text{-}\tau_\nu^k)\ . \tag{4.9a}$$

Betrachtet man nun (4.8) nicht zum Zeitpunkt $t\text{-}\tau_\nu^k$, sondern zum Zeitpunkt $t\text{+}\tau_\nu^k$ und *subtrahiert* die so entstandenen Gleichungen voneinander, dann folgt analog zu (4.9a):

$$2\, g_\nu(z_{k+1} + b_\nu^{-1}t)\, W_{\nu g} = W_\nu(z_k, t\text{+}\tau_\nu^k) - \sum_{\mu=1}^{n} z_{\nu\mu}\, J_\mu(z_k, t\text{+}\tau_\nu^k)\ . \tag{4.9b}$$

Setzt man schließlich (4.9) in die (durch linksseitige Multiplikation mit $\mathbf{P}^{-1}$ transformierten) an der Stelle $z = z_{k+1}$ betrachteten Gleichungen (3.110) und (3.124) ein, dann sind die unbekannten Funktionen f_ν und g_ν eliminiert, und man erhält:

$$\begin{aligned}
2\, W_\nu(z_{k+1}, t) = {}& W_\nu(z_k, t\text{-}\tau_\nu^k) + \sum_{\mu=1}^{n} z_{\nu\mu}\, J_\mu(z_k, t\text{-}\tau_\nu^k) \\
& + W_\nu(z_k, t\text{+}\tau_\nu^k) - \sum_{\mu=1}^{n} z_{\nu\mu}\, J_\mu(z_k, t\text{+}\tau_\nu^k)\ ,
\end{aligned} \tag{4.10a}$$

$$\begin{aligned}
2\, \Sigma\, z_{\nu\mu}\, J_\mu(z_{k+1}, t) = {}& W_\nu(z_k, t\text{-}\tau_\nu^k) + \sum_{\mu=1}^{n} z_{\nu\mu}\, J_\mu(z_k, t\text{-}\tau_\nu^k) \\
& - W_\nu(z_k, t\text{+}\tau_\nu^k) + \sum_{\mu=1}^{n} z_{\nu\mu}\, J_\mu(z_k, t\text{+}\tau_\nu^k)\ .
\end{aligned} \tag{4.10b}$$

Die 2n Gleichungen (4.10) beschreiben ein Leitungssystem in der Weise, daß alle n Potentiale W_ν bzw. alle n Eingangsströme J_ν an den Leitungs*ausgängen* (Position $z = z_{k+1}$) als Funktionen der entsprechenden Größen an den Leitungs*eingängen* (Position $z = z_k$) dargestellt sind[65]. Aufgrund der vielen auftretenden Indizes und Summenterme sind diese Gleichungen aber sehr unhandlich und insbesondere auch sehr unübersichtlich. Sie sollen deshalb in Matrixform niedergeschrieben werden. Hierfür müssen offenbar Terme der Form

a) $\quad X_i(x, t \pm \tau_i)$ $\qquad\qquad$ und

$$\text{(4.11a,b)}$$

b) $\displaystyle \sum_{j=1}^{n} z_{ij}\, X_j(x, t \pm \tau_i)$

in die Matrixdarstellung überführt werden.

---

[65] Bei den Größen W_ν und J_ν handelt es sich natürlich genaugenommen um die Potentiale und Ströme in jenem Koordinatensystem, in welchem die beschreibenden Differentialgleichungen gerade entkoppelt sind (siehe Abschn. 3.44).

Zu a):

Die Matrixdarstellung erfolgt auf die gleiche Weise wie jene von (3.104), Abschn. 3.4.4. Es gilt also:

$$\underline{X} = \underline{X}(x, 1t \pm \tau) . \tag{4.12a}$$

Hierin ist τ eine Diagonalmatrix mit den Diagonalelementen τ_1, τ_2, ... , τ_n, und 1 ist die Einheitsmatrix. Multiplikation von (4.12a) von links mit P führt schließlich auf

$$P \underline{X} =: \underline{X}_1 = \underline{X}_1(x, 1t \pm T) , \tag{4.12b}$$

wobei $T := P \, \tau \, P^{-1}$ gilt.

Zu b):

Die Schwierigkeit einer Darstellung in Matrixform liegt hier darin, daß der Index i im Argument von X_j i.a. von j verschieden ist. Es handelt sich also bei den Spaltenmatrixkomponenten X_j nicht, wie üblich, um *ein*fach, sondern um *zwei*fach indizierte Größen, wie sie bei den Komponenten z.B. quadratischer Matrizen vorkommen. Aus diesem Grund sollen die X_j zunächst als Komponenten einer quadratischen Matrix in der Form

$$\mathbf{X} := \begin{bmatrix} X_1(x, t \pm \tau_1) & X_1(x, t \pm \tau_2) & \cdots & X_1(x, t \pm \tau_n) \\ X_2(x, t \pm \tau_1) & X_2(x, t \pm \tau_2) & \cdots & X_2(x, t \pm \tau_n) \\ \cdot & \cdot & & \cdot \\ \cdot & \cdot & & \cdot \\ X_n(x, t \pm \tau_1) & X_n(x, t \pm \tau_2) & \cdots & X_n(x, t \pm \tau_n) \end{bmatrix} \tag{4.13a}$$

dargestellt werden. Multipliziert man diese Matrix von links mit einer quadratischen Matrix z, deren Elemente gerade die z_{ij} aus (4.11b) sein sollen, dann erhält man:

$$(z \, X)_{ik} = \sum_{j=1}^{n} z_{ij} \, X_j(x, t \pm \tau_k) . \tag{4.13b}$$

Für k = i ergeben sich aus (4.13b) die *Diagonal*elemente von z X, und man erkennt, daß diese Diagonalelemente gerade identisch mit (4.11b) sind. Es wird deshalb ein Operator D eingeführt, welcher jede quadratische Matrix $\mathbf{M}$ zu einer Diagonalmatrix $\mathbf{M}_d$ reduzieren soll, wobei die Diagonalelemente von $\mathbf{M}_d$ identisch mit den entsprechenden Diagonalelementen von $\mathbf{M}$ sein mögen, also

$$M_d = D\,(M)\;.\tag{4.14}$$

Wendet man beispielsweise D auf die in (4.13a) definierte Matrix $\mathbf{X}$ an und multipliziert anschließend von rechts mit der Spalteneinheitsmatrix $\underline{1}$, dann erhält man gerade (4.12a), also $D\,(\mathbf{X})\cdot\underline{1} = \underline{X}$. Es ist unmittelbar zu sehen, daß D ein linearer Operator ist:

$$D\,(M_1 + M_2) = D\,(M_1) + D(M_2)\;,\tag{4.15a}$$

$$K\cdot D\,(M) = D\,(K\cdot M)\;,\quad K \in \mathbb{R}\;.\tag{4.15b}$$

Angewandt auf $\displaystyle\sum_{j=1}^{n} z_{ij}\,X_j(x,\,t \pm \tau_i)$ folgt somit:

$$D\,(z\,\mathbf{X})\cdot\underline{1} = \begin{bmatrix} \displaystyle\sum_{j=1}^{n} z_{1j}\,X_j(x,\,t \pm \tau_1) \\[2mm] \displaystyle\sum_{j=1}^{n} z_{2j}\,X_j(x,\,t \pm \tau_2) \\[1mm] \cdot \\ \cdot \\[1mm] \displaystyle\sum_{j=1}^{n} z_{nj}\,X_j(x,\,t \pm \tau_n) \end{bmatrix}\;.\tag{4.16a}$$

Die Matrixdarstellung von $\mathbf{X}$ läßt sich, insbesondere hinsichtlich der Argumente, auf die gleiche Weise wie für $\underline{X}$ durchführen, und man erhält:

$$D\,(z\,\mathbf{X}) =:\ D\,[z\,\mathbf{X}\,(x,\,1t \pm \tau)]\;.\tag{4.16b}$$

Für den hier i.a. vorkommenden Fall, daß Ausdrücke der Form $D\,[z\,\mathbf{X}\,(x,\,1t \pm \tau)]\cdot\underline{1}$ auftreten, soll noch ein sog. Multiplikationsoperator $\odot$ derart definiert werden, daß gilt:

$$D\,[z\,\mathbf{X}\,(x,\,1t \pm \tau)]\cdot\underline{1} =:\ z \odot \underline{X}\,(x,\,1t \pm \tau)\;.\tag{4.17a}$$

Linksseitige Multiplikation mit $\mathbf{P}$ führt (analog zu 4.12b) auf

$$\mathbf{P}\,[z \odot \underline{X}\,(x,\,1t \pm \tau)] =:\ \mathbf{Z} \otimes \underline{X}_1\,(x,\,1t \pm T)\;.\tag{4.17b}$$

Der Operator $\odot$ in (4.17a) hat also folgende Bedeutung: Erweitere die Spaltenmatrix $\underline{X}$ (deren Elemente zweifach indiziert sind) gemäß (4.13a) zu einer quadratischen Matrix $\mathbf{X}$, multipliziere diese Matrix von links mit der quadratischen Matrix $\mathbf{z}$, erzeuge durch Anwendung des Operators D hieraus eine Diagonalmatrix und fasse schließlich die Elemente dieser Diagonalmatrix durch rechtsseitige Multiplikation mit der Einheitsspaltenmatrix $\underline{1}$ zu einer Spaltenmatrix zusammen. Im Rechtsterm von (4.17b) wurde für den Multiplikationsoperator $\odot$ das Symbol $\otimes$ gewählt, da diesem Operator dort nur eine symbolische Bedeutung zukommt (wie auch (4.12b) im Gegensatz zu (4.12a) nur eine symbolische Bedeutung hat), nämlich die eines einfacheren Umgangs mit den entsprechend dargestellten Geichungen, z.B. bei Umformungen, sowie einer übersichtlicheren Schreibweise. Insbesondere ist es nicht sinnvoll, (4.17b) in analoger Weise wie dies bei (4.17a) möglich ist (und oben erläutert wurde) elementweise "ausrechnen" zu wollen[66]. Die Operatoren $\odot$ bzw. $\otimes$ müssen immer dann eingeführt werden, wenn eine zeitliche Verschiebung des Arguments in $\underline{X}$ bzw. $\underline{X}_1$ in Matrixform notwendig wird, wobei dann z.B. aus dem gewöhnlichen Matrixprodukt $\mathbf{z}\,\underline{X}\,(x,\,t)$ das Produkt $\mathbf{z}\odot\underline{X}\,(x,\,1t\pm\tau)$ und umgekehrt entsteht, also

$$\mathbf{z}\,\underline{X}\,(x,\,t)\quad\overset{\pm\tau}{\underset{\mp\tau}{\rightleftarrows}}\quad \mathbf{z}\odot\underline{X}\,(x,\,1t\pm\tau)\,, \tag{4.17c}$$

entsprechend für den Operator $\otimes$.

Die obige Definition eines Multiplikationsoperators erweist sich außerdem insofern als günstig, als daß im Falle, daß $\mathbf{z}$ eine Diagonalmatrix ist oder daß alle Elemente τ_i von τ gleich sind (speziell: gleich Null), die Operation $\odot$ (und damit auch die Operation $\otimes$) in die gewöhnliche Matrizenmultiplikation zwischen einer quadratischen Matrix und einer Spaltenmatrix übergeht, wie durch Nachrechnen leicht gezeigt werden kann. Im übrigen genügen $\odot$ und $\otimes$ denselben Linearitätsbeziehungen wie der Operator D, es gelten also die Distributivitäten

$$\mathbf{z}\odot(\underline{X}_\alpha+\underline{X}_\beta)=\mathbf{z}\odot\underline{X}_\alpha+\mathbf{z}\odot\underline{X}_\beta\,, \tag{4.18a}$$

$$\mathbf{Z}\otimes(\underline{X}_{1\alpha}+\underline{X}_{1\beta})=\mathbf{Z}\otimes\underline{X}_{1\alpha}+\mathbf{z}\otimes\underline{X}_{1\beta}\,, \tag{4.18b}$$

---

[66] Dies scheitert schon daran, daß die Elemente der Matrix $\mathbf{T}$ im Argument von $\underline{X}_1$ *zwei*fach indizierte Größen, mithin die Elemente von $\underline{X}_1$ *drei*fach indizierte Größen sind.

$$(z_\alpha + z_\beta) \odot \underline{X} = z_\alpha \odot \underline{X} + z_\beta \odot \underline{X} \qquad \text{und} \qquad (4.18c)$$

$$(z_\alpha + z_\beta) \odot \underline{X} = z_\alpha \odot \underline{X} + z_\beta \odot \underline{X} \; . \qquad (4.18d)$$

Die Gültigkeit von (4.18a) und (4.18b) läßt sich unter Anwendung der aus der Matrizenrechnung bekannten Regeln folgendermaßen zeigen:

$$
\begin{aligned}
z \odot (\underline{X}_\alpha + \underline{X}_\beta) \quad &\overset{(4.17a)}{=}\quad D\,[z\,(X_\alpha + X_\beta)]\cdot\underline{1} = D\,(z\,X_\alpha + z\,X_\beta)\cdot\underline{1} \\[4pt]
&\overset{(4.15a)}{=}\quad [D\,(z\,X_\alpha) + D\,(z\,X_\beta)]\cdot\underline{1} = D\,(z\,X_\alpha)\cdot\underline{1} + D\,(z\,X_\beta)\cdot\underline{1} \\[4pt]
&\overset{(4.17a)}{=}\quad z \odot \underline{X}_\alpha + z \odot \underline{X}_\beta \quad , \qquad\qquad \text{w.z.z.w.}
\end{aligned}
$$

$$
\begin{aligned}
Z \otimes (\underline{X}_{1\alpha} + \underline{X}_{1\beta}) \quad &\overset{(4.17b)}{=}\quad P\,[z \odot (\underline{X}_\alpha + \underline{X}_\beta)] \\[4pt]
&\overset{(4.18a)}{=}\quad P\,(z \odot \underline{X}_\alpha + z \odot \underline{X}_\beta) = P\,(z \odot \underline{X}_\alpha) + P\,(z \odot \underline{X}_\beta) \\[4pt]
&\overset{(4.17b)}{=}\quad Z \otimes \underline{X}_{1\alpha} + Z \otimes \underline{X}_{1\beta} \quad , \qquad\qquad \text{w.z.z.w.}
\end{aligned}
$$

Die Gleichungen (4.18c, d) ergeben sich auf analoge Weise.

Abschließend stellt sich noch die Frage, wie Ausdrücke der Form $Z_\alpha \, (Z_\beta \otimes \underline{X}_1)$ und $Z_\alpha \otimes (Z_\beta \otimes \underline{X}_1)$ (bzw. $z_\alpha \, (z_\beta \odot \underline{X})$ und $z_\alpha \odot (z_\beta \odot \underline{X})$) zu behandeln sind. Sofern keine Vermischung der gewöhnlichen Matrizenmultiplikation mit den neuen Multiplikationsoperatoren auftritt, lassen sich die entsprechenden Ausdrücke einfach ausrechnen, wobei sich

$$z_\alpha \odot (z_\beta \odot \underline{X}) = (z_\alpha \, z_\beta) \odot \underline{X} =: z_\alpha \, z_\beta \odot \underline{X} \qquad (4.18e)$$

und unter Anwendung von (4.17b) entsprechend

$$Z_\alpha \otimes (Z_\beta \otimes \underline{X}_1) = (Z_\alpha \, Z_\beta) \otimes \underline{X}_1 =: Z_\alpha \, Z_\beta \otimes \underline{X}_1 \qquad (4.18f)$$

ergeben. Zusätzlich wurde noch die Konvention eingeführt, daß die gewöhnliche Matrixmultiplikation *vor* den Multiplikationen durch $\odot$ und $\otimes$ zu erfolgen hat, man also auf entsprechende Klammern verzichten kann.

Bei Vermischung der Multiplikationsoperationen ergeben sich erwartungsgemäß kompliziertere Zusammenhänge. So kann man kann z.B. leicht zeigen, daß i.a. $(z_\alpha \, z_\beta) \odot \underline{X} \neq z_\alpha \, (z_\beta \odot \underline{X})$ gilt. Andererseits folgt gemäß (4.17c), daß bei Verschwinden der zeitlichen Verschiebung wieder die gewöhnliche Matrixmultiplikation gelten muß. Es ist deshalb sinnvoll, die zu untersuchenden Ausdrücke derart zu *definieren*, daß man zunächst die vorhandene Zeitverschiebung rückgängig macht, die gewöhnliche Matrizenrechnung anwendet und anschließend die Zeitverschiebung entsprechend (4.17c) wieder einführt (dies ist im übrigen auch für (4.18e, f) möglich, dort aber nicht nötig). Es ergeben sich dann

$$z_\alpha \, (z_\beta \odot \underline{X}) \Rightarrow (z_\alpha \, z_\beta) \odot \underline{X} =: z_\alpha \, z_\beta \odot \underline{X} \qquad \text{bzw.} \qquad (4.18\text{g})$$

$$Z_\alpha \, (Z_\beta \otimes \underline{X}_1) \Rightarrow (Z_\alpha \, Z_\beta) \otimes \underline{X}_1 =: Z_\alpha \, Z_\beta \otimes \underline{X}_1 \, , \qquad (4.18\text{h})$$

d.h. bei Auftreten der in (4.18g, h) dargestellten Linksterme sind diese durch die ebenfalls in (4.18g, h) dargestellten entsprechenden Rechtsterme zu ersetzen.

Mit Hilfe der geschaffenen Werkzeuge lassen sich jetzt (4.10) in ihre endgültige Form bringen:

$$2 \, \underline{V} \, (z_{k+1}, t) = \underline{V} \, (z_k, 1t - T^k) + \underline{V} \, (z_k, 1t + T^k)$$
$$+ \, Z_o \otimes [\, \underline{I} \, (z_k, 1t - T^k) - \underline{I} \, (z_k, 1t + T^k)] \, , \qquad (4.19\text{a})$$

$$2 \, Z_o \, \underline{I} \, (z_{k+1}, t) = \underline{V} \, (z_k, 1t - T^k) - \underline{V} \, (z_k, 1t + T^k)$$
$$+ \, Z_o \otimes [\, \underline{I} \, (z_k, 1t - T^k) + \underline{I} \, (z_k, 1t + T^k)] \, . \qquad (4.19\text{b})$$

T^k ergibt sich aus τ^k gemäß:

$$T^k := P \, \tau^k \, P^{-1} \, . \qquad (4.20)$$

τ^k ist hierbei eine Diagonalmatrix mit den Diagonalelementen τ^k_ν. Mit (4.19) stehen somit zwei Gleichungssysteme zur Verfügung, die es gestatten, aus den Eingangssignalen ($z = z_k$) eines verlustfreien Leitungssystems dessen Ausgangssignale ($z = z_{k+1}$) unmittelbar, d.h. insbesondere ohne den Umweg über numerische Integrationen, zu berechnen. (4.19) ist den Gleichungssystemen (3.110) und (3.124) äquivalent.

Beispiel 4.3:

Die Berechnung der Signalverläufe aus Beispiel 3.9 soll unter Anwendung von (4.19) wiederholt werden. Ferner sind die Matrizen $\mathbf{b}$, $\mathbf{B}$, $\mathbf{C}^{\cdot -1}$, $\mathbf{Z}_o$, $\mathbf{z}$, $\boldsymbol{\tau}^k$ und $\mathbf{T}^k$ zu berechnen.

Lösung: Da keine Reflexionen stattfinden (die Leitung ist unendlich lang), verschwinden alle Terme, in deren Argument vor $\mathbf{T}^k$ ein positives Vorzeichen erscheint, und (4.19) reduzieren sich auf:

$$2\,\underline{V}\,(z_{k+1},\,t) = \underline{V}\,(z_k,\,1t - T^k) + Z_o \otimes \underline{I}\,(z_k,\,1t - T^k)\,, \tag{B47a}$$

$$2\,Z_o\,\underline{I}\,(z_{k+1},\,t) = \underline{V}\,(z_k,\,1t - T^k) + Z_o \otimes \underline{I}\,(z_k,\,1t - T^k)\,. \tag{B47b}$$

Hieraus folgt durch Gleichsetzen unmittelbar die für alle Orte z und alle Zeiten t gültige Beziehung

$$\underline{V}\,(z_{k+1},\,t) = Z_o\,\underline{I}\,(z_{k+1},\,t) \tag{B48a}$$

bzw. zu den Zeitpunkten $1t - T^k$ (Ersatz der gewöhnlichen Matrixmultiplikation durch den Operator $\otimes$) und an der Stelle $z = z_k$

$$\underline{V}\,(z_k,\,1t - T^k) = Z_o \otimes \underline{I}\,(z_k,\,1t - T^k)\,. \tag{B48b}$$

Eingesetzt in (B47a) ergibt sich die erwartete simple Beziehung

$$\underline{V}\,(z_{k+1},\,t) = \underline{V}\,(z_k,\,1t - T^k)\,. \tag{B49}$$

Das Eingangssignal erscheint an der Stelle $z = z_{k+1}$ also lediglich zeitlich verschoben. Durch linksseitige Multiplikation mit $\mathbf{P}$ erhält man

$$\underline{W}\,(z_{k+1},\,t) = \underline{W}\,(z_k,\,1t - \boldsymbol{\tau}^k) \tag{B50a}$$

oder in Komponentenschreibweise

$$W_\nu(z_{k+1},\,t) = W_\nu(z_k,\,t - \tau_\nu^k)\,, \quad \nu = 1,\,2\,. \tag{B50b}$$

Im folgenden sei $z_k = 0$, $z_{k+1} = z$ und damit Δz_k ebenfalls gleich z. Für $W_\nu(0,\,t)$ gelten dann die Werte gemäß (B44), Beispiel 3.9. Entsprechend folgt

$$W_{\nu}(0, t - \tau_{\nu}^k) = V_0/\sqrt{2} \cdot \begin{cases} 0 & t-\tau_{\nu}^k < 0 \\[2mm] \dfrac{t - \tau_{\nu}^k}{\tau} & \text{für} \quad 0 \leq \quad t-\tau_{\nu}^k \leq \tau \\[2mm] 1 & \text{sonst} \end{cases} \tag{B51}$$

Mit $\tau_{\nu}^k = z \cdot b_{\nu} = z/v_{\nu}$ zeigt sich, daß (B51) bis auf den Faktor $V_0/\sqrt{2}$ identisch mit (B45) ist, $W_{\nu}(0, t - \tau_{\nu}^k)$ also im wesentlichen $f_{\nu}(z - v_{\nu}t)$ entspricht. Mit den Werten aus P (Beispiel 3.9) ergibt sich dann für $\underline{V}$ (z, t):

$$\underline{V}\,(z, t) = V_0/2 \begin{bmatrix} W_1(0, t - \tau_1^k) & + & W_2(0, t - \tau_2^k) \\[2mm] W_1(0, t - \tau_1^k) & - & W_2(0, t - \tau_2^k) \end{bmatrix} . \tag{B52}$$

Die Matrix **B** erhält man gemäß $P\,b\,P^{-1}$, wobei sich b durch Radizieren der Diagonalelemente von b^2 errechnet:

$$b = \begin{bmatrix} 13,94 & 0 \\ 0 & 5,899 \end{bmatrix} 10^{-9}\ \text{s/m}\,, \qquad B = \begin{bmatrix} 9,921 & 4,021 \\ 4,021 & 9,921 \end{bmatrix} 10^{-9}\ \text{s/m}\,.$$

Durch Inversion von **C'** folgt $\mathbf{C'}^{-1}$, und Z_0 läßt sich dann entsprechend (3.125) berechnen:

$$\mathbf{C'}^{-1} = \begin{bmatrix} 11,25 & 2,634 \\ 2,634 & 11,25 \end{bmatrix} 10^{-3}\ \text{m/pF}\,, \qquad Z_0 = \begin{bmatrix} 122,3 & 71,40 \\ 71,40 & 122,3 \end{bmatrix} \Omega\,.$$

Mit Hilfe der Ähnlichkeitstransformation $\mathbf{P}^{-1}\,Z_0\,\mathbf{P}$ erhält man z:

$$z = \begin{bmatrix} 193,7 & 0 \\ 0 & 50,86 \end{bmatrix} \Omega\,.$$

Die Tatsache, daß z hier eine Diagonalmatrix ist, folgt aus der Symmetrie des Leitungssystems. Im allgemeinen ist z *keine* Diagonalmatrix! - τ^k ergibt sich aus b durch Multiplikation mit Δz_k, also $\tau^k = \Delta z_k \cdot b$, und $\mathbf{T}^k$ läßt sich schließlich entsprechend (4.20) berechnen:

$$\tau^k = \begin{bmatrix} 278,9 & 0 \\ 0 & 118,0 \end{bmatrix} \text{ps}\,, \qquad \mathbf{T}^k = \begin{bmatrix} 198,4 & 80,44 \\ 80,44 & 198,4 \end{bmatrix} \text{ps}\,.$$

Die Werte in der Diagonalmatrix τ^k entsprechen den Laufzeiten der durch W_1 und W_2 beschriebenen Wellen, deren Zeitverläufe an der Stelle z des Leitungssystems in Bild 3.28 dargestellt sind. ■

Berücksichtigung der Leitungsverluste

Das Gleichungssystem (4.19) gilt bekanntlich nur für den verlustfreien Fall. Tatsächlich hat man es aber i.a. mit verlustbehafteten Leitungen zu tun: der Strom $\underline{I}$ erzeugt an den ohmschen

Leitungswiderständen den Spannungsabfall $\Delta\underline{V}$ = $\mathbf{R'}\cdot\Delta z_k\cdot\underline{I}$. Diese Gleichung kann allerdings nur für eine "hinreichend kurze"[67] Leitungslänge Δz_k näherungsweise gültig sein, da $\underline{I}$ längs der Leitung bekanntlich keine konstanten Werte aufweist. Im folgenden soll deshalb ein solches "hinreichend kurzes" Leitungssystem der Länge Δz_k betrachtet werden. Zur Beschreibung eines derartigen Leitungssystems soll (4.19a) versuchsweise derart modifiziert werden, daß zusätzlich zu $\underline{V}$ (z_{k+1}, t) noch der ohmsche Spannungsabfall $\Delta z_k\cdot\mathbf{R'}\cdot\underline{I}$ (z_{k+1}, t) hinzugenommen wird, also

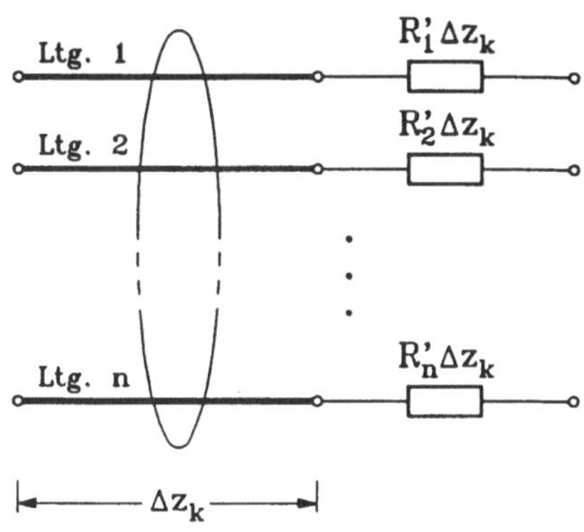

Bild 4.10. Physikalische Interpretation von (4.21)

$$2\,[\,\underline{V}\,(z_{k+1},\,t) + \Delta z_k\cdot\mathbf{R'}\cdot\underline{I}\,(z_{k+1},\,t)\,] \approx \underline{V}\,(z_k,\,1t - T^k) + \underline{V}\,(z_k,\,1t + T^k)$$
$$+ \mathbf{Z}_o \otimes [\,\underline{I}\,(z_k,\,1t - T^k) - \underline{I}\,(z_k,\,1t + T^k)\,]\,, \qquad (4.21)$$

wobei (4.21) jetzt natürlich nur noch *näherungsweise* gelten kann. Physikalisch läßt sich die vorgenommene Modifizierung von (4.19a) interpretieren als die Reihenschaltung eines verlustfreien Leitungssystems der Länge Δz_k mit den ohmschen Widerständen der Matrix $\Delta z_k\cdot\mathbf{R'}$ gemäß Bild 4.10.

(4.21) beschreibt *dann* zusammen mit (4.19b) das verlust*behaftete* Leitungssystem, wenn die vorgenommene Modifikation von (4.19a) zulässig war. Es muß also noch gezeigt werden, daß für verschwindende Leiterlängen (4.21) tatsächlich in die ursprüngliche Differentialgleichung (3.88a) übergeht.

Hierzu werden die in (4.21) auftretenden Ausdrücke in Taylorreihen entwickelt, wobei es, wegen des anschließend durchzuführenden Grenzübergangs $\Delta z_k \to 0$, ausreicht, jeweils die ersten zwei Terme der Taylorentwicklung zu betrachten. Für die Terme $\underline{V}$ (z_{k+1}, t) und $\underline{I}$ (z_{k+1}, t) ergibt sich dann sofort[68]:

---

[67]Was in diesem Zusammenhang "hinreichend kurz" bedeutet, bedarf noch einer näheren Spezifikation. Siehe hierzu Abschn. 4.3.2.

[68]Hinsichtlich der verwendeten Notation siehe Fußnote 11.

$$[\,\underline{V},\,\underline{I}\,]\,(z_{k+1},\,t) = [\,\underline{V},\,\underline{I}\,]\,(z_k+\Delta z_k,\,t)$$

$$\approx [\,\underline{V},\,\underline{I}\,]\,(z_k,\,t) + \Delta z_k\,(\partial/\partial z_k)\,[\,\underline{V},\,\underline{I}\,]\,(z_k,\,t)\;. \tag{4.22}$$

Wegen $\Delta z_k = b_\nu^{-1}\cdot\tau_\nu^k$ gilt auch $\Delta z_k\cdot 1 = b^{-1}\cdot\tau^k$. Daraus folgt durch Multiplikation von links mit $\mathbf{P}$ und von rechts mit $\mathbf{P}^{-1}$ der Ausdruck

$$\Delta z_k\cdot 1 = \mathbf{B}^{-1}\cdot\mathbf{T}^k\;. \tag{4.23}$$

Da $\mathbf{B}^{-1}$ konstant ist, strebt $\mathbf{T}^k$ mit $\Delta z_k \to 0$ in gleicher Weise gegen die Nullmatrix $\mathbf{0}$, so daß sich für die Terme $\underline{V}\,(z_k,\,1t \pm \mathbf{T}^k)$ auf ganz analoge Weise wie für (4.22) die Taylorentwicklung

$$\underline{V}\,(z_k,\,1t \pm \mathbf{T}^k) \approx \underline{V}\,(z_k,\,t) \pm \mathbf{T}^k \cdot \partial\underline{V}\,(z_k,\,t)/\partial t \tag{4.24}$$

ergibt. Komplizierter ist die Situation für die noch zu behandelnden Terme $\underline{I}\,(z_k,\,1t \pm \mathbf{T}^k)$, weil diese Ströme stets (durch den oben definierten Operator $\otimes$) verknüpft mit der Wellenimpedanzmatrix $\mathbf{Z}_0$ auftreten. Betrachtet man hierzu die ν-te Komponente der Spaltenmatrix $\mathbf{z} \odot \underline{I}\,(z_k,\,1t \pm \tau^k)$, dann erhält man

$$[\mathbf{z} \odot \underline{I}\,(z_k,\,1t \pm \tau^k)]_\nu = \sum_{\mu=1}^{n} z_{\nu\mu}\,J_\mu(z_k,\,t \pm \tau_\nu^k)$$

$$\approx \sum_{\mu=1}^{n} z_{\nu\mu}\,J_\mu(z_k,\,t) \pm \sum_{\mu=1}^{n} \tau_\nu^k\,z_{\nu\mu}\,\partial J_\mu(z_k,\,t)/\partial t\;. \tag{4.25}$$

In Matrixschreibweise folgt daraus schließlich

$$\mathbf{Z}_0 \otimes \underline{I}\,(z_k,\,1t \pm \mathbf{T}^k) \approx \mathbf{Z}_0\,\underline{I}\,(z_k,\,t) \pm \mathbf{T}^k\,\mathbf{Z}_0\,\partial\underline{I}\,(z_k,\,t)/\partial t\;. \tag{4.26}$$

Offensichtlich ist hier das Matrixprodukt $\mathbf{T}^k\,\mathbf{Z}_0$ *nicht* kommutativ.

Setzt man die Ausdrücke (4.22), (4.24) und (4.26) in (4.21) ein, dann ergibt sich unter Berücksichtigung von (4.23) und $\Delta z_k \to 0$:

$$-\mathbf{B}\,\mathbf{Z}_0\,\partial\underline{I}\,(z_k,\,t)/\partial t = \partial\underline{V}\,(z_k,\,t)/\partial t + \mathbf{R'}\,\underline{I}\,(z_k,\,t)\;. \tag{4.27}$$

Z_o ist in (3.125) definiert als $\mathbf{B}\ \mathbf{C'^{-1}}$. Somit ist der Term $\mathbf{B}\ Z_o = \mathbf{B}\ \mathbf{B}\ \mathbf{C'^{-1}} = \mathbf{L'C'}\ \mathbf{C'^{-1}} = \mathbf{L'}$, so daß mit $z_k = z$ aus (4.27) genau (3.88a) folgt, w.z.z.w.

(4.21) beschreibt zusammen mit (4.19b) also in der Tat ein verlustbehaftetes Leitungssystem. Exakt gilt dies allerdings nur für $\Delta z_k \to 0$.

4.3.2 Allgemeines Vorgehen zur Simulation

Ein Algorithmus

Für das weitere Vorgehen werden im wesentlichen die unter 4.3.1 hergeleiteten Gleichungen (4.19b) und (4.21) benötigt. Um letztlich zu einem Algorithmus für die Simulation verlustbehafteter Leitungsysteme im Zeitbereich zu gelangen, soll zunächst die Wellenausbreitung längs des Leitungssystems aufgeteilt werden in Wellen, welche sich in positiver z-Richtung ausbreiten und solche, welche sich in negativer z-Richtung ausbreiten. Hierzu werden die Gleichungen (4.19b) und (4.21) sowohl addiert wie auch voneinander subtrahiert, und man erhält[69]

$$\underline{V}\,(z_{k+1}, t) + (Z_o + \Delta z_k\ \mathbf{R'})\ \underline{I}\,(z_{k+1}, t)$$
$$= \underline{V}\,(z_k, 1t - \mathbf{T}^k) + Z_o \otimes \underline{I}(z_k, 1t - \mathbf{T}^k)\,, \qquad (4.28a)$$

$$\underline{V}\,(z_{k+1}, t) - (Z_o - \Delta z_k\ \mathbf{R'})\ \underline{I}\,(z_{k+1}, t)$$
$$= \underline{V}\,(z_k, 1t + \mathbf{T}^k) - Z_o \otimes \underline{I}\,(z_k, 1t + \mathbf{T}^k)\,. \qquad (4.28b)$$

In (4.28) wirkt es noch störend, daß die Rechtsterme (bezogen auf die Linksterme) zum einen zu *vorangegangenen* ((4.28a)), zum anderen zu *zukünftigen* Zeitpunkten ((4.28b)) zu betrachten sind. Aus diesem Grund soll (4.28b) zu solchen Zeitpunkten betrachtet werden, daß t durch $1t - \mathbf{T}^k$ ersetzt wird und man schließlich erhält:

---

[69]Obwohl die folgenden Gleichungen i.a. nicht *exakt* gelten, soll dennoch anstelle des Zeichens $\approx$ das Gleichheitszeichen verwendet werden; dies möge andeuten, daß die Gleichungen bei hinreichend kleiner Wahl von Δz_k *praktisch* exakt sind.

$$\underline{V}(z_k, t) - Z_0 \, \underline{I}(z_k, t)$$

$$= \underline{V}(z_{k+1}, 1t - \mathbf{T}^k) - (Z_0 - \Delta z_k \, \mathbf{R}') \otimes \underline{I}(z_k, 1t + \mathbf{T}^k) \, . \qquad (4.28c)$$

Dort, wo im Argument die Zeitverschiebung auftritt, war die gewöhnliche Matrixmultiplikation durch den vorher definierten Operator $\otimes$ entsprechend zu ersetzen. Bereits hier sind die Vorteile der vereinbarten Schreibweise deutlich zu erkennen: die Darstellung ist vergleichsweise übersichtlich, und die Schreibarbeit wird auf das notwendige Minimum reduziert.

Zur Vereinfachung werden noch abkürzend die Variablen

$$\underline{V}_1^k(t) := \underline{V}(z_{k+1}, t) + (Z_0 + \Delta z_k \, \mathbf{R}') \, \underline{I}(z_{k+1}, t) \qquad \text{und}$$

$$\tag{4.29a,b}$$

$$\underline{V}_2^k(t) := \underline{V}(z_k, t) - Z_0 \, \underline{I}(z_k, t)$$

eingeführt, wobei $\underline{V}_1^k(t)$ dann offensichtlich die Wellenausbreitung in positiver z-Richtung und $\underline{V}_2^k(t)$ die Wellenausbreitung in negativer z-Richtung beschreibt. Eingesetzt in (4.28a) und (4.28c) ergeben sich hieraus die Gleichungssysteme

$$\underline{V}_1^k(t) = 2 \, \underline{V}(z_k, 1t - \mathbf{T}^k) - \underline{V}_2^k(1t - \mathbf{T}^k) \, , \qquad (4.30a)$$

$$\underline{V}_2^k(t) = 2 \, \underline{V}(z_{k+1}, 1t - \mathbf{T}^k) - \underline{V}_1^k(1t - \mathbf{T}^k)$$

$$+ 2 \, \Delta z_k \, \mathbf{R}' \otimes \underline{I}(z_{k+1}, 1t - \mathbf{T}^k) \, . \qquad (4.30b)$$

In Abschn. 4.3.1 wurde darauf hingewiesen, daß die für den verlustbehafteten Fall ermittelte Lösung nur für hinreichend kurze Leitungssysteme gilt, und dies muß natürlich auch auf die oben hergeleiteten Gleichungen (4.30) zutreffen. Sollen nun *beliebig* lange verlustbehaftete Leitungssysteme simuliert werden, dann kann man sich diese Leitungssysteme als aus entsprechend vielen kurzen Leitungssystemstücken, im folgenden auch "Segmente" genannt, zusammengesetzt denken, wobei beispielsweise das k-te Segment die Länge Δz_k aufweist und mit hinreichender Genauigkeit durch die Gleichungen (4.30) beschrieben werden kann. Damit können die durch (4.29) scheinbar willkürlich definierten Variablen $\underline{V}_1^k(t)$ und $\underline{V}_2^k(t)$ jetzt wie folgt interpretiert werden: $\underline{V}_1^k(t)$ und $\underline{V}_2^k(t)$ repräsentieren jeweils n gesteuerte Spannungsquellen, deren Werte aus Spannungen und Strömen zu vorhergehenden Zeitpunkten (entsprechend der Verzögerungsmatrix $\mathbf{T}_k$) gemäß (4.30) resultieren. Zusammen mit (4.29) läßt sich eine Bild 4.10 entsprechende Netzwerkdarstellung angeben (Bild 4.11), aus der die Gleichungen (4.29) unter Anwendung der Kirchhoffschen Gesetze *unmittelbar* ablesbar sind.

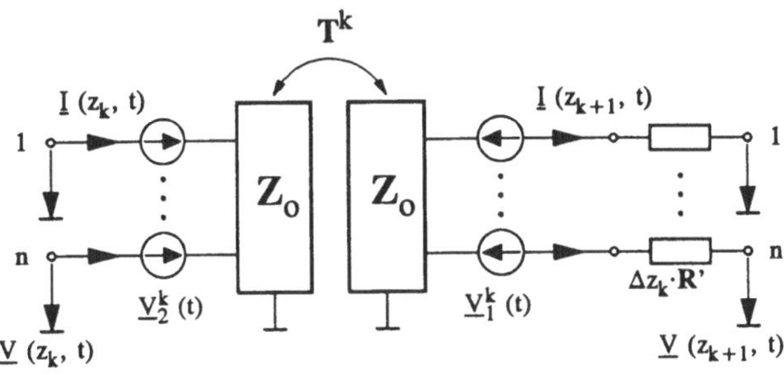

Bild 4.11. k-tes Segment eines verlustbehafteten Leitungssystems

Zur Vereinfachung der späteren Rechnung sollen im folgenden aus (4.30) sowohl die Strom- wie auch die Potentialmatrizen eliminiert werden, so daß schließlich nur noch ein Zusammenhang zwischen den Matrizen $\underline{V}_1^k(t)$ und $\underline{V}_2^k(t)$ besteht, die zur Beschreibung des Signalverhaltens auf dem Leitungssystem ausreichend sind. Aus physikalischen Gründen müssen alle elektrischen Werte im Bereich des k-ten Segments zum Zeitpunkt t aus den Werten zu einem *früheren* Zeitpunkt (Kausalität!) sowohl desselben Segmentes wie auch des vorangehenden Segments (Wellenausbreitung!) resultieren. Dabei ist unter dem "vorangehenden" Segment für jene Wellen, welche sich in positiver z-Richtung ausbreiten, das (k-1)-te und für Wellen, welche sich in negativer z-Richtung ausbreiten, das (k+1)-te Segment zu verstehen. Um letztlich zu dem oben erwähnten Zusammenhang zwischen den Matrizen $\underline{V}_1^k(t)$ und $\underline{V}_2^k(t)$ zu gelangen, sollen deshalb die für das k-te Segment durchgeführten Betrachtungen auch auf das (k+1)-te und das (k-1)-te Segment ausgedehnt werden.

a) (k+1) tes Segment:

Aus (4.29a) erhält man durch Zeitverschiebung und Auflösung nach der Potentialmatrix

$$\underline{V}(z_{k+1}, 1t - \mathbf{T}^k) = \underline{V}_1^k(1t - \mathbf{T}^k) - (Z_o + \Delta z_k \, R') \otimes \underline{I}(z_{k+1}, 1t - \mathbf{T}^k) . \quad (4.31)$$

Entsprechend erhält man durch Subtraktion von (4.29b) an der Stelle z_{k+1} von (4.29a)

$$\underline{V}_1^k(t) - \underline{V}_2^{k+1}(t) = (2 \, Z_o + \Delta z_k \, R') \, \underline{I}(z_{k+1}, t) ; \quad (4.32a)$$

aufgelöst nach der Strommatrix und ebenfalls zeitverschoben ergibt sich hieraus

$$\underline{I}\,(z_{k+1}\,,1t - T^k) = (2\,Z_o + \Delta z_k\,R')^{-1}$$
$$\otimes\,[\,\underline{V}_1^k(1t - T^k) - \underline{V}_2^{k+1}(1t - T^k)]\;. \tag{4.32b}$$

Durch Einsetzen von (4.31) und (4.32b) in (4.30b) erhält man schließlich

$$\underline{V}_2^k(t) = (1-A^k)\otimes\underline{V}_1^k(1t - T^k) + A^k\otimes\underline{V}_2^{k+1}(1t - T^k)\;, \tag{4.33a}$$

wobei abkürzend die Abschwächungsmatrix

$$A^k := 2\,Z_o\,(2\,Z_o + \Delta z_k\,R')^{-1} \tag{4.34}$$

eingeführt wurde. Die Bezeichnung "Abschwächungsmatrix" resultiert daraus, daß über diese Matrix der die Signalamplitude abschwächende Einfluß der ohmschen Leitungsverluste berücksichtigt wird. Insbesondere geht für $R' \to 0$ die Abschwächungsmatrix A^k in die Einheitsmatrix $\mathbf{1}$ über: es findet dann keine Signalabschwächung mehr statt.

b) (k-1)-tes Segment:
Völlig analoge Überlegungen wie unter a), wobei jetzt aber von (4.29a) an der Stelle z_k (4.29b) subtrahiert wird, führen schließlich auf

$$\underline{V}_1^k(t) = (1-A^{k-1})\otimes\underline{V}_2^k(1t - T^k) + A^{k-1}\otimes\underline{V}_1^{k-1}(1t - T^k)\;. \tag{4.33b}$$

(4.33) stellt also gerade den gesuchten Zusammenhang zwischen den Matrizen $\underline{V}_1^k$ und $\underline{V}_2^k$ dar. Die Diskussion von (4.33) ergibt folgenden Sachverhalt:

1. Die Potentiale aller Leitungen werden im Bereich des k-ten Segmentes mit Hilfe der Größen $\underline{V}_1^k$ und $\underline{V}_2^k$ beschrieben und können aus (4.29) jederzeit berechnet werden. Dabei beschreibt $\underline{V}_1^k$ die Wellenausbreitung in positiver z-Richtung und $\underline{V}_2^k$ die Wellenausbreitung in negativer z-Richtung.

2. $\underline{V}_1^k$ ($\underline{V}_2^k$) errechnet sich aus den Werten $\underline{V}_2^k$ ($\underline{V}_1^k$) desselben Segmentes zu früheren Zeitpunkten und aus den Werten $\underline{V}_1^{k-1}$ ($\underline{V}_2^{k+1}$) des (k-1)-ten ((k+1)-ten) Segmentes, ebenfalls zu vorhergehenden Zeitpunkten, wie es aus Gründen der Kausalität sein muß.

3. Die die Wellenausbreitung bestimmenden Leitungsparameter werden im wesentlichen durch die Zeitmatrix $\mathbf{T}^k$ und zum Teil auch durch die Abschwächungsmatrix $\mathbf{A}^k$ bzw. $\mathbf{A}^{k-1}$ repräsentiert. Die Leitungsverluste werden allein in der Abschwächungsmatrix berücksichtigt.

Damit ist eine allgemeine Vorgehensweise bzw. ein Algorithmus zur Berechnung verlustbehafteter gekoppelter Leitungssysteme gefunden. Im folgenden Unterabschnitt soll diese Vorgehensweise bezüglich der Implementierung als Computerprogramm konkretisiert werden.

Implementierung als Computerprogramm

Um eine Leitungssimulation konkret durchführen zu können, werden die im folgenden allein benötigten Gleichungen (4.30) und (4.33) durch linksseitige Multiplikationen mit der inversen Transformationsmatrix $\mathbf{P}^{-1}$ und unter Berücksichtigung von (4.15-17) auf Skalarform gebracht:

$$\widetilde{V}^{k}_{1\nu}(t) = 2W_\nu(z_k, t\text{-}\tau^k_\nu) - \widetilde{V}^{k}_{2\nu}(t\text{-}\tau^k_\nu) \, , \tag{4.34a}$$

$$\widetilde{V}^{k}_{2\nu}(t) = 2W_\nu(z_{k+1}, t\text{-}\tau^k_\nu) - \widetilde{V}^{k}_{1\nu}(t\text{-}\tau^k_\nu) + 2\,\Delta z_k \sum_{\mu=1}^{n} r'_{\nu\mu}\, J_\mu(t\text{-}\tau^k_\nu) \, . \tag{4.34b}$$

Hierbei wurden $\underline{\widetilde{V}}^{k}_{1} := \mathbf{P}^{-1}\,\underline{V}^{k}_{1}$, $\underline{\widetilde{V}}^{k}_{2} := \mathbf{P}^{-1}\,V^{k}_{2\nu}$ und $\mathbf{r}' := \mathbf{P}^{-1}\,\mathbf{R}'\,\mathbf{P}$ definiert. Es ist zu beachten, daß $\mathbf{r}'$ im Gegensatz zu $\mathbf{R}'$ i.a. *keine* Diagonalmatrix sein wird.- Entsprechend folgt aus (4.33)

$$\widetilde{V}^{k}_{2\nu}(t) = \sum_{\mu=1}^{n} [(\delta_{\nu\mu} - a^{k}_{\nu\mu})\, \widetilde{V}^{k}_{1\mu}(t\text{-}\tau^k_\nu) + a^{k}_{\nu\mu}\, \widetilde{V}^{k+1}_{2\mu}(t\text{-}\tau^k_\nu)] \, , \tag{4.35a}$$

$$\widetilde{V}^{k}_{1\nu}(t) = \sum_{\mu=1}^{n} [(\delta_{\nu\mu} - a^{k-1}_{\nu\mu})\, \widetilde{V}^{k}_{2\mu}(t\text{-}\tau^k_\nu) + a^{k-1}_{\nu\mu}\, \widetilde{V}^{k-1}_{1\mu}(t\text{-}\tau^k_\nu)] \, , \tag{4.35b}$$

wobei $\mathbf{a}^k := \mathbf{P}^{-1}\,\mathbf{A}^k\,\mathbf{P}$ definiert wurde und $\delta_{\nu\mu}$ das bekannte Kronecker-Symbol ist[70]. $\mathbf{a}^k$ ist i.a. *keine* Diagonalmatrix, d.h. obwohl die Leitungen des (verlustfreien) Leitungssystems durch Transformation entkoppelt sind, kommt es aufgrund der Leitungsverluste wieder zu einer Verkopplung zwischen den einzelnen Leitungen.

---

[70]Das Kronecker-Symbol ist wie folgt definiert: $\delta_{\nu\mu} = 1$ für $\nu = \mu$ und $\delta_{\nu\mu} = 0$ für $\nu \neq \mu$.

Im folgenden sollen die Längen Δz_k der einzelnen Segmente gleich lang gewählt werden[71], also $\Delta z_k = \Delta z = $ const. Hieraus folgt sofort $\mathbf{A}^k = \mathbf{A} = \mathbf{const}$ und $\mathbf{T}^k = \mathbf{T} = \mathbf{const}$. Weiterhin soll aus Symmetriegründen das letzte Segment des Leitungssystems als verlust*frei* betrachtet, so daß man die neue Widerstandsbelagsmatrix

$$\mathbf{R'}^* := \mathbf{R'} \cdot l/(1 - \Delta z) \tag{4.36}$$

erhält, wo l die gesamte Länge des Leitungssystems ist. $\mathbf{R'}^*$ wurde also so definiert, daß $(m - 1) \cdot \Delta z \cdot \mathbf{R'}^*$ gerade die Matrix der Gesamtwiderstände $\mathbf{R}_{ges}$ des Leitungssystems bildet (m = Anzahl der Segmente), wie es sein muß, wenn die Verluste auf nur noch (m - 1) der m Segmente verteilt sind. Entsprechend erhält man auch eine neue Abschwächungsmatrix $\mathbf{A}^* := 2 \, \mathbf{Z}_0 \, (2\mathbf{Z}_0 + \Delta z \, \mathbf{R'}^*)^{-1}$ bzw. auch $\mathbf{a}^* := \mathbf{P}^{-1} \, \mathbf{A}^* \, \mathbf{P}$. Der Algorithmus zur Leitungssimulation läßt sich dann wie folgt angeben:

1. Setze die *Anfangsbedingungen*, also alle Werte zum Zeitpunkt t = 0 (z.B. $\underline{V}(z, 0) = \underline{0} \; \forall \, z \in [>0, l], \, l = $ Leitungslänge). Ferner sei $\nu = 1$, und eine Zählvariable i sei ebenfalls auf 1 gesetzt.

2. Berechne die Werte für das *erste* Segment (k = 1) gemäß (4.34a) zu

$$\widetilde{V}\,^1_{1\nu}(i\tau_\nu) = 2W_\nu(0, (i-1)\tau_\nu) - \widetilde{V}\,^1_{2\nu}[(i-1)\tau_\mu] \, .$$

Hierbei wurde definiert: $z_1 := 0$.

3. Berechne die Werte für das *letzte* Segment (k = m) gemäß (4.34b) zu

$$\widetilde{V}\,^m_{2\nu}(i\tau_\nu) = 2W_\nu(l, (i-1)\tau_\nu) - \widetilde{V}\,^m_{1\nu}[(i-1)\tau_\nu]$$

mit $z_{m+1} = m \cdot \Delta z = l$.

4. Berechne beginnend mit k = 2 alle Werte für die sich in positiver z-Richtung ausbreitende Welle gemäß (4.35b) zu

---

[71]Dies ist keineswegs notwendig, in den meisten Fällen aber sicherlich sinnvoll.

$$\widetilde{V}_{1\nu}^{k}(i\tau_\nu) = \sum_{\mu=1}^{n} [(\delta_{\nu\mu} - a_{\nu\mu}^{*})\, \widetilde{V}_{2\mu}^{k}[(i-1)\tau_\nu] + a_{\nu\mu}^{*}\, \widetilde{V}_{1\mu}^{k-1}[(i-1)\tau_\mu]$$

bis k = m.

5. Berechne beginnend mit k = m-1 alle Werte für die sich in negativer z-Richtung ausbreitende Welle gemäß (4.35a) zu

$$\widetilde{V}_{2\nu}^{k}(i\tau_\nu) = \sum_{\mu=1}^{n} [(\delta_{\nu\mu} - a_{\nu\mu}^{*})\, \widetilde{V}_{1\mu}^{k}[(i-1)\tau_\nu] + a_{\nu\mu}^{*}\, \widetilde{V}_{2\mu}^{k+1}[(i-1)\tau_\mu]$$

bis k = 1.

6. Inkrementiere ν und gehe zurück zu Schritt 2. bis einschließlich ν = n.

$\big[$ 7. Setze ν = 1, inkrementiere i und gehe zurück zu Schritt 2. $\big]$

Wie sich im folgenden zeigen wird, bedarf Schritt 7 bei Anwendung auf Mehrfachleitungen noch einer Modifikation. Zunächst soll aber die bisher recht abstrakt dargestellte Vorgehensweise am Beispiel der Simulation einer Einzelleitung erläutert werden.

Beispiel 4.4:

Gemäß obigem Algorithmus soll das Ausgangspotential V (z=1, t) einer am Ende offenen, verlustbehafteten Einzelleitung der Länge l = 1cm bis zum Zeitpunkt t = 0,75 ns berechnet werden. Die Leitung weist die Beläge L' = 1,5 μH/m, C' = 122 pF/m sowie den Widerstandsbelag R' = 10 kΩ/m auf. Angesteuert wird die Leitung mit einem sprungförmigen Signal der Amplitude 5 V, also V (z=0, t) = 5 V für t $\geq$ 0 und V (z=0, t) = 0 für t < 0. Bei der Berechnung sollen 4 Segmente (d.h. m = 4) zugrundegelegt werden. Das Ausgangssignal soll graphisch dargestellt werden.

Lösung: Da es sich um eine Einzelleitung handelt, ist es nicht mehr nötig, zwischen den Originalgrößen $\underline{V}$ und den transformierten Größen $\underline{W}$ zu unterscheiden. Entsprechendes gilt für $\underline{V}_1^k$ (bzw. $\underline{V}_2^k$) und $\widetilde{\underline{V}}_1^{\,k}$ (bzw. $\widetilde{\underline{V}}_2^{\,k}$). Auch handelt es sich nicht mehr um Matrizen, so daß die Unterstreichung bzw. der Fettdruck entfallen kann. Ansonsten sollen aber die oben gewählten Bezeichnungsweisen beibehalten werden, um einen direkten Vergleich mit der allgemeinen Darstellung des Algorithmus zu ermöglichen. Die Vorgehensweise ist dann die folgende:

1. Setze alle Potentiale auf der Leitung (bis auf das Eingangssignal) gleich Null für t = 0. Setze i = 1. Das Eingangssignal beträgt konstant 5 V.

2.   Berechne die Werte für das *erste* Segment (k = 1):

$$V_{11}^{1}(i\tau) = 2\,V\,(0,\,(i\text{-}1)\tau) - V_{21}^{1}[(i\text{-}1)\tau]\,.$$

3.   Berechne die Werte für das *letzte* Segment (k = 4):

$$V_{21}^{4}(i\tau) = 2\,V\,(l,\,(i\text{-}1)\tau) - V_{11}^{4}[(i\text{-}1)\tau]\,.$$

4.   Berechne beginnend mit k = 2 alle Werte für die sich in positiver z-Richtung ausbreitende Welle bis k = 4:

$$V_{11}^{k}(i\tau) = (1 - A^{*})\,V_{21}^{k}[(i\text{-}1)\tau] + A^{*}\,V_{11}^{k\text{-}1}[(i\text{-}1)\tau]\,.$$

5.   Berechne beginnend mit k = m-1 = 3 alle Werte für die sich in negativer z-Richtung ausbreitende Welle bis k = 1:

$$V_{21}^{k}(i\tau) = (1 - A^{*})\,V_{11}^{k}[(i\text{-}1)\tau] + A^{*}\,V_{21}^{k+1}[(i\text{-}1)\tau]\,.$$

7.   Inkrementiere i und gehe zurück zu Schritt 2.

Da es sich nur um eine einzelne Leitung handelt, kann Schritt 6. entfallen. Die eigentliche Berechnung läßt sich am einfachsten in Tabellenform durchführen. In eine solche Tabelle müssen im wesentlichen die Werte der gesteuerten Quellen V_{11}^{1} ... V_{11}^{4} zur Beschreibung der *hin*laufenden Welle sowie der gesteuerten Quellen V_{21}^{1} ... V_{21}^{4} zur Beschreibung der *rück*laufenden Welle eingetragen werden. Dies ist in Tabelle 4.3 dargestellt. Zusätzlich wurden die Potentialwerte V (z=0) und V (z=l) an Leitungseingang und Leitungsausgang aufgenommen. Sie errechnen sich i.a. unter Berücksichtigung der peripheren Bauelemente (z.B. Innenwiderstände und Lastwiderstände); im vorliegenden Fall ist aufgrund des ausgangsseitigen Leerlaufs V (z=l) $\equiv V_{21}^{4}$, und V (z=0) ist gleich dem Signalwert der steuernden Spannungsquelle, also V (z=0) $\equiv$ 5 V. Ebenfalls in Tabelle 4.3 aufgenommen wurde die Laufvariable i sowie die Zeit als ganzzahliges Vielfaches der Laufzeit τ eines Segmentes. Sie ergibt sich zu $\tau = \Delta z \cdot (L'C')^{1/2}$ = 33,8 ps. In Bild 4.12 ist der Ausgangssignalverlauf dargestellt (dicke Linie), wobei aber die Rechnung bis t = 2 ns durchgeführt wurde, so daß man erkennen kann, daß sich schließlich ein Ausgangspegel von 5 V einstellt, wie es auch sein muß. Des weiteren wurde zum Vergleich der exakte Signalverlauf (dünne Linie) dargestellt, wie man ihn bei Verwendung von mehr als nur vier Segmenten erzielt. Man erkennt, daß offenbar bereits vier Segmente ausreichen, um den Signalverlauf recht gut abschätzen zu können. Dies liegt daran, daß im vorliegenden Fall die Leitungsverluste recht klein gewählt wurden, um eben noch eine Handrechnung unter Verwendung weniger Segmente zu ermöglichen. Aus den Überlegungen in Abschn. 4.3.1 geht ja hervor, daß eine Segmentierung nur hinsichtlich der Leitungsverluste notwendig ist, man also für verlustfreie Leitungssysteme mit einem einzigen Segment auskommt, wobei zu erwarten ist, daß man im Fall schwacher Verluste nur eine geringe Anzahl von Segmenten benötigt. Hierauf wird im folgenden noch eingegangen.

Hinsichtlich der Behandlung von Mehrfachleitungen ist der oben beschriebene Algorithmus schematisch in Bild 4.13 dargestellt: Es soll z.B. der die Wellenausbreitung in positiver z-

Tabelle 4.3. Potentialwerte auf der Einzelleitung in Volt (alle Werte für t = (i-1)τ; alle Zeiten in ps)

i	(i-1)τ	V (z=0)	V_{21}^1	V_{11}^1	V_{21}^2	V_{11}^2	V_{21}^3	V_{11}^3	V_{21}^4	V_{11}^4	V (z=1)
1	0	5	0	0	0	0	0	0	0	0	0,00
2	33,8	5	0,00	10,00	0,00	0,00	0,00	0,00	0,00	0,00	0,00
3	67,6	5	1,31	10,00	0,00	8,70	0,00	0,00	0,00	0,00	0,00
4	101,4	5	1,31	8,69	1,14	8,70	0,00	7,57	0,00	0,00	0,00
5	135,2	5	2,13	8,69	1,14	7,71	0,99	7,57	0,00	6,59	6,59
6	169,0	5	2,13	7,87	1,87	7,71	0,99	6,84	6,59	6,59	6,59
7	202,8	5	2,66	7,87	1,87	7,09	6,63	6,84	6,59	6,81	6,81
8	236,6	5	2,66	7,34	6,70	7,09	6,63	7,04	6,81	6,81	6,81
9	270,4	5	6,79	7,34	6,70	7,26	6,85	7,04	6,81	7,02	7,02
10	304,2	5	6,79	3,21	6,91	7,26	6,85	7,21	7,02	7,02	7,02
11	338,0	5	6,43	3,21	6,91	3,70	7,05	7,21	7,02	7,19	7,19
12	371,8	5	6,43	3,57	6,62	3,70	7,05	4,14	7,19	7,19	7,19
13	405,6	5	6,23	3,57	6,62	3,97	6,80	4,14	7,19	4,54	4,54
14	439,4	5	6,23	3,77	6,44	3,97	6,80	4,34	4,54	4,54	4,54
15	473,2	5	6,10	3,77	6,44	4,12	4,52	4,34	4,54	4,37	4,37
16	507,0	5	6,10	3,90	4,47	4,12	4,52	4,18	4,37	4,37	4,37
17	540,8	5	4,40	3,90	4,47	3,98	4,35	4,18	4,37	4,21	4,21
18	574,6	5	4,40	5,60	4,31	3,98	4,35	4,03	4,21	4,21	4,21
19	608,4	5	4,48	5,60	4,31	5,44	4,19	4,03	4,21	4,06	4,06
20	642,2	5	4,48	5,52	4,36	5,44	4,19	5,28	4,06	4,06	4,06
21	676,0	5	4,52	5,52	4,36	5,37	4,22	5,28	4,06	5,13	5,13
22	709,8	5	4,52	5,48	4,37	5,37	4,22	5,22	5,13	5,13	5,13
23	743,6	5	4,52	5,48	4,37	5,34	5,15	5,22	5,13	5,21	5,21

Richtung auf der ν-ten Leitung und für das k-te Segment beschreibende Wert $\widetilde{V}_{1\nu}^k$ zum Zeitpunkt t berechnet werden (siehe Schritt 4. des Algorithmus bzw. (4.35b)). Die dargestellten Rechteckflächen reprä-sentieren die Menge der Werte aller gesteuerten Quellen jeweils in Abhängigkeit von der gewählten Leitung (Ltg.#) und der Zeit t. Jedem Segment sind *zwei* derartige Flächen zugeordnet: die jeweils *rechte* Fläche repräsentiert die Menge der für die Wellenausbrei-tung in *positiver* z-Richtung ver-

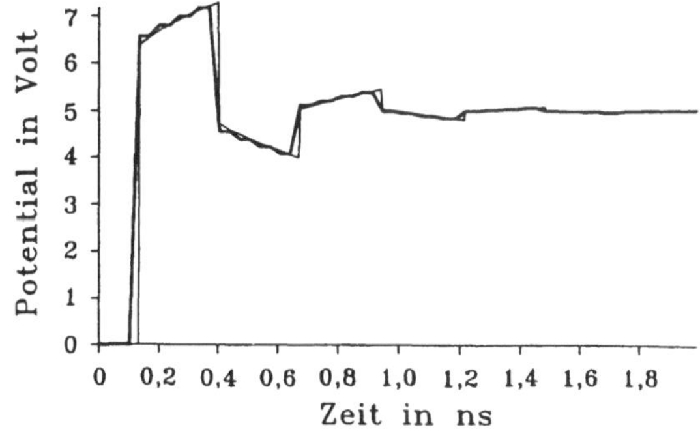

Bild 4.12. Signalverlauf am Leitungsausgang

antwortlichen gesteuerten Spannungsquellen (erster unterer Index = 1), die jeweils *linke* Fläche die Menge der für die Wellenausbreitung in *negativer* z-Richtung verantwortlichen gesteuerten Spannungsquellen (erster unterer Index = 2). Man erkennt unmittelbar, daß sich $\tilde{V}^k_{1\nu}$ sowohl aus *allen* Werten $\tilde{V}^{k-1}_{2\mu}(t-\tau_\nu)$ des *vorangehenden* (k-1)-ten Segmentes wie auch aus *allen* Werten $\tilde{V}^k_{2\mu}(t-\tau_\nu)$ *desselben*, also des k-ten Segments, linear zusammensetzt. Weiterhin ist erkennbar, daß dann alle benötigten Werte $\tilde{V}^{k-1}_{2\mu}$ und $\tilde{V}^k_{2\mu}$ für den Zeitpunkt t-τ_ν bekannt sein müssen. Dies ist aber i.a. *nicht* der Fall: Vielmehr sind alle Werte zwar zum Zeitpunkt t = 0 bekannt, aber bereits nach dem ersten Rechenschritt erhält man die aktuellen Werte der ν-ten Leitung zum Zeitpunkt τ_ν, jene der μ-ten Leitung zum Zeitpunkt τ_μ, wobei τ_ν und τ_μ i.a. paarweise voneinander verschieden sind. Somit bereitet bereits die Durchführung des *zweiten* Rechenschritts, also die Berechnung der Werte zu den Zeitpunkten 2 τ_ν, ν = 1, ..., n, Schwierigkeiten. Dies wird graphisch in Bild 4.14 verdeutlicht: Die oberen waagerechten Linien sollen sämtliche, die Wellenausbreitung beschreibenden Werte zum Zeitpunkt t = 0 darstellen. Dabei repräsentiert die links oben liegende Linie die Werte der ersten Leitung (ν = 1), die daneben liegende Linie die Werte der zweiten Leitung (ν = 2) usf. Aus dem angegebenen Algorithmus folgt dann, daß sich hieraus ohne Schwierigkeiten alle Werte z.B. der ersten Leitung zum Zeitpunkt τ_1, alle Werte der zweiten Leitung zum Zeit-

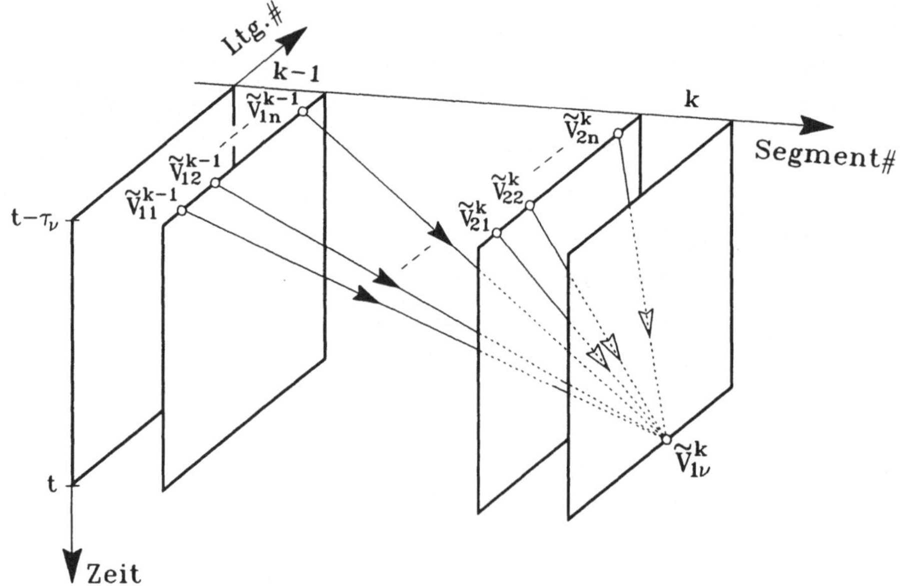

Bild 4.13. Schematische Darstellung der Wirkungsweise des Algorithmus

punkt τ_2 usw. berechnen lassen. Auch diese Werte sind in Bild 4.14 in Form waagerechter Linien dargestellt. Die von den Leitungswerten zum Zeitpunkt t = 0 ausgehenden und zu den Werten der zweiten Leitung zum Zeitpunkt τ_2 hinweisenden Pfeile sollen andeuten, daß sich die letzteren Werte aus den zeitlich vorhergehenden Werten aller

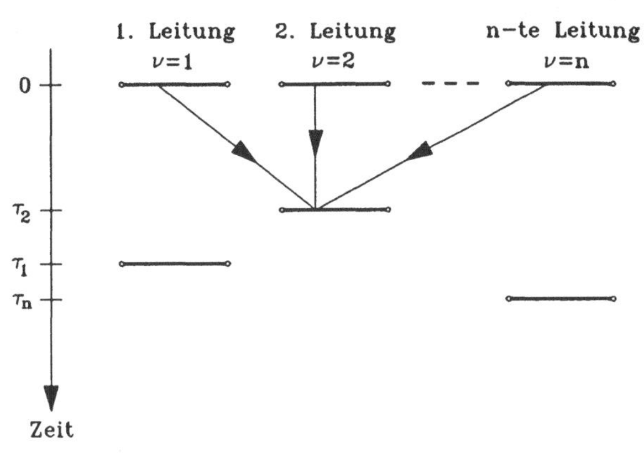

Bild 4.14. Berechnung der Werte für t = τ_1, ..., τ_n

Leitungen ergeben, wie dies bereits in Bild 4.13 verdeutlicht wurde. Dies gilt natürlich nicht nur für die zweite Leitung, sondern für sämtliche Leitungen. Sollen nun z.B. die Werte der *ersten* Leitung zum Zeitpunkt 2 τ_1 bestimmt werden, so ist dies deshalb nicht möglich, weil die hierfür benötigten Werte der übrigen Leitungen zum Zeitpunkt t = τ_1 nicht zur Verfügung stehen. Lediglich für den Fall, daß die Segmentlaufzeiten τ_μ *aller* übrigen Leitungen (μ = 2, ..., n) *sämtlich* größer als τ_1 sind, lassen sich die benötigten Werte durch (im einfachsten Fall: lineare) Interpolation bestimmen. Dies ist in Bild 4.15 (für den Fall n = 3) angedeutet (die gestrichelten Linien repräsentieren die interpolierten Werte der ersten und n-ten Leitung). Erhebt man dieses Verfahren zum Prinzip, dann können neue Werte immer für jene Leitung errechnet werden, deren aktuelle Werte den kleinsten Zeitindex besitzen. Im vorliegenden Fall (Bild 4.15) ist dies (für n = 3) Leitung 2, da hierfür gilt:

$$t_2^{aktuell} < t_1^{aktuell} < t_n^{aktuell}$$ mit $t_2^{aktuell} = \tau_2$, $t_1^{aktuell} = \tau_1$ und $t_n^{aktuell} = \tau_n$ (siehe Bild 4.14). Für den nächsten Simulationsschritt (siehe Bild 4.15) gilt dann: $t_1^{aktuell} < t_n^{aktuell} < t_2^{aktuell}$ mit $t_1^{aktuell} = \tau_1$, $t_n^{aktuell} = \tau_n$ und $t_2^{aktuell} = 2 \cdot \tau_2$, so daß nun die neuen Werte für

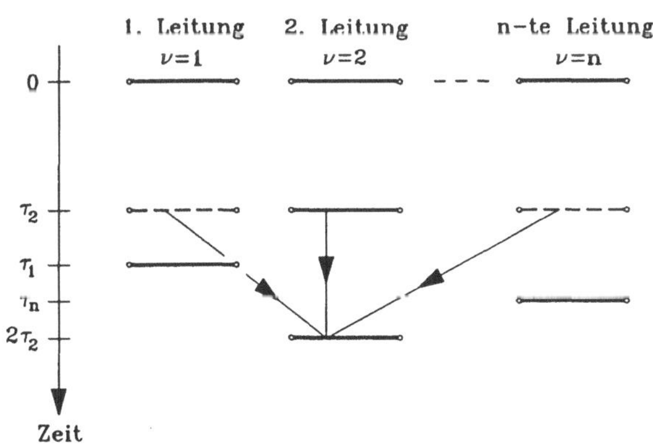

Bild 4.15. Berechnung der Werte der zweiten Leitung zum Zeitpunkt t = $2 \cdot \tau_2$

Leitung 1 berechnet werden können usw. Es ist hieraus weiter erkennbar, daß man neben den aktuellen Werten (also den Werten zu allen Zeitpunkten $t_\mu^{aktuell}$) wenigstens noch die Werte zu den vorherigen Zeitpunkten $t_\mu^{vor} = t_\mu^{aktuell} - \tau_\mu$ benötigt, um eine Interpolation durchführen zu können. Schritt 7 des Algorithmus ist jetzt also derart zu modifizieren, daß gilt:

7.   Wähle die Leitung mit der kleinsten aktuellen Zeit $i{\cdot}\tau_\nu$, inkrementiere i *für diese Leitung* (es ist also notwendig, n verschiedene Zählvariablen i einzuführen) und gehe zurück zu Schritt 2. Von nun an überspringe Schritt 6.

Fehlerabschätzung

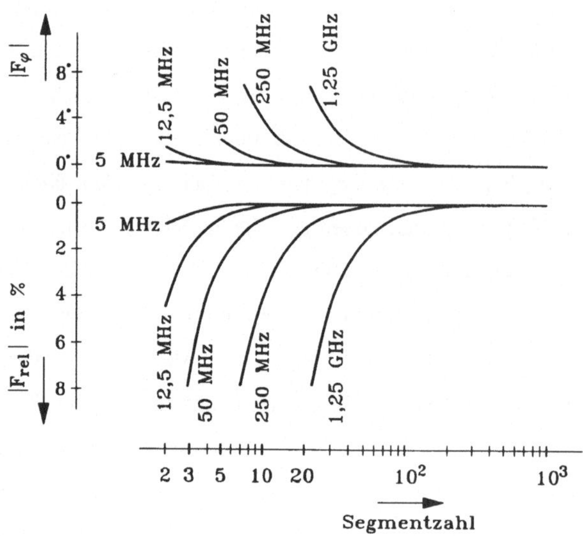

Bild 4.16. Einfluß der Segmentierung auf die Simulationsgenauigkeit

Abschließend soll noch eine Fehlerabschätzung für das vorgestellte Verfahren vorgenommen werden. Aufgrund der notwendigen Segmentierung des Leitungssystems muß es bei der Simulation zu Abweichungen der Resultate gegenüber jenen Resultaten kommen, die man für eine unsegmentierte Leitung erhielte. Zur exemplarischen Bestimmung dieser Abweichungen soll eine kurze, sehr stark verlustbehaftete Leitung

untersucht werden[72]. Die Leitung wurde entsprechend obigem Algorithmus in Segmente zerlegt und mit einem sinusförmigen Signal so lange stimuliert, bis sich am Leitungsende der

---

[72] Zugrundegelegt wurde eine 1 mm lange Leitung mit einem Widerstandsbelag von ca. 30 MΩ/m. Solch hohe Widerstandsbeläge sind natürlich unrealistisch und treten in dieser Größenordnung höchstens bei Polisiliziumleitungen auf, die aber dann kaum eine derart große Leitungslänge aufweisen werden. Die angegebenen Leitungsdaten wurden für die Fehlerabschätzung bezüglich der Segmentierung nur deshalb so gewählt, damit es überhaupt zu einem signifikanten Fehler kommt, wie aus Bild 4.16 zu erkennen ist.

eingeschwungene Zustand eingestellt hatte. Diese Antwort der Leitung wurde dann nach Betrag und Phase mit jener verglichen, die man durch einfache Handrechnung im Frequenzbereich erhält. Bild 4.16 zeigt die Resultate: Wie nicht anders zu erwarten, nimmt der Betrag des relativen Amplitudenfehlers $|F_{rel}|$ mit wachsender Anzahl der Segmente ab und strebt gegen Null. Dasselbe gilt auch für den Betrag des absoluten Phasenfehlers $|F_\varphi|$. Ebenfalls zu erkennen ist, daß die Fehler mit wachsender Frequenz zunehmen. Soll beispielsweise der relative Amplitudenfehler einen Wert von 3% bei einer maximalen Frequenz von ca. 1 GHz nicht überschreiten, so muß die vorliegende Leitung für die Simulation in mindestens 30 Segmente zerlegt werden.

Zu einer Fehlerzunahme kommt es außerdem mit wachsender Leitungslänge bzw. mit wachsendem Widerstandsbelag. Dies ist zwar nicht aus Bild 4.16 ersichtlich, wird aber klar, wenn man sich daran erinnert, daß im Falle verlustloser Leitungen mit der exakten Lösung gerechnet werden kann, eine Segmentierung also nicht mehr nötig ist. Insgesamt ist erkennbar, daß die benötigte Anzahl von Segmenten für die auf integrierten Schaltungen real vorkommenden Leitungen (d.h Leitungen bis zu einigen Zentimetern Länge bei Widerstandsbelägen von einigen 10 kΩ/m) bis zu hohen Signalfrequenzen (einige GHz) relativ gering sein wird. Für Leitungen auf anderen Substraten, z.B. auf Boards, sind die Widerstandsbeläge i.a. so gering, daß man in den meisten Fällen mit erheblich weniger Segmenten auskommt als bei integrierten Schaltungen.

4.3.3 Simulationsresultate

Als Abschluß des Abschnitts 4.3 sollen Simulationsresultate für die Simulation im Zeitbereich vorgestellt werden, die mit Hilfe des unter 4.3.2 beschriebenen Algorithmus erzielt wurden. Um die Resultate mit jenen aus Abschn. 4.1 (Simulation mit Hilfe eines Netzwerkanalyseprogramms) und Abschn. 4.2 (Simulation im Frequenzbereich) sowohl hinsichtlich Rechenzeit wie auch Simulationsgenauigkeit miteinander vergleichen zu können, wurden dieselben Schaltungen und Signalquellen wie in den oben genannten Abschnitten benutzt. Bild 4.17 zeigt das Simulationsresultat unter Verwendung von 10 Segmenten. Es entspricht *exakt* den in Abschn. 4.2.2 in Bild 4.6 bzw. Bild 4.7 dargestellten Verläufen. Eine geringe Welligkeit, teilweise erkennbar auf dem eingekoppelten Signal (mittlere Leitung), ist auf die geringe

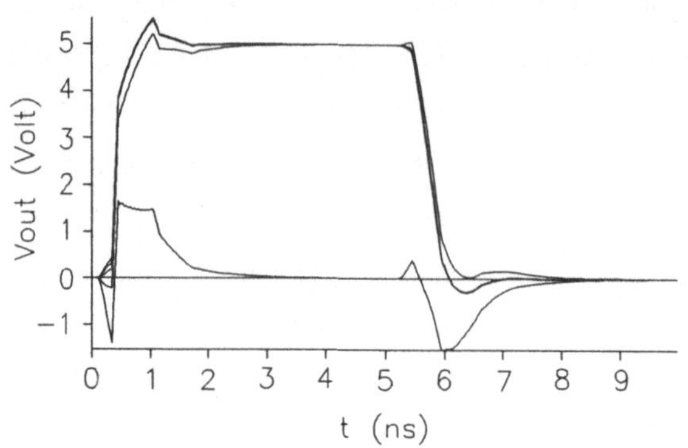

Bild 4.17. Simulation im Zeitbereich bei Erregung mit Trapezsignal (10 Segmente)

Segmentierung zurückzuführen. Dies wird deutlich, wenn man die gleiche Simulation anstelle von 10 Segmenten mit 50 Segmenten durchführt (Bild 4.18): Die Signalverläufe wirken etwas ruhiger, ansonsten sind die Resultate aber identisch, d.h. offenbar reichen 10 (oder maximal 15) Segmente für die hier vorgestellte Simulation vollständig aus. Die Rechenzeit betrug für

10 Segmente 2,7 Sekunden, für 50 Segmente 42 Sekunden. Damit liegt die Simulationsgeschwindigkeit bei gleicher Simulationsqualität etwa um den Faktor 2 höher als bei der Simulation im Frequenzbereich. Der Vorteil der Simulation im Zeitbereich liegt aber weniger in einem zusätzlichen Zeitgewinn (die Simulationszeiten für Zeitbereich- und Frequenzbereichsimulation liegen ja in derselben Größenordnung), sondern, wie schon mehrfach erwähnt, in der Möglichkeit, auch nichtlineare Schaltungsumgebungen auf einfache Weise mit erfassen zu können (siehe Abschn. 4.5).

Etwas problematisch ist die Simulation sehr steilflankiger Signale im Frequenzbereich. Es sollen hier deshalb noch Simulationsresultate betrachtet werden, die den gerade vorgestellten entsprechen, bei denen aber das Leitungssystem mit Rechtecksignalen angesteuert wurde. Bild 4.19 zeigt das Ergebnis unter Verwendung von nur 10 Segmenten. Das Ergebnis ähnelt dem der Frequenzbereichssimulation bei 256 Abtastwerten (Bild 4.8), zeigt aber kein Überschwingen. Allerdings ist der Einfluß der Segmentierung hier sehr deutlich zu sehen, d.h. für genauere Untersuchungen sollten mehr Segmente verwendet werden.

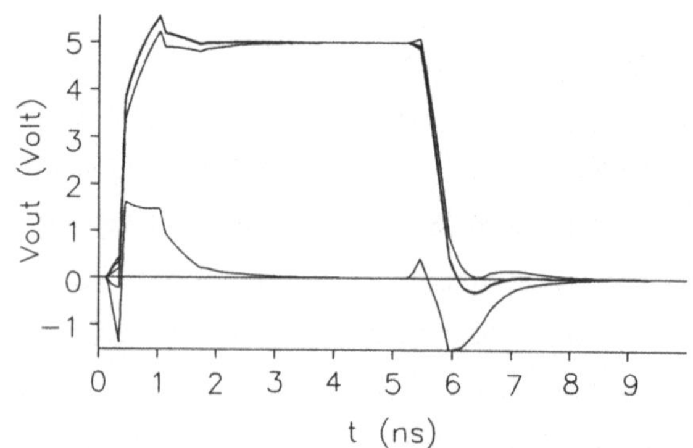

Bild 4.18. Simulation im Zeitbereich bei Erregung mit Trapezsignal (50 Segmente)

Bild 4.20 zeigt das Resultat für 50 Segmente. Das Ergebnis ist perfekt: der Einfluß der Segmentierung ist praktisch nicht mehr sichtbar, und Probleme, wie sie trotz einer vergleichsweise hohen Anzahl von Abtastwerten im Frequenzbereich auftraten (Bild 4.9), existieren hier nicht. Die Rechenzeiten hängen nicht von der Flankensteilheit ab und sind also identisch mit jenen für die trapezförmige Erregung.

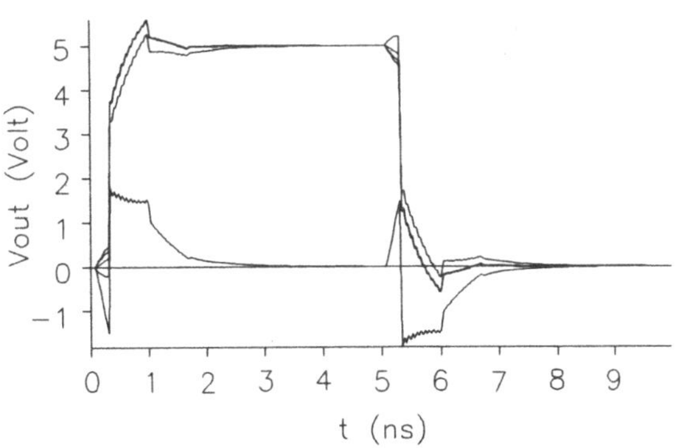

Bild 4.19. Simulation im Zeitbereich bei Erregung mit Rechtecksignal (10 Segmente)

Zusammenfassend kann man sagen, daß es sich trotz eines etwas größeren Aufwandes hinsichtlich der zunächst zu erarbeitenden theoretischen Grundlagen offenbar lohnt, *direkt* im Zeitbereich zu simulieren. Dies gilt, wie die obigen Ergebnisse zeigen, auch dann, wenn *keine*

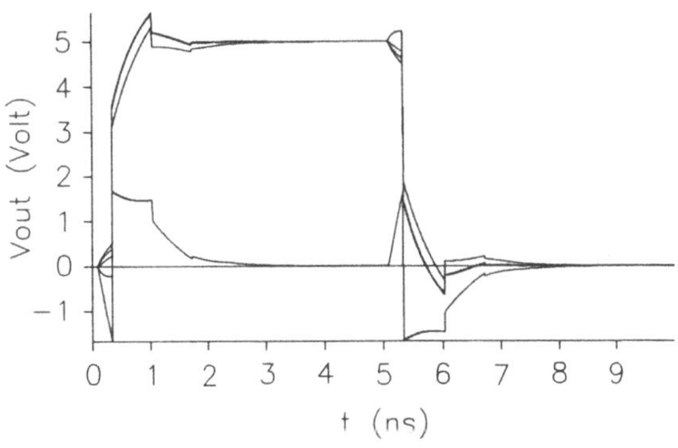

Bild 4.20. Simulation im Zeitbereich bei Erregung mit Rechtecksignal (50 Segmente)

Nichtlinearitäten zu behandeln sind, man also auch durchaus noch leicht im Frequenzbereich arbeiten könnte.

4.4   Weitere Simulationsverfahren

Ergänzend zu den Abschnitten 4.1 bis 4.3 sollen im vorliegenden Abschn. 4.4 noch weitere Simulationsverfahren vorgestellt werden, bei denen es sich zwar nicht um grundsätzlich neue, sondern im wesentlichen um Mischformen der bereits beschriebenen Verfahren handelt, die aber häufig in der Literatur erwähnt werden und/oder gegenüber den oben beschriebenen Verfahren Vorteile aufweisen können.

Als erstes soll ein Verfahren erwähnt werden, daß es gestattet, verlustfreie Leitungssysteme (und mit gewissen Einschränkungen auch verlustbehaftete Leitungssysteme) mit Hilfe eines Netzwerkanalyseprogramms im Zeitbereich zu berechnen, wobei aber *nicht* wie in Abschn. 4.1 von einer quasistationären Betrachtungsweise ausgegangen werden muß [61-63]. Dem Simulationsverfahren liegen im wesentlichen Resultate zugrunde, wie sie etwa in Abschn. 3.4.4 entwickelt wurden. Diese Resultate werden netzwerktheoretisch derart interpretiert, daß z.B. die unter (3.97) eingeführte Diagonaltransformation mit Hilfe von n gesteuerten Spannungsquellen vorgenommen wird, also $V_\nu (0, t) = \Sigma\, P_{\nu\mu}\cdot W_\mu (0, t)$ bzw. $V_\nu (1, t) = \Sigma\, P_{\nu\mu}\cdot W_\mu (1, t)$, wobei die $P_{\nu\mu}$ konstante Koeffizienten sind (l = Leitungslänge). Entsprechend wird für die Ströme verfahren. Die Möglichkeit der Verwendung gesteuerter Strom- und Spannungsquellen bieten nahezu alle Netzwerkanalyseprogramme, z.B. SPICE. Man erhält auf diese Weise schließlich ein Netzwerk, daß aus n verlustfreien Einzelleitungen (die im wesentlichen als Laufzeitglieder benutzt werden) sowie einer größeren Anzahl gesteuerter Strom- und Spannungsquellen besteht. Das benötigte Element "verlustfreie Einzelleitung" steht ebenfalls bei den meisten Netzwerkanalyseprogrammen zur Verfügung. Die beschriebene Vorgehensweise ist einigermaßen trivial und soll deshalb (und wegen der i.a. nicht unerheblichen Nachteile des Verfahrens) hier nicht weiter ausgeführt werden, siehe aber [61, 62]. Der Vorteil des Verfahrens besteht in seiner simplen Anwendung. Auf die Nachteile wurde bereits in Abschn. 4.1 hingewiesen: Es handelt sich dabei im wesentlichen um außerordentlich hohe Rechenzeiten, speziell bei der Simulation sehr schneller Signale. Diese Rechenzeiten sind aufgrund des Einsatzes der für das interne Timing von Netzwerkanalyseprogrammen sehr ungünstigen verlustfreien Einzelleitungen häufig noch höher als jene für die in Beispiel 4.1, Abschn. 4.1, vorgestellten Simulationsresultate.

Eine Erweiterung des Verfahrens auf verlustbehaftete Leitungssysteme haben Tripathi et al. 1987 angegeben [63]. Die Leitungsverluste werden hierbei durch in Reihe zu den verlustfreien

Einzelleitungen geschaltete ohmsche Widerstände bzw. auch R-L-Netzwerke (zwecks Berücksichtigung eines eventuell auftretenden Skin-Effektes[73]) berücksichtigt. Ein Problem besteht darin, daß die Elemente der Transformationsmatrix **P** im Frequenzbereich i.a. komplexe Werte annehmen bzw. im Zeitbereich Differentialoperatoren bilden, weshalb die Simulation verlustbehafteter Leitungen dann auf jene Spezialfälle beschränkt bleibt, wo **P** näherungsweise als reell angenommen werden darf.

Ein wesentlich eleganteres Verfahren wurde von Djordjević et al. vorgeschlagen [64]: es ermöglicht die Simulation verlustbehafteter Leitungssysteme im Zeitbereich auch mit frequenzabhängigen Leitungsparametern. Hierzu wird das aus n gekoppelten Leitungen bestehende Leitungssystem als 2n-Tor gemäß Bild 4.21 aufgefaßt, wobei jedem Tor der Massepunkt gemeinsam ist. Ein solches 2n-Tor kann im Frequenzbereich allgemein durch die Gleichung

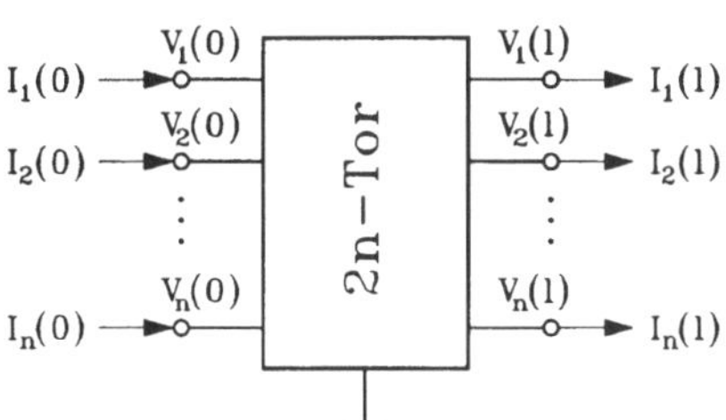

Bild 4.21. Darstellung eines n-Leitersystems als 2n-Tor

$$\underline{I}\,(\omega) = \mathbf{Y}\,(\omega)\cdot\underline{V}\,(\omega) \tag{4.37}$$

beschrieben werden; hierbei ist **Y** (ω) eine (i.a. frequenzabhängige) $2n \times 2n$ - Admittanzmatrix. Üblicherweise und im Gegensatz zur in Bild 4.21 gewählten Darstellung werden i.a. alle Ströme als in das Netzwerk *hinein*fließend angenommen. Somit ergibt sich aus (4.37):

$$\begin{bmatrix} I_1\,(0,\,\omega) \\ I_2\,(0,\,\omega) \\ \cdot \\ \cdot \\ I_n\,(0,\,\omega) \\ -I_1\,(1,\,\omega) \\ -I_2\,(1,\,\omega) \\ \cdot \\ -I_n\,(1,\,\omega) \end{bmatrix} = \mathbf{Y}\,(\omega)\cdot \begin{bmatrix} V_1\,(0,\,\omega) \\ V_2\,(0,\,\omega) \\ \cdot \\ \cdot \\ V_n\,(0,\,\omega) \\ V_1\,(1,\,\omega) \\ V_2\,(1,\,\omega) \\ \cdot \\ V_n\,(1,\,\omega) \end{bmatrix}\cdot \tag{4.38}$$

---

[73]Der Vorschlag, den Skin-Effekt im Zeitbereich durch Reihenschaltung von verlustfreien Leitungen mit entsprechend modellierten R-L-Netzwerken zu berücksichtigen, stammt von C.-S. Yen et al. [74]; siehe hierzu auch Kap. 6.

Die erste Variable im Argument gibt den betrachteten Ort an (0 = Leitungseingang, 1 = Leitungsausgang), die zweite Variable den Bereich (ω = Frequenzbereich, t = Zeitbereich), wobei in Bild 4.21 nur die jeweils erste Variable angegeben wurde. In Skalarform folgt aus (4.38):

$$I_k\,(0,\,\omega) \;=\; \sum_{j=1}^{n} Y_{kj}\,(\omega)\,V_j\,(0,\,\omega) \;+\; \sum_{j=1}^{n} Y_{k,\,n+j}\,(\omega)\,V_j\,(1,\,\omega)\,, \qquad (4.39a)$$

$$-I_k\,(1,\,\omega) \;=\; \sum_{j=1}^{n} Y_{n+k,\,j}\,(\omega)\,V_j\,(0,\,\omega) \;+\; \sum_{j=1}^{n} Y_{n+k,\,n+j}\,(\omega)\,V_j\,(1,\,\omega)\,. \qquad (4.39b)$$

Wegen der zu fordernden Symmetrie des Leitungssystems müssen sich bei Vertauschen der Spannungsquellen an Eingang und Ausgang auch die auftretenden Ströme entsprechend vertauschen, also

$$-I_k\,(1,\,\omega) \;=\; \sum_{j=1}^{n} Y_{kj}\,(\omega)\,V_j\,(1,\,\omega) \;+\; \sum_{j=1}^{n} Y_{k,\,n+j}\,(\omega)\,V_j\,(0,\,\omega)\,, \qquad (4.39c)$$

$$I_k\,(0,\,\omega) \;=\; \sum_{j=1}^{n} Y_{n+k,\,j}\,(\omega)\,V_j\,(1,\,\omega) \;+\; \sum_{j=1}^{n} Y_{n+k,\,n+j}\,(\omega)\,V_j\,(0,\,\omega)\,. \qquad (4.39d)$$

Durch Koeffizientenvergleich zwischen (4.39a) und (4.39d) bzw. (4.39b) und (4.39c) erhält man

$$Y_{kj}\,(\omega) \;=\; Y_{n+k,\,n+j}\,(\omega) \qquad \text{und} \qquad (4.40a)$$

$$Y_{k,\,n+j}\,(\omega) \;=\; Y_{n+k,\,j}\,(\omega)\,. \qquad (4.40b)$$

Schließt man alle Tore bis auf das j-te Eingangstor (Ausgangstor) kurz und legt an das j-te Eingangstor (Ausgangstor) eine δ-impulsförmige Spannung $\delta\,(t)$, dann ergibt sich wegen $\mathscr{F}\{\delta\,(t)\} = 1$ ($\mathscr{F}$ = Fouriertransformierte) aus (4.39a, b) zusammen mit (4.40):

$$I^s_{\delta kj}\,(0,\,\omega) \;=\; -I^s_{\delta kj}\,(1,\,\omega) \;=\; Y_{kj}\,, \qquad (4.41a)$$

$$I^g_{\delta kj}\,(0,\,\omega) \;=\; -I^g_{\delta kj}\,(1,\,\omega) \;=\; Y_{k,\,n+j}\,. \qquad (4.41b)$$

Hierbei ist $I^s_{\delta kj}$ (0, ω) bzw. $I^s_{\delta kj}$ (1, ω) jeweils der Strom des k-ten Tores bei Stimulierung des j-ten Tores mit $\mathscr{F}\{\delta$ (t)$\}$, wobei das betrachtete k-te und j-te Tor sich auf der*selben* Seite des Leitungssystems befinden (hochgestellter Index s). Analog sind $I^g_{\delta kj}$ (0, ω) und $I^g_{\delta kj}$ (1, ω) die entsprechenden Ströme, wenn sich k-tes und j-tes Tor auf *gegenüber*liegenden Seiten des Leitungssystems befinden (hochgestellter Index g). $I^s_{\delta kj}$ (0, ω), $I^s_{\delta kj}$ (1, ω), $I^g_{\delta kj}$ (0, ω) und $I^g_{\delta kj}$ (1, ω) sind also die in den Frequenzbereich transformierten Impulsantworten des Leitungssystems. Zu den Impulsantworten selbst gelangt man durch inverse Fouriertransformation, also $I^s_{\delta kj}$ (0, t) $= \mathscr{F}^{-1}\{I^s_{\delta kj}$ (0, ω)$\}$ usw.[74] Damit ergeben sich bei *beliebiger* Stimulierung jeweils eines einzelnen Tores für die Ströme im Zeitbereich

$$I^s_{kj} (0, t) = \mathscr{F}^{-1}\{Y_{kj} (\omega) \cdot V_j (0, \omega)\}$$

$$= \mathscr{F}^{-1}\{Y_{kj} (\omega)\} * \mathscr{F}^{-1}\{V_j (0, \omega)\}$$

$$= I^s_{\delta kj} (0, t) * V_j (0, t) \,, \qquad (4.42a)$$

$$I^g_{kj} (1, t) = I^g_{\delta kj} (1, t) * V_j (0, t) \,, \qquad (4.42b)$$

$$I^g_{kj} (0, t) = I^g_{\delta kj} (0, t) * V_j (1, t) \,, \qquad (4.42c)$$

$$I^s_{kj} (1, t) = I^s_{\delta kj} (1, t) * V_j (1, t) \,. \qquad (4.42d)$$

Der Operator * steht, wie allgemein üblich, für das Faltungsintegral. Die Gesamtströme an den Ein- und Ausgängen des Leitungssystems bei *beliebiger* Beschaltung der einzelnen Tore erhält man durch Aufsummierung aller Teilströme aus (4.42). Geht man (ohne wesentliche Einschränkung der Allgemeinheit) davon aus, daß das System zu den Zeitpunkten t $\leq$ 0 energiefrei war und insbesondere alle Werte V_j (0, t) und V_j (1, t) für t $\leq$ 0 identisch Null waren, dann erhält man schließlich

---

[74]Die Impulsantworten werden in Anlehnung an Verfahren zur Lösung insbesondere elliptischer Differentialgleichungen (Potentialtheorie) in der Literatur häufig auch als *Greensche Funktionen* bezeichnet. Da diese Bezeichnung aber weniger bekannt zu sein scheint, soll im folgenden besser die in der Nachrichtentechnik übliche Bezeichnung *Impulsantwort* verwendet werden, zumal hierdurch schon vom Namen her deutlich wird, was gemeint ist.

$$I_k(0, t) = \sum_{j=1}^{n} \int_0^t I_{\delta kj}^s(0, t-\vartheta)\cdot V_j(0, \vartheta)\cdot d\vartheta$$

$$+ \sum_{j=1}^{n} \int_0^t I_{\delta kj}^g(0, t-\vartheta)\cdot V_j(1, \vartheta)\cdot d\vartheta \quad , \qquad (4.43a)$$

$$-I_k(1, t) = \sum_{j=1}^{n} \int_0^t I_{\delta kj}^g(0, t-\vartheta)\cdot V_j(0, \vartheta)\cdot d\vartheta$$

$$+ \sum_{j=1}^{n} \int_0^t I_{\delta kj}^s(0, t-\vartheta)\cdot V_j(1, \vartheta)\cdot d\vartheta \quad . \qquad (4.43b)$$

(4.43) beschreibt den Zusammenhang zwischen Strömen und Spannungen an den Ein- und Ausgängen des Leitungssystems und stellt somit die gesuchte Lösung im Zeitbereich dar. Die allgemeine Vorgehensweise ist also die folgende:

1. Kurzschließen aller 2n Tore bis auf eines (Tor j); dort Erregung mit δ-Impuls im Zeitbereich bzw. mit 1 im Frequenzbereich.

2. Berechnung aller dabei auftretenden 2n Ströme im Frequenzbereich entsprechend der in Abschn. 4.2.1 geschilderten Vorgehensweise. Zurück zu Punkt 1, bis alle 2n Tore berücksichtigt sind (aus Gründen der Reziprozität gilt $I_{\delta kj}^g = I_{\delta jk}^g$ bzw. $I_{\delta kj}^s = I_{\delta jk}^s$, wodurch der Rechenaufwand sich entsprechend verringert).

3. Durch inverse Fourier-Transformation Berechnung der Impulsantworten.

4. Numerische Auswertung von (4.43); hierbei auch Berücksichtigung der i.a. nichtlinearen Schaltungsumgebung möglich.

Eine Schwierigkeit bei der Abarbeitung des gerade beschriebenen Algorithmus besteht darin, daß die numerische Berechnung der Ströme im Frequenzbereich nur für eine endliche Anzahl von Einzelfrequenzen möglich ist und man die Impulsantworten im Zeitbereich entsprechend auch nur für endliche Zeitintervalle erhält. In Abhängigkeit von den Leitungsverlusten können die benötigten Zeitintervalle, insbesondere bei verlustärmeren Leitungssystemen, recht groß sein, obwohl bei der späteren Berücksichtigung der Schaltungsumgebung aufgrund z.B.

zusätzlicher Dämpfung oder
eventuell auch durch Abschluß
mit den Wellenwiderständen
u.U. nur relativ kurze Zeitintervalle betrachtet werden
müssen, während derer noch
Ausgleichsvorgänge auf dem
Leitungssystem stattfinden.
Dabei kann die Rechenzeit
außerordentlich groß werden,
da sehr viele numerische

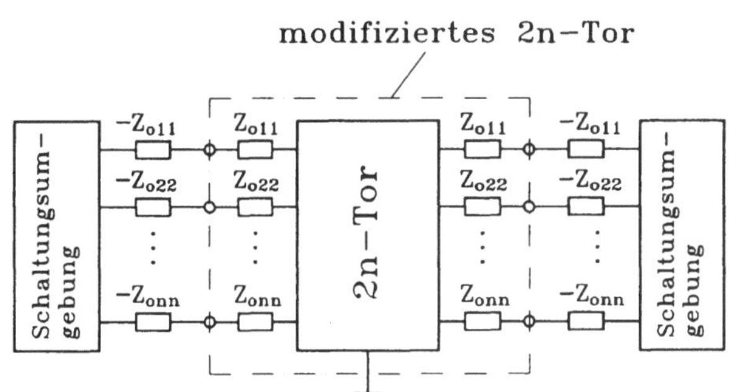

Bild 4.22. Durch Wellenwiderstände erweitertes 2n-Tor mit durch negative Wellenwiderstände modifizierter Schaltungsumgebung

Integrationen durchzuführen sind. Djordjević hat deshalb vorgeschlagen, das in Bild 4.21 dargestellte 2n-Tor derart zu modifizieren, daß in Reihe zu den einzelnen Toren ohmsche Widerstände geschaltet werden, die gleich den Diagonalelementen der reellen Wellenwider-standsmatrix $\mathbf{Z}_o$ (Gleichung 3.125) des verlustfreien Leitungssystems sind. Hierdurch wird eine näherungsweise Wellenwiderstandsanpassung des Leitungssystems erreicht. Dies hat zur Folge, daß die Impulsantworten zeitlich sehr schnell abklingen, also nur noch vergleichsweise kurze Zeitintervalle simuliert werden müssen. Will man schließlich das tatsächliche Lei-tungssystem (d.h. *ohne* Wellenwiderstandsabschlüsse) in einer bestimmten Schaltungs-umgebung simulieren, müssen die zuvor eingebauten Wellenwiderstände durch entsprechende *negative* Wellenwiderstände kompensiert werden, Bild 4.22.

Der Hauptnachteil des Verfahrens besteht darin, daß trotz des Einsatzes der oben erwähnten Wellenwiderstände die Rechenzeiten aufgrund der immer noch sehr vielen durchzuführenden numerischen Integrationen recht hoch sind. Numerisch kritisch ist die Simulation relativ verlustarmer Leitungssysteme in einer Schaltungsumgebung, wo es zu signifikanten Signalreflexionen kommt, wo also die durch den Einsatz der zusätzlichen Wellenwiderstände (Bild 4.22) zunächst unterdrückten Anteile der Impulsantworten plötzlich doch von Bedeutung sind. Als wesentlicher Vorteil ist zu sehen, daß eine eventuelle Frequenzabhängigkeit der Leitungsbeläge auf besonders elegante Weise bei der Simulation im Zeitbereich mit erfaßt wird, da die Bestimmung der Impulsantworten im Frequenzbereich erfolgt, wo die Berücksichtigung frequenzabhängiger Beläge keinerlei Schwierigkeiten bereitet.

Abschließend soll noch ein von Gruodis und Chang [59] vorgestelltes und auch häufig zitiertes Verfahren erwähnt werden, bei dem die Lösung zunächst auf analytischem Wege im Bildbereich ermittelt wird (analog zu Abschn. 4.2) und die Rücktransformation in den Zeitbereich ebenfalls auf analytischem Wege erfolgt. Die eigentliche Simulation kann dann vollständig im Zeitbereich stattfinden, weshalb die Berücksichtigung einer nichtlinearen Schaltungsumgebung auf relativ einfache Weise möglich ist. Das Verfahren ist prinzipiell geeignet, auch frequenzabhängige Leitungsbeläge mit zu berücksichtigen und ist daher sehr universell einsetzbar. Ein großer Nachteil des Verfahrens liegt allerdings darin, daß man zur analytischen Rücktransformation der im Bildbereich ermittelten Lösung in den Zeitbereich aufgrund ihrer i.a. recht komplizierten Form diese Lösung hinsichtlich der komplexen Bildvariablen $s = \sigma + j\omega$ zunächst in eine Potenzreihe entwickeln muß, die dann analytisch rücktransformierbar ist. Bei den schließlich dabei entstehenden Ausdrücken im Zeitbereich handelt es sich um eine große Anzahl von Integralen, die numerisch ausgewertet werden müssen. Diese numerische Auswertung ist i.a. derart zeitaufwendig, daß das Verfahren schon deshalb für praktische Anwendungen kaum brauchbar ist. Im übrigen weisen die Autoren selbst darauf hin, daß es bei ungünstiger Wahl des betrachteten Frequenzbereiches bei der Lösung zu Instabilitäten kommen kann.

Zusammenfassend folgt, daß es sicherlich nicht *das* Simulationsverfahren für Einzelleitungen und Leitungssysteme schlechthin gibt. Hinsichtlich der Lösung praktisch relevanter Aufgaben läßt sich aber aussagen, daß man im Fall von Einzelleitungen (d.h.: *keine* Berücksichtigung elektromagnetischer Kopplungen) auf hochintegrierten Schaltungen ($=$ hohe Leitungsverluste) i.a. eine Modellierung mit Hilfe einiger weniger R-C-Glieder vornehmen kann, ohne einen großen Fehler hinsichtlich der erzielbaren Simulationsgenauigkeit zu begehen. Als Analysewerkzeug eignet sich dann ein gewöhnliches Netzwerkanalyseprogramm. Für Leitungen auf anderen Substraten wie etwa Boards aber auch Schaltungen auf GaAs gilt dies nur noch in Ausnahmefällen: dort und insbesondere bei Leitungs*systemen* bietet sich das unter 4.3.2 beschriebene Verfahren als das hinsichtlich Simulationsgeschwindigkeit, numerischer Genauigkeit und Breite des Anwendungsspektrums z.Z. wohl leistungsfähigste und unkomplizierteste an.

4.5 Berücksichtigung der Schaltungsumgebung

Der wesentliche Vorteil der Simulation im Zeitbereich ist die Möglichkeit, beliebige, insbesondere auch nichtlineare, Schaltungsumgebungen auf einfache Weise berücksichtigen zu können. Aus diesem Grund ist es sinnvoll, in diesem Abschnitt nur im Zeitbereich arbeitende Simulationsverfahren zu betrachten, wobei zur Verdeutlichung von Details i.a. auf das in Abschn. 4.3.2 erläuterte Verfahren Bezug genommen werden wird. Die folgenden Ausführungen lassen sich aber dennoch ohne Schwierigkeiten auch auf andere im Zeitbereich arbeitende Simulationsverfahren übertragen, beispielsweise auf das von Djordjević vorgeschlagene und in Abschn. 4.4 erläuterte Verfahren. Da hinsichtlich der Simulation von aus konzentrierten Elementen bestehenden Netzwerken bereits seit langem eine recht umfangreiche Literatur existiert (siehe z.B. [75], insbesondere aber [76]), die entsprechenden Verfahren (numerische Integration, Lösung linearer Gleichungssysteme etc.) also als weitgehend bekannt vorausgesetzt werden können, wird auf die eigentliche Netzwerksimulation im folgenden nicht eingegangen.

4.5.1 Verbindung zwischen Leitungen und konzentrierten Elementen

Für die Simulation verlustbehafteter Leitungssysteme im Zeitbereich wurde das Leitungssystem aus Abschn. 4.3.2 in sog. Segmente zerlegt, von denen eines in Bild 4.11 dargestellt wurde. Zur Anbindung des Leitungsmodells an das umgebende Netzwerk kann man Teile des ersten und letzten Segmentes des Leitungsmodells diesem Netzwerk (bzw. diesen Netzwerken) entsprechend Bild 4.23 zuordnen. Es genügt also, die das Leitungssystem umgebenden Netzwerke um jeweils n durch den Leitungssimulator gesteuerte Spannungsquellen sowie das mit Z_0 bezeichnete lineare Widerstandsnetzwerk zu erweitern. Der dynamische Einfluß des Leitungssystems auf das umgebende Netzwerk erfolgt dann allein über die in die Netzwerke zusätzlich integrierten Spannungsquellen, wobei die Steuerung der Spannungsquellen gemäß dem in Abschn. 4.3.2 erläuterten Algorithmus erfolgt.

Ein kritischer Punkt bei der Simulation von Netzwerken schlechthin, insbesondere aber unter Berücksichtigung von Leitungen, ist die zeitliche Ablaufsteuerung des Programms, häufig auch etwas unpräzise "Timing" genannt. Will man beispielsweise das in den meisten Netz-

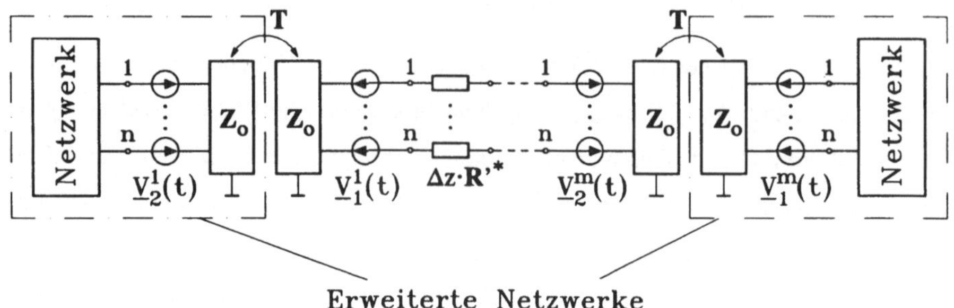

Bild 4.23. Segmentiertes Leitungssystem mit um Teile des Systems erweiterter Netzwerkumgebung

werkanalyseprogrammen vorhandene Element "verlustlose Leitung" benutzen, so ist zur Synchronisation der Zeitschrittweiten für die Netzwerk- und die Leitungssimulation die maximale Schrittweite für die Simulation der gesamten Schaltung i.a. durch die Laufzeit der Leitung festgelegt. Ist diese Laufzeit sehr kurz, benötigt man sehr viele Simulationsschritte, obwohl die Aktivität innerhalb des Netzwerks vielleicht nicht sehr hoch ist und man ohne die Berücksichtigung der Leitungen mit einer sehr viel größeren Zeitschrittweite bei hinreichender Simulationsgenauigkeit ausgekommen wäre. Hierdurch kann die für die Simulation benötigte Rechenzeit recht groß werden. Verwendet man zusätzlich noch ein Modell, bei dem die Leitung wie unter 4.3.2 beschrieben in Segmente zerlegt wird, also in Leitungsstücke, die wesentlich kürzer als die zu simulierende Gesamtleitung sind, dann ist die Laufzeit auf jedem dieser Leitungsstücke kürzer als auf der Gesamtleitung, und die Simulationszeit nimmt noch weiter zu. Dies gilt in verstärktem Maß, wenn man den Fall betrachtet, daß die Schaltung eine Vielzahl von Leitungen oder aber Leitungs*systeme* enthält, weil dann die Laufzeiten *aller* Leitungen beim Timing entsprechend berücksichtigt werden müssen. Im Extremfall besteht dann kein Simulationszeitvorteil mehr gegenüber der Modellierung von Leitungssystemen durch konzentrierte Bauelemente entsprechend Abschn. 4.1 (wohl aber ein Vorteil hinsichtlich der numerischen Genauigkeit und Stabilität). Zusammenfassend folgt, daß damit die Implementierung spezieller Algorithmen zur Simulation verlustbehafteter Leitungssysteme in die meisten existierenden Netzwerkanalyseprogramme häufig ineffektiv wird.

Ein Ausweg aus den oben beschriebenen Schwierigkeiten besteht in einer Desynchronisierung der Netzwerk- und Leitungssimulation. Für ein korrektes Timing müssen im allgemeinen Fall folgende Bedingungen erfüllt sein:

- Zur Berechnung der Knotenpotentiale des *Netzwerks* für den Zeitpunkt t_n müssen neben den Netzwerkpotentialen zum Zeitpunkt t_{n-1} insbesondere die Potentiale der in das Netzwerk integrierten Spannungsquellen für den Zeitpunkt t_n bekannt sein.

- Zur Berechnung der Potentiale auf den *Leitungen* für den Zeitpunkt t_n müssen neben den Leitungspotentialen zum Zeitpunkt t_{n-1} insbesondere die Potentiale der angeschlossenen Netzwerke ebenfalls zum Zeitpunkt t_{n-1} bekannt sein.

Da bei einer Desynchronisierung zwischen Leitungs- und Netzwerksimulation das Timing für die Netzwerksimulation nicht mehr vom Timing der Leitungssimulation abhängt, ergibt sich als Konsequenz, daß die obigen Bedingungen i.a. *nicht* exakt erfüllbar sind, d.h. die für die Berechnung beispielsweise der Netzwerkpotentiale zum Zeitpunkt t_n für denselben Zeitpunkt benötigten Leitungspotentiale stehen für genau diesen Zeitpunkt noch nicht zur Verfügung. In diesem Fall besteht nur die Möglichkeit, auf Leitungspotentiale zu einem *früheren* Zeitpunkt $t_m < t_n$ zurückzugreifen. Hierdurch kommt es natürlich zu einem Fehler bei der Berechnung. Durch eine geschickte Steuerung des Simulationsprogramms hinsichtlich der Auswahl des als nächstes zu simulierenden Schaltungsteils (Netzwerk, Leitung) läßt sich dieser Fehler aber derart minimieren, daß er praktisch vernachlässigt werden kann[75].

4.5.2 Partitionierung von Netzwerken durch Leitungen (PPL)

Bei der Simulation größerer Netzwerke ist man i.a. bestrebt, das Netzwerk derart in mehrere kleine Teilnetzwerke zu zerlegen, daß diese Teilnetzwerke weitgehend unabhängig voneinander simuliert werden können. Hierdurch kann erhebliche Simulationszeit eingespart werden, und außerdem können die Teilnetzwerke mit Hilfe hierfür geeigneter Rechenanlagen auch parallel simuliert werden. Voraussetzung für eine Partitionierung ist, daß entweder die Wechselwirkung zwischen benachbarten Teilnetzwerken zum Zeitpunkt, für den die Simulation durchgeführt wird, als hinreichend schwach angenommen werden kann oder aber, allgemeiner, daß einzelne Knoten des Netzwerks nahezu inaktiv sind (d.h. daß sich die Signale

---

[75]Am Laboratorium für Informationstechnologie der Universität Hannover wurde ein entsprechendes Simulationsprogramm mit dem Namen LISIM entwickelt. LISIM benutzt den in Abschn. 4.3.2 vorgestellten Algorithmus für die Leitungssimulation. Bezüglich weiterer Details siehe [66, 67].

dort zeitlich nicht oder nur sehr langsam ändern). In diesem Fall können in den das Gesamtnetzwerk beschreibenden geränderten Blockmatrizen die entsprechenden Zeilen und Spalten gestrichen werden, wodurch diese Matrizen in mehrere kleine Matrizen zerfallen, die dann einzeln und somit entsprechend schneller berechnet werden können.

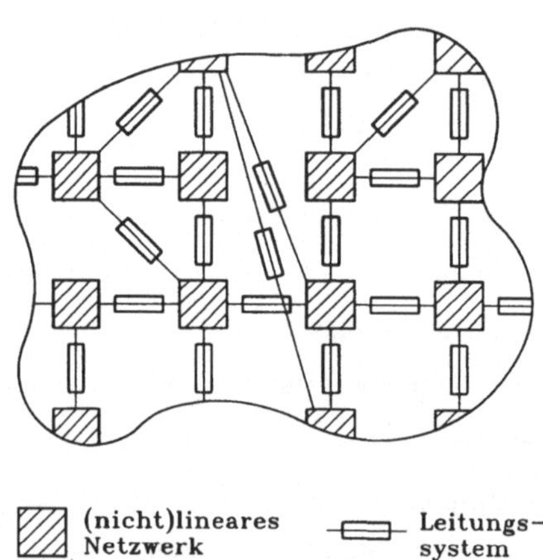

Bild 4.24. PPL: Zerfall einer Schaltung in mehrere Netzwerke, die durch Leitungen bzw. Leitungssysteme miteinander verbunden sind

Völlig anders ist die Situation, wenn das physikalische Verhalten von Leitungen mit berücksichtigt wird: aufgrund der endlichen Signallaufzeit auf Leitungen kann zwischen benachbarten Teilnetzwerken, die durch Leitungen bzw. Leitungssysteme miteinander verbunden sind, aus physikalischen Gründen nie eine momentane Wechselwirkung stattfinden, so daß sich hier *automatisch* eine Partitionierung ergibt, ohne daß es irgendwelcher Annahmen hinsichtlich mehr oder weniger starker Knotenaktivitäten oder vernachlässigbarer Wechselwirkungen bedarf. Man kann bei Netzwerken, die durch Leitungen miteinander verbunden sind und auf diese Weise eine Partitionierung erfahren, also von einer "physikalisch motivierten Partitionierung durch Leitungen" (PPL) sprechen. Zur Verdeutlichung ist in Bild 4.24 ein Ausschnitt aus einer größeren Schaltung dargestellt, die in mehrere kleinere lineare oder auch nichtlineare Netzwerke zerfällt, welche durch Leitungen bzw. Leitungssysteme miteinander verbunden sind. Die infolge PPL entstandenen Teilnetzwerke können völlig unabhängig voneinander simuliert werden, wodurch die Simulation größerer Schaltungen auf einfache Weise parallel erfolgen kann. Abschließend sei noch angemerkt, daß die entstehenden Teilnetzwerke u.U. noch so groß sein können, so daß es sinnvoll wird, für jedes oder auch nur einige dieser Teilnetzwerke zusätzlich eine Partitionierung im eingangs geschilderten, klassischen Sinne durchzuführen.

Beispiel 4.5:

In Bild 4.25 ist eine Schaltung dargestellt, die acht CMOS-Inverter, zwei Leitungssysteme, zwei Einzelleitungen sowie zwei Signalquellen (V1, V3) und drei Spannungsquellen (V2, V4, V5) zur Versorgung der Transistorstufen enthält. Die bildliche Darstellung der Leitungssysteme entspricht der in Bild 4.5 bzw. Bild 4.10, d.h. die elek-

tromagnetische Verkopplung von Leitungen wird jeweils durch eine elliptische
Linie angedeutet. Die Schaltung soll entsprechend dem oben beschriebenen Verfahren (PPL) partitioniert werden. Dabei
ist so vorzugehen, daß möglichst viele
voneinander unabhängige Teilnetzwerke
entstehen.

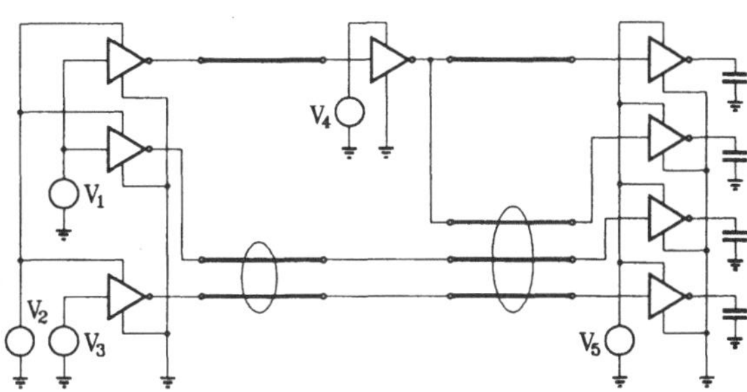

Bild 4.25. CMOS-Schaltung mit zwei Leitungssystemen und zwei Einzelleitungen

Lösung: Alle galvanisch miteinander verbundenen Inverter, die mit einer Seite *eines* Leitungssystem verbunden sind, gehören auch zu *einem* Teilnetzwerk. Somit würden z.B. die mit der Versorgungsquelle V_2 galvanisch verbundenen Inverter einem Teilnetzwerk angehören. Durch entsprechende Aufdoppelung von V_2 wie auch der Signalquelle V_1 gelingt es aber, den Inverter links oben in Bild 4.25 von den darunterliegenden Invertern galvanisch zu trennen, so daß die zwei Teilnetzwerke N1 und N2 entstehen (Bild 4.26). Entsprechend verfährt man bei den vier ausgangsseitigen Invertern: durch Aufdoppelung der Spannungsquelle V_5 entstehen hier ebenfalls zwei Teilnetzwerke (N4, N5). Insgesamt erhält man so fünf Teilnetzwerke, die durch zwei Einzelleitungen (L1, L3) und zwei Leitungssysteme (L2, L4) entsprechend Bild 4.26

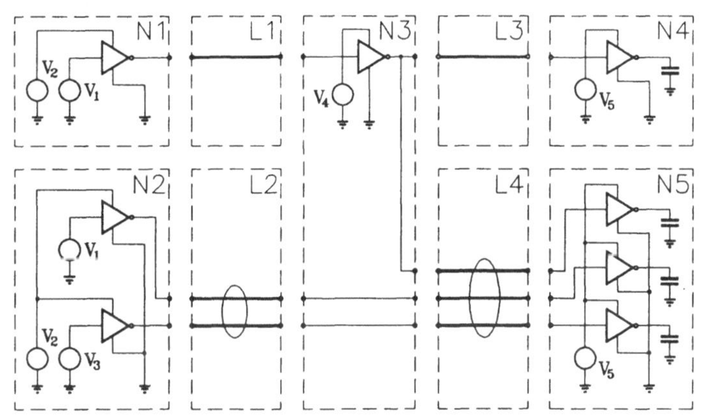

Bild 4.26. Gemäß PPL partitionierte Schaltung

miteinander verbunden sind. Die in N3 eingezeichneten Verbindungen zwischen L2 und L4 sollen im übrigen keine Leitungen im eigentlichen Sinne darstellen. In der Praxis könnte es sich dabei z.B. um Leitungen handeln, die derart kurz sind, daß sie nicht als Leitungen modelliert werden müssen, sondern ideale Verbindungen darstellen.

4.5.3 Simulationsresultate

Wie schon zum Abschluß der Abschnitte 4.1, 4.2 und 4.3 sollen auch hier einige typische Simulationsresultate vorgestellt werden, wie man sie unter Berücksichtigung der Schaltungsumgebung erhält. Zunächst soll, wie schon in den vorangegangenen Abschnitten, ein aus neun parallelen Leitungen bestehendes Leitungssystem simuliert werden. Die Leitungsdaten sind

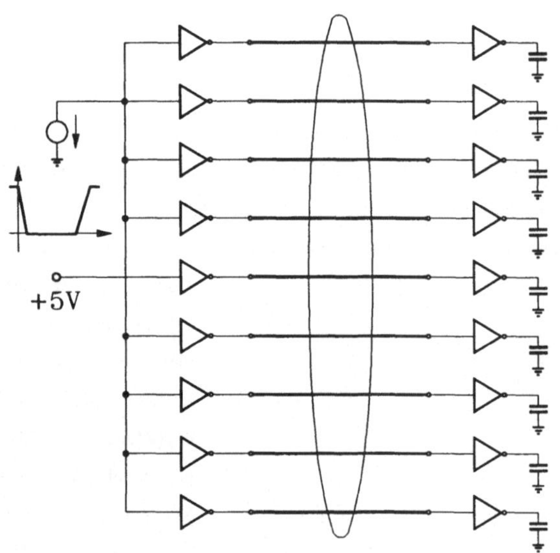

mit jenen aus Beispiel 4.1 identisch (Abschn. 4.1), ebenso die für die äußeren acht Leitungen simultan erfolgende Ansteuerung mit trapezförmigen Signalen. Im Gegensatz zu den bisher simulierten Schaltungen wird das Leitungssystem jetzt aber über CMOS-Inverter entsprechend Bild 4.27 angesteuert. Die Ausgangssignale werden unmittelbar an den Leitungsausgängen, also noch *vor* den Ausgangsinvertern betrachtet. Wegen der Inverter wurden die Eingangssignale so gewählt, daß sie mit einer fallenden Signalflan-

Bild 4.27. Leitungssystem in nichtlinearer Schaltungsumgebung

ke beginnen. Hierdurch lassen sich die bei der anschließenden Simulation zu gewinnenden Signalverläufe mit den Simulationsresultaten *ohne* periphere Beschaltung besonders einfach vergleichen. Als Simulator wurde das in Hannover entwickelte Programm LISIM benutzt (siehe Fußnote 75). LISIM benutzt eine Eingabesprache, die mit jener von SPICE praktisch identisch ist, wobei in LISIM aber das zusätzliche Element "verlustbehaftete Leitung" für die Simulation zur Verfügung steht. Bild 4.28 zeigt das Simulationsresultat. Es sind gewisse Ähnlichkeiten mit den bisher durchgeführten Simulationen erkennbar: auch jetzt lassen sich Anteile induktiver und kapazitiver Kopplung voneinander unterscheiden, wobei die Signalverläufe aber aufgrund des Einflusses der Inverter insgesamt weniger eckig, sondern mehr abgerundet erscheinen. Hierdurch sind auch die Einflüsse von Reflektionseffekten nicht mehr so ausgeprägt. Die zu den Zeitpunkten der Signalflanken auf den angesteuerten Leitungen beobacht-

baren "Höcker" sind auf den
Einfluß der nichtlinearen Gatekapazität, speziell auf deren Anteil
zwischen Gate und Drain des
durchgeschalteten Transistors,
zurückzuführen (sog. Miller-
Effekt). Sie verstärken den Effekt der Spannungsabsenkung
bzw. -anhebung (je nach Schalt-
flanke) infolge der induktiven
Kopplung und sind umso ausge-

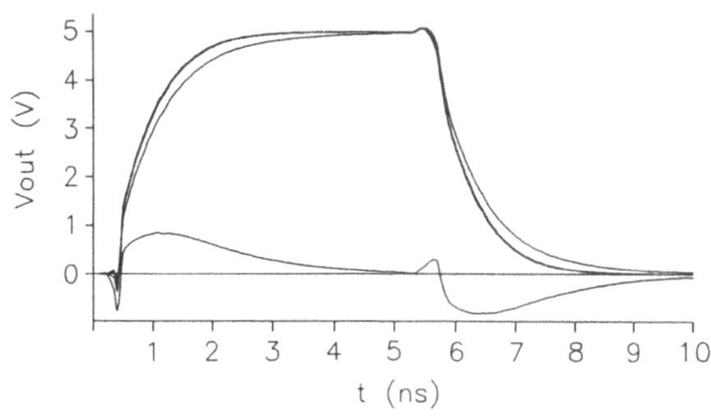

Bild 4.28. Simulation im Zeitbereich bei nichtlinearer Schaltungsumgebung (Leitungssystem in 20 Leitungssegmente zerlegt)

prägter, je größer der entsprechende Transistor (und damit seine Gatekapazität) ist und je
schneller der Signalwechsel am Transistorgate erfolgt. Da der Signalwechsel am Eingang der
Ausgangsinverter bzw. am Leitungssystemausgang im Vergleich zu den Eingangssignalen der
Eingangsinverter relativ langsam stattfindet, resultieren die erwähnten "Höcker" praktisch
allein aus dem Einfluß der Gatekapazitäten der Eingangsinverter, während man die Ausgangsinverter auch durch entsprechend gewählte lineare Kapazitäten gegen Masse ersetzen könnte,
ohne daß sich die in Bild 4.28 dargestellten Signalverläufe signifikant verändern würden. Bild
4.29 zeigt dasselbe Simulationsresultat bei Verwendung des Simulators SPICE, wobei das
Leitungssystem gemäß Bild 4.1 modelliert wurde. Sieht man von dem bei der SPICE-Simulation bereits bekannten (und hier besonders ausgeprägten) Überschwingen an den Signalflanken ab, so zeigen die mit LISIM und SPICE erzielten Ergebnisse recht gute Übereinstimmung. Allerdings benötigt man für die SPICE-Simulation eine um mehr als eine Größen-

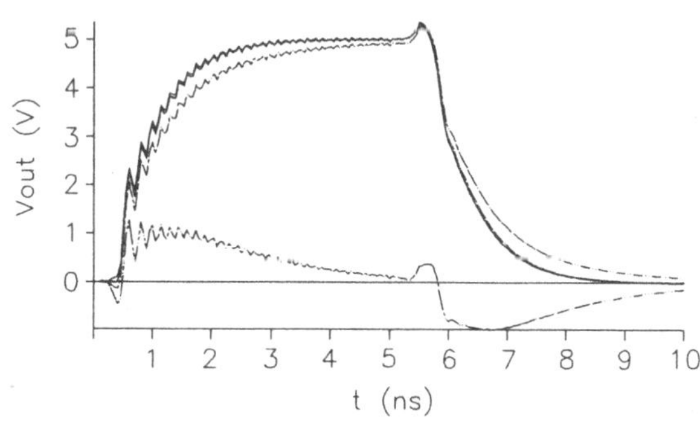

ordnung längere Rechenzeit.
Außerdem treten bei Datensätzen
obiger Größe bei SPICE gewisse
Konvergenzprobleme auf, weshalb für im weiteren dargestellte
Simulationsergebnisse, auch aus
Gründen der absoluten Rechenzeiten, auf einen Vergleich mit
entsprechenden SPICE-Simu-
lationen verzichtet wird.

Bild 4.29. SPICE-Simulation im Zeitbereich bei nichtlinearer Schaltungsumgebung (Leitungssystem in 40 Netzwerksegmente zerlegt)

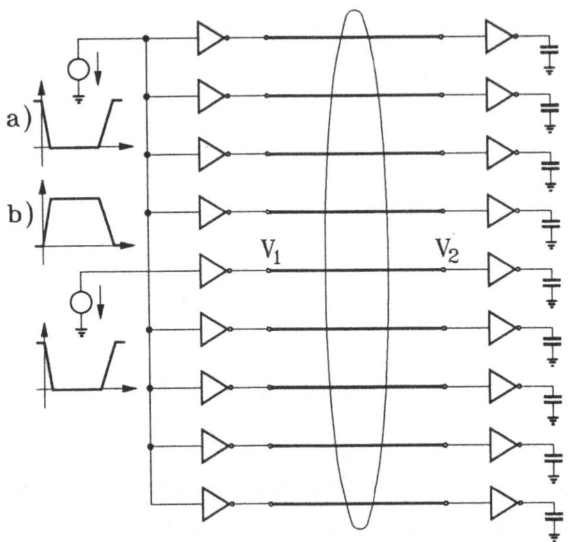

Bild 4.30. Leitungssystem in nichtlinearer Schaltungsumgebung bei Gleichtaktansteuerung (a) und Gegentaktansteuerung (b)

Als letztes soll noch der besonders interessante Fall betrachtet werden, daß beim Leitungssystem gemäß Bild 4.28 der Eingang des Inverters der mittleren Leitung nicht mit konstant 5 V beaufschlagt wird, sondern zum einen mit demselben Trapezsignal wie die übrigen Eingangsinverter (Fall a): Gleichtaktansteuerung) angesteuert wird, zum anderen äußere Leitungen und mittlere Leitung mit zueinander inversen Trapezsignalen (Fall b): Gegentaktansteuerung) angesteuert werden, Bild 4.30.

Aus Gründen der Übersichtlichkeit werden hier nur Ein- und Ausgangssignal (V_1 und V_2) der mittleren Leitung, jeweils für die Fälle a) und b), betrachtet. Die entsprechenden Signale V_{1a}, V_{1b}, V_{2a} und V_{2b} sind in Bild 4.31a, b dargestellt. Im Fall des Gleichtaktbetriebs verhält sich die mittlere Leitung wie eine (breite) Einzelleitung; insbesondere findet praktisch keine elektrische Kopplung zwischen Nachbarleitungen statt, da es keine nennenswerte Potentialdifferenz zwischen ihnen gibt. Das Ausgangssignal V_{2a} erscheint gegenüber dem Eingangssignal V_{1a} entsprechend der Leitungslaufzeit zeitlich verschoben. Die zeitliche Verschiebung des Eingangssignals bezüglich des Ursprungs ($t = 0$) ist auf die Laufzeit der Eingangsinverter zurückzuführen. Legt man (willkürlich) eine Signalschwelle von 2,5 V zugrunde, dann ergibt sich für das Ausgangssignal eine zeitliche Verschiebung von ca. 0,8 ns, die sich zu etwa gleichen Teilen aus

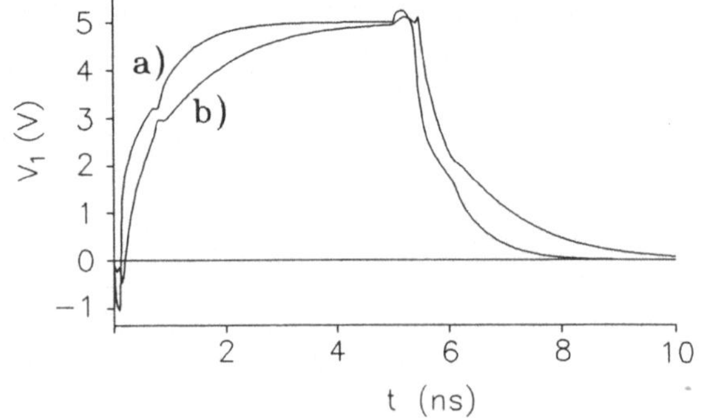

Bild 4.31a. Eingangssignale V_{1a} und V_{1b} der mittleren Leitung bei Gleich- und Gegentaktansteuerung

Leitungs- und Inverterlaufzeit zusammensetzt. Völlig anders ist die Situation beim Gegentaktbetrieb: hier weist das Ausgangssignal V_{2b} eine Gesamtzeitverschiebung von ca. 1,6 ns auf. Die reine Leitungslaufzeit hat sich gegenüber dem Gleichtaktfall mehr als verdoppelt, und die Gesamtlaufzeit hat sich ebenfalls um 100 % erhöht. Dies ist dar-

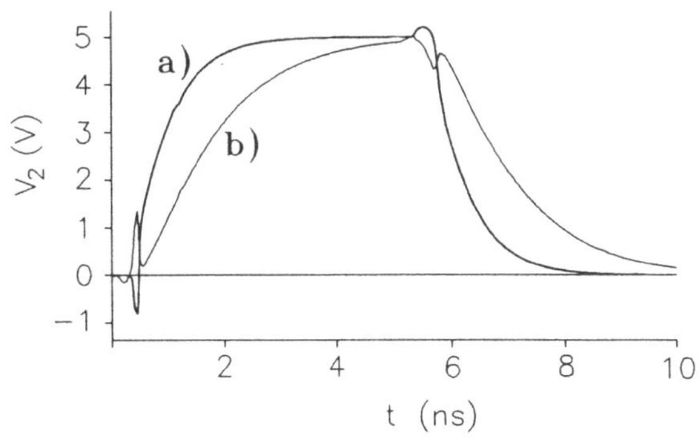

Bild 4.31b. Ausgangssignale V_{2a} und V_{2b} der mittleren Leitung bei Gleich- und Gegentaktansteuerung

auf zurückzuführen, daß die Koppelkapazitäten völlig umgeladen werden mußten, also von 5 V auf der mittleren Leitung und 0 V auf den Nachbarleitungen auf dann 0 V auf der mittleren Leitung und 5 V auf den Nachbarleitungen, was einer Potentialdifferenz von 10 V entpricht. Im Fall b) machte sich also eine hohe kapazitive Belastung bemerkbar, die im Fall a) nicht auftrat. Hieraus ergibt sich, daß es bei Laufzeitbetrachtungen nicht allein auf die Geometrie und Materialeigenschaften ankommt, sondern im Fall gekoppelter Leitungssysteme ganz wesentlich auf die zugrundegelegte Ansteuerung des Leitungssystems.

4.6 Simulation großer Schaltungen

Im letzten Abschnitt dieses Kapitels soll auf die Simulation sog. großer Schaltungen eingegangen werden. Damit sind Schaltungen gemeint, die dutzende oder auch hunderte von Leitungssystemen enthalten, wie dies z.B. bei modernen monolithisch integrierten Schaltungen aber auch auf großen Leiterplatten der Fall sein kann. Selbst bei geschickter Wahl der Algorithmen zur Leitungssimulation ist es dann nicht mehr möglich oder zumindest nicht mehr wirtschaftlich vertretbar, derartige Schaltungen auf die oben beschriebene Weise zu simulieren. Dasselbe Problem tritt bereits regelmäßig bei der Netzwerkanalyse auf: auch hier ist die vollständige Simulation großer Schaltungen (auch ohne Leitungen) i.a. nicht möglich, so daß man sich auf die Simulation kleinerer Schaltungsteile beschränkt, die man hinsichtlich des dynamischen Verhaltens der Schaltung für besonders kritisch hält. Da es sich bei sehr großen Schaltungen praktisch immer um Digitalschaltungen handelt, ist es dann möglich, die restliche Schaltung auf einer höheren Simulationsebene, etwa auf Gatterebene oder aber auch auf Verhaltensebene, zu simulieren, worauf hier nicht weiter eingegangen werden soll.

Soll das dynamische Verhalten von Leitungssystemen mit berücksichtigt werden (was bei sehr ausgedehnten, schnellen Schaltungen bereits in der Entwurfsphase notwendig wird), dann muß dies auch dann geschehen, wenn die Simulation ansonsten auf einer abstrakteren Ebene stattfindet, will man nicht zu fehlerhaften Resultaten gelangen. Dies gilt insbesondere für das Laufzeitverhalten: während es für Einzelleitungen durchaus Verfahren gibt, die die Laufzeit zumindest grob abzuschätzen und dann bei der Simulation auf nahezu beliebiger Simulationsebene mit berücksichtigen, wurde in Abschn. 4.5.3 deutlich, daß für Leitungs*systeme* eine solche Abschätzung nicht ohne weiteres möglich ist, da die Laufzeit wesentlich von den Signalen auf den übrigen Leitungen abhängt. Man ist also, unabhängig von der für das übrige Netzwerk gewählten Simulationsebene, gezwungen, zumindest die Leitungs*systeme* hinreichend genau zu simulieren, wobei die schon erwähnten Probleme bezüglich der Schaltungskomplexität und der Rechenzeit auftreten.

Es soll bereits an dieser Stelle vorweggenommen werden, daß das oben geschilderte Problem der Simulation großer Schaltungen keineswegs gelöst ist und sich entsprechende Verfahren z.Z. noch im Forschungsstadium befinden. Aus diesem Grund können hier auch noch keine fertigen Lösungen, sondern nur Lösungsansätze vorgestellt werden.

4.6.1 Näherungsweise Berechnung des Signalverhaltens

Die einfachste Möglichkeit der Simulation großer Schaltungen besteht darin, ein Leitungssimulationsverfahren, wie es etwa in Abschn. 4.3.2 geschildert wurde, mit einem auf Gatteroder höherer Ebene arbeitenden Simulator in geeigneter Weise zu verbinden. Der Terminus "in geeigneter Weise" bedeutet z.B., daß der erwähnte Simulator an Schnittstellen, die den Übergang zum Leitungssystem bilden, Signale in Form logischer Werte (im einfachsten Fall einer zweiwertigen Logik eine logische "0" oder "1") bereitstellt, die dort mit Hilfe entsprechender Umsetzungsfunktionen als Spannungsquellen mit z.B. Rechteck- oder Trapezsignalverhalten in Erscheinung treten. In erster Näherung kann man diese Spannungsquellen mit linearen Innenwiderständen versehen, so daß die anschließende Leitungssystemsimulation sehr schnell durchführbar ist. Hinsichtlich der verwendeten Innenwiderstände und der Flanken-teilheiten der erzeugten Signale muß eine Abschätzung für den ungünstigsten Fall (sog. worst case) vorgenommen werden, wobei dann für den Fall, daß die gemachten Annahmen sich als eventuell zu pessimistisch erweisen, noch eine detailliertere Untersuchung unter Berücksichti-gung der realen (i.a. nichtlinearen) Schaltungsumgebung zu erfolgen hat (siehe Abschn. 4.5). Aus der Leitungssimulation erhält man schließlich unter Zugrundelegung bestimmter (i.a. technologieabhängiger) Schwellwerte für die verwendete Transistorlogik wiederum entspre-chend zeitverzögerte oder u.U., bei entsprechenden Störpegeln und/oder geringen Leitungs-verlusten, auch eingekoppelte bzw. durch Reflexion entstandene Logiksignale, mit denen wiederum der Logiksimulator gesteuert wird. Die Leitungen bzw. Leitungssysteme werden also einzeln berechnet, wobei Einflüsse von Nichtlinearitäten sowie Rückwirkungen der Leitungen auf die das Leitungssystem steuernden Stufen zunächst vernachlässigt werden. Dennoch kann man davon ausgehen, daß das dynamische Verhalten der Gesamtschaltung hierbei bereits recht gut beschrieben wird, sieht man von besonders kritischen Fällen (für die dann eine exakte Simulation entsprechend Abschn. 4.5 durchgeführt werden muß) einmal ab.

Bei entsprechend großen Schaltungen oder auch in einer sehr frühen Phase des Schaltungs-entwurfs kann die oben geschilderte Vorgehensweise aber noch zu aufwendig sein. Man ist deshalb bemüht, den Einfluß von Leitungssystemen auf die Schaltungsdynamik möglichst ohne größere Simulation allein durch eine *Abschätzung* unter Zugrundelegung der aus dem Layout extrahierten Leitungsparameter zu ermitteln.

4.6.2 Abschätzung des Signalverhaltens

Für eine Abschätzung des Signalverhaltens, speziell der Signallaufzeiten, müssen entweder einfache analytische Funktionen (wie bei Einzelleitungen) oder aber entsprechende Tabellen-werke zur Verfügung stehen. Da eine allgemeine analytische Lösung hinsichtlich des Signal-verhaltens auf verlustbehafteten Leitungssystemen im Zeitbereich nicht existiert, müssen die für entsprechende Funktionen wie auch Tabellenwerke notwendigen charakteristischen Daten aus einer größeren Anzahl von Simulationen generiert werden. Bei den hierbei gewonnenen Daten handelt es sich z.B. um Laufzeiten, induktiv oder kapazitiv eingekoppelte Signalampli-tuden usw., wobei alle diese Werte in Abhängigkeit von verschiedenen Parametern wie der

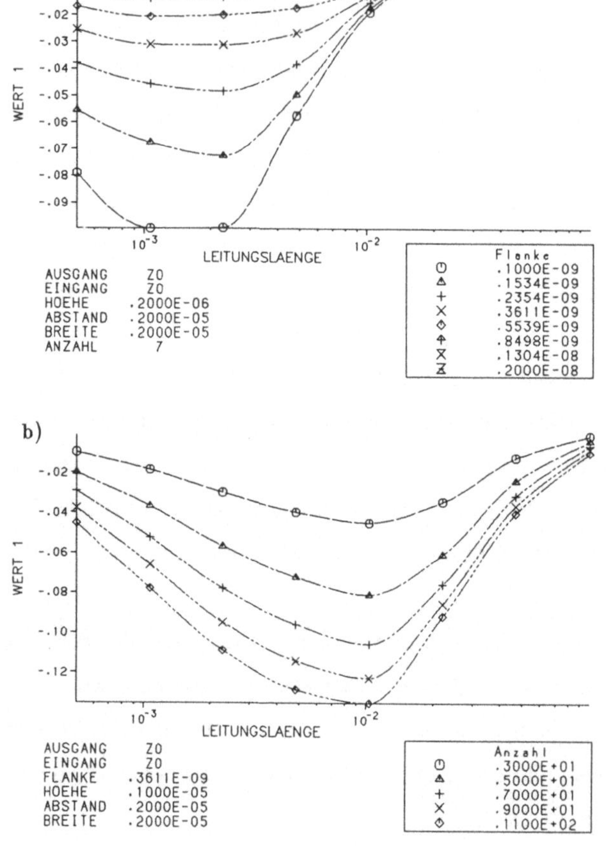

Bild 4.32. Darstellung der induktiv eingekoppelten Amplitude (WERT 1) über der Leitungslänge mit der Signalanstiegszeit (a) bzw. der Leitungszahl (b) als Parameter

Anzahl der Leitungen, der gewählten Ansteuerung, der Signalflanken, geometrischer Leitungsdaten etc. benötigt werden. Wählt man die Parameter hinreichend geschickt, so kommt man schließlich mit einem Minimum an zu speichernden Daten aus, auf die bei der Simulation beliebiger Schaltungen im Bedarfsfall (d.h. bei Auftreten eines Leitungssystems, für das eine Abschätzung hinsichtlich z.B. Laufzeit oder Störsicherheit zu machen ist) zugegriffen werden kann, ohne daß zusätzliche Leitungssimulationen durchgeführt werden müßten. Zur Illustration sind in Bild 4.32 Teile des Inhalts einer Tabelle, wie sie oben erwähnt wird,

graphisch wiedergegeben. Es handelt sich im vorliegenden Fall um Einflüsse induktiver Kopplung. Dargestellt sind die ausgangsseitigen negativen Maximalwerte eines induktiv auf die mittlere Leitung eines Leitungssystems eingekoppelten Signals, hier mit "WERT 1" bezeichnet. Es ist zu erkennen, daß mit zunehmender Länge des Leitungssystems die Einkopplung, wie man es auch erwartet, zunimmt, dann aber wieder zurückgeht. Letzteres ist auf die Leitungsverluste zurückzuführen, da mit zunehmender Leiterlänge auch die absoluten Verluste steigen, wodurch die Flankensteilheit der Signale längs der Leitungen abnimmt (Dispersion), bis die zeitliche Änderung der Signale schließlich so langsam erfolgt, daß eine Kopplung praktisch nicht mehr stattfindet. Im Fall a), Bild 4.32, ist dies früher der Fall, weil die

Leitung gegenüber dem Fall b) eine geringere Dicke (in Bild 4.32 gekennzeichnet durch "HOEHE") und damit bei gleichem Material höhere Verluste aufweist. Außerdem nehmen die Koppeleinflüsse mit zunehmender Flankensteilheit der Eingangssignale ("Flanke", Bild 4.32 a) wie auch mit zunehmender Anzahl verkoppelter Leitungen ("Anzahl", Bild 4.32 b) zu. Aus Gründen der Datenreduzierung wurden die Simulationen hier für den Fall der eingangs- wie ausgangsseitigen Anpassung des Leitungssystems mit dem Wellenwiderstand durchgeführt, so daß es zur Bestimmung der induktiven Störpegel bei *beliebigen* Leitungsabschlüssen noch einer entsprechenden Umrechnung und Überlagerung der Tabellenwerte bedarf[76]. Es ist weiterhin aus Bild 4.32 erkennbar, daß die Kurvenverläufe stetig sind, so daß man Zwischenwerte gut interpolieren kann. Zusammen mit weiteren, ebenfalls in der Tabelle abgelegten Werten, lassen sich schließlich durch entsprechende Kombination der Tabellenwerte alle real auftretenden Betriebszustände von Leitungssystemen derart nachbilden, daß man eine recht gute (d.h. möglichst nicht zu pessimistische) "worst case" Abschätzung z.B. der tatsächlich auftretenden maximalen Störpegel erhält. Bezüglich weiterer Details wird auf [77] verwiesen.

4.6.3 Allgemeines Vorgehen zur Simulation

Aus dem in Abschn. 4.6 bisher Gesagten läßt sich eine allgemeine Vorgehensweise hinsichtlich der Simulation großer Schaltungen unter besonderer Berücksichtigung von Leitungssystemen entwickeln. Für die Ermittlung der Einflüsse von Leitungen auf das Signalverhalten wurden insgesamt drei mit unterschiedlicher Genauigkeit arbeitende Verfahren vorgestellt: 1. eine sehr schnell arbeitende *Abschätzung* des Signalverhaltens auf Leitbahnen, 2. eine zwar langsamer, aber im Vergleich mit Netzwerkanalyseprogrammen um Größenordnungen schneller arbeitende *näherungsweise Berechnungsmethode* und schließlich 3. ein wiederum langsamer arbeitendes aber vergleichsweise immer noch recht schnelles Verfahren zur *exakten Berechnung* des Signalverhaltens. Die Verfahren 1 und 2 arbeiten nach dem "worst case" Prinzip, d.h. es werden z.B. Laufzeiten oder Störpegel ermittelt, die stets größer oder höchstens gleich den *tatsächlich* auftretenden Laufzeiten oder Störpegeln sind. Bei der Simulation großer Schaltungen wird man bestrebt sein, im Bedarfsfall möglichst häufig das Verfahren 1

---

[76]Der gewählte Abschluß mit dem Wellenwiderstand ist auch der Grund dafür, daß die absoluten Potentialwerte in Bild 4.32 als relativ klein erscheinen; nach entsprechender Berücksichtigung der tatsächlichen Leitungsabschlüsse ergeben sich aber recht hohe Werte, wie sie ja teilweise auch schon bei den bisher vorgestellten Simulationsresultaten beobachtet werden konnten.

und möglichst wenig das Verfahren 3 zu benutzen, um die Rechenzeit und damit die Kosten zu minimieren.

In Bild 4.33 ist eine entsprechende Vorgehensweise in Form eines Ablaufdiagramms dargestellt. Zunächst muß aus dem Schaltungslayout (soweit es schon existiert) extrahiert werden, welche Verbindungen überhaupt sinnvollerweise als Leitungen aufgefaßt werden müssen, also von welchen elektrischen Verbindungen zu erwarten ist, daß sie das dynamische Verhalten (bzw. die Performance) der Schaltung beeinflussen werden. Entsprechendes gilt für Leitungs*systeme*: es muß, ebenfalls aus dem Layout heraus, geklärt werden, welche Leitungen so dicht benachbart sind und eine hinreichend große Strecke parallel verlaufen, daß man sie sinnvollerweise als Leitungssysteme betrachten kann. Auf ähnliche Weise werden Leitungskreuzungen, Leitungsknicke und sonstige elektrisch wirksame Inhomogenitäten von Leitbahnen

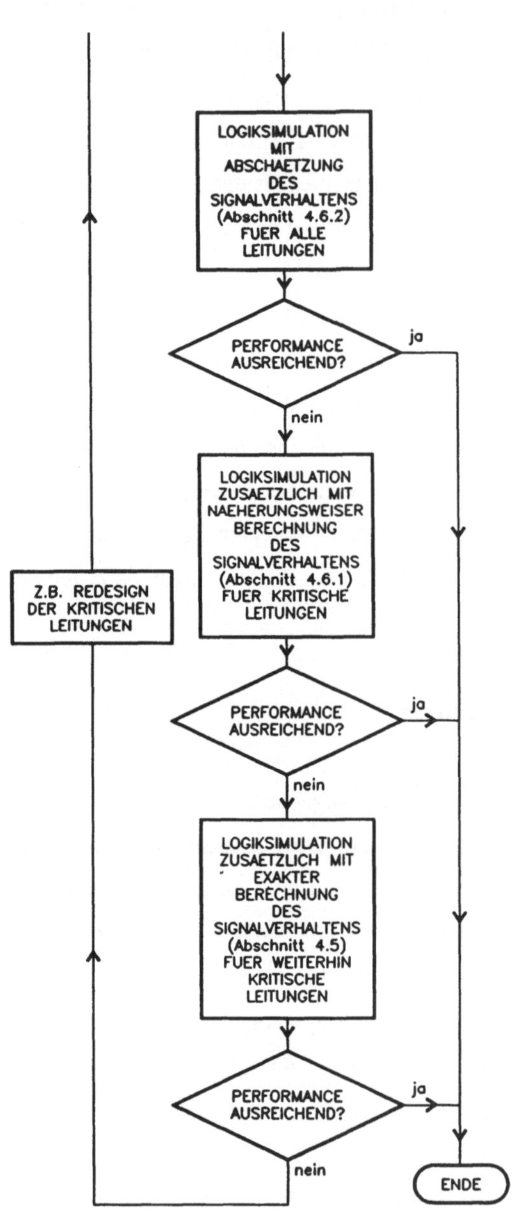

Bild 4.33. Ablaufdiagramm für die Leitungssimulation in großen Schaltungen

ermittelt. Die gerade geschilderten und weitere, die eigentliche Simulation vorbereitende Schritte wurden nicht in Bild 4.33 wiedergegeben: dort wird mit z.B. der Logiksimulation einer Schaltung begonnen, wobei zunächst eine *Abschätzung* des Signalverhaltens der zu berücksichtigenden Leitungssysteme erfolgt. Ergibt die Simulation, daß die Performance der Schaltung ausreichend ist, daß also z.B. die zu erwartenden Laufzeiten oder die zu erwartenden Störpegel *unterhalb* bestimmter, vorgegebener Werte liegen, kann die Simulation beendet werden. Sind Performanceverluste durch einzelne Leitungssysteme zu befürchten, dann ist zunächst davon auszugehen, daß die durchgeführte Abschätzung vielleicht nur zu pessimistisch war, und es wird eine weitere Logiksimulation durchgeführt, wobei für diese Leitungssysteme eine genauere, *näherungsweise Berechnung* durchgeführt wird. Bestätigt sich der Verdacht einer zu pessimistischen Abschätzung, kann die Simulation ebenfalls beendet werden. Andernfalls wird jetzt eine letzte Logiksimulation durchgeführt, wobei für jene Leitungssysteme, die die Performance immer noch in unzulässiger Weise negativ beeinflussen diesmal eine *exakte Berechnung* durchgeführt wird. Falls sich auch dabei ergibt, daß Performanceverluste zu erwarten sind, muß z.B. ein Redesign des entsprechenden Leitungssystems erfolgen oder aber andere Maßnahmen ergriffen werden (z.B. Kühlung der Schaltung zur Verringerung der Leitungsverluste), so daß die angestrebte Funktion der Schaltung erreicht werden kann. Im allgemeinen wird man davon ausgehen können, daß für die meisten Leitungssysteme eine Abschätzung des Signalverhaltens ausreichend ist und nur für ganz wenige Leitungen eine exakte (zeitaufwendige) Berechnung notwendig wird.

5 Berücksichtigung spezieller Geometrien

In Kap. 2 wurde darauf hingewiesen, daß es sich bei den hier zu betrachtenden Leitungsgeometrien um "einfache, stets wiederkehrende Strukturen" handelt. Diese Strukturen bestehen neben geraden und parallelen Leitungen im wesentlichen aus Leitungsknicken, Verzweigungen, Weitenänderungen, leerlaufenden sowie ggf. kurzgeschlossenen Leitungen und aus Durchkontaktierungen. Darüberhinaus findet man bei Mehrlagenverdrahtungen häufig sich kreuzende Leitungen bzw. Leitungssysteme, und schließlich hat man es bei integrierten Schaltungen aufgrund der i.a. recht unebenen Chipoberflächen oft mit Leitbahnen zu tun, deren Abstand zum Substrat ständig wechselt. Alle diese Strukturen führen letztlich zu Inhomogenitäten der Leitungsbeläge, was bei der Simulation mehr oder weniger stark berücksichtigt werden muß.

5.1 Knicke, Verzweigungen, Weitenänderungen, Kurzschlüsse, Leerläufe und Durchkontaktierungen

Für die Behandlung von Knicken, Verzweigungen usw. sind aus dem Bereich der Hochfrequenztechnik bereits eine große Anzahl von möglichen Ersatzschaltungen bekannt, die eine sehr präzise Simulation dieser Inhomogenitäten gestatten. Deshalb soll hier darauf nur soweit eingegangen werden, wie dies für die Simulation von Leitungssystemen auf Boards und integrierten Schaltungen unbedingt notwendig erscheint. In diesem Zusammenhang sei auf das Übersichtswerk von R. K. Hoffmann [78] hingewiesen, wo der interessierte Leser auch eine große Anzahl entsprechender Literaturstellen findet.

Es stellt sich die Frage, inwieweit die bekannten Modellierungen von Inhomogenitäten auch für die hier zu betrachtenden, extrem breitbandigen Signale verwendbar sind bzw. ob hinsichtlich der im Vergleich zu typischen Hochfrequenzanwendungen hier doch relativ niedrigen maximal zu berücksichtigenden Signalfrequenzen überhaupt spezielle Modellierungen für den zu betrachtenden Frequenzbereich notwendig werden. Zur Beantwortung dieser Frage sollen die oben erwähnten Inhomogenitäten im folgenden gesondert betrachtet werden.

Leitungsknicke:

Bei einem Leitungsknick kommt es, wie im übrigen bei jeder Inhomogenität, in der Umgebung der Knickstelle sowohl innerhalb wie außerhalb des Leiters zu Verzerrungen sowohl des elektrischen wie auch des magnetischen Feldes. Sind Leitergeometrie (Dicke, Weite etc.) und Material vor dem Knick dieselben wie nach dem Knick[77], dann sind auch Wellenwiderstände und Ausbreitungskonstanten vor und nach dem Knick identisch, und eventuell störende Signalreflexionen treten nur infolge der erwähnten Feldverzerrung auf. Die Modellierung eines solchen Leiterknicks kann (zumindest für niedrige Signalfrequenzen) z.B. durch ein aus zwei identischen Induktivitäten und einer Kapazität gegen Masse bestehendes T-Glied erfolgen, welches zwischen die zum Knick hinführende und die vom Knick fortführende Leitung geschaltet wird (siehe Tabelle 5.1). Es läßt sich durch Vergleich zwischen meßtechnisch und simulationstechnisch gewonnenen Resultaten zeigen, daß eine solche Modellierung bei entsprechender Wahl der Netzwerkelemente über einen weiten Frequenzbereich (vom Gleichstromfall bis zu einigen GHz) durchaus eine brauchbare Beschreibung eines Leiterknicks darstellt [79]. Allerdings ist zu vermuten, daß der Knick bei den hier typischerweise sehr schmalen Leitungen (im Vergleich zur Leitungslänge) keine sehr großen Auswirkungen auf

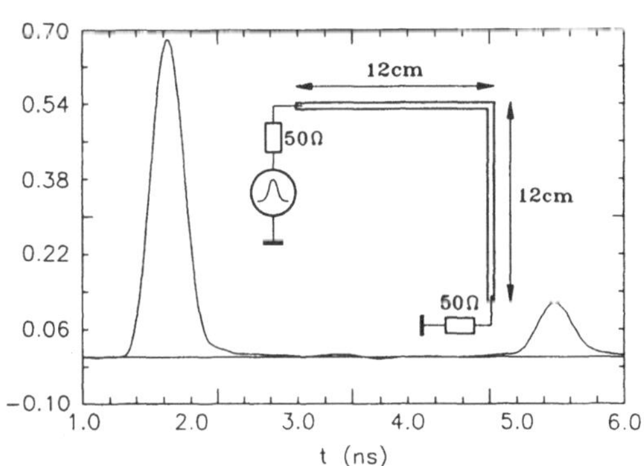

Bild 5.1. Antwort einer rechtwinklig abknickenden und 2 × 12 cm langen 200 μm - Leitung auf Epoxidharzsubstrat bei impulsförmiger Erregung

---

[77]Setzt sich die Leitung nach dem Knick z.B. mit einer anderen Leiterbreite fort, dann hat man es mit einer Kombination der Fälle "Leitungsknick" und "Leiterweitenänderung" zu tun, so daß dann beide Arten der Modellierung miteinander zu verknüpfen sind.

das Signalverhalten zeigen wird. Diese Vermutung wird sowohl durch Simulationen wie auch durch Messungen an abknickenden Leitbahnen unterschiedlicher Längen und Breiten auf Boards wie auch auf integrierten Schaltungen bestätigt. So zeigt Bild 5.1 beispielsweise das Resultat einer Messung, die an einer rechtwinklig abknickenden Leitung durchgeführt wurde. Die Leitung hat eine Breite von 200 μm und weist eine Länge von 12 cm von der Signaleinspeisungsstelle bis zum Knick sowie weiteren 12 cm vom Knick bis zum Leitungsende auf. Die übrigen Daten (Materialien, Substratdicke etc.) entsprechen jenen aus Bild 3.17a. Die Leitung wurde mit einem impulsförmigen Signal beaufschlagt, und gemessen wurde das am Leitungsende ankommende Signal. Entsprechend der Signallaufzeit ist der Maximalwert des Impulses nach 1,8 ns am Leitungsende beobachtbar. Der Einfluß des Leitungsknicks müßte dann nach weiteren 1,8 ns (= 2 $\times$ 0,9 ns), also zum Zeitpunkt t = 3,6 ns, am Ausgang

Tabelle 5.1. Verschiedene Geometrien und Ersatzschaltbilder

	Geometrie	mögliche Ersatzschaltung	vereinfachte Ersatzschaltung
Knick	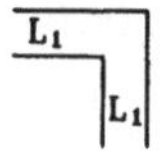 L_1 / L_1	 L_1 — L_1 (mit Querkapazität)	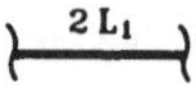 $2\,L_1$
Verzweigung	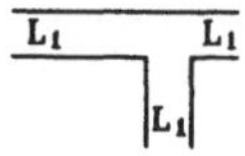 L_1 L_1 / L_1	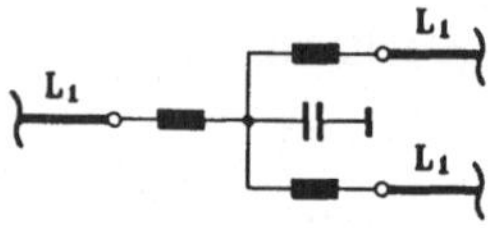 L_1 — L_1 / L_1	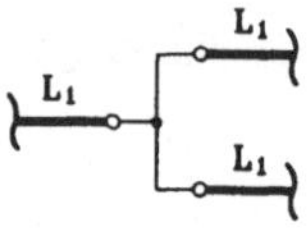 L_1 — L_1 / L_1
Weitenänderung	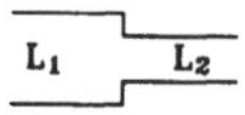 L_1 L_2	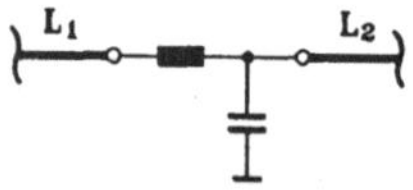 L_1 — L_2 (mit Querkapazität)	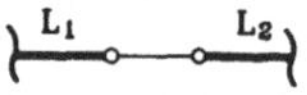 L_1 — L_2
offenes Ende	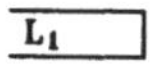 L_1	 L_1	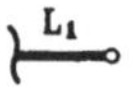 L_1
Kurzschluß	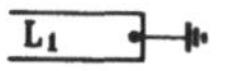 L_1	 L_1	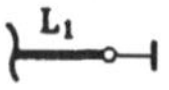 L_1
Durchkontaktierung	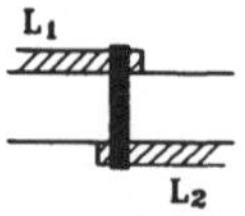 L_1 / L_2	 L_1 — L_2	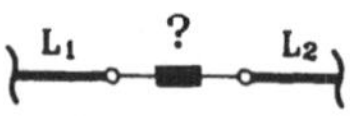 L_1 — ? — L_2

beobachtbar sein. Tatsächlich läßt sich zu diesem Zeitpunkt aber kein signifikantes Signal erkennen. Erst zum Zeitpunkt t = 5,4 ns ist wieder ein Signal erkennbar, welches das am Leitungseingang reflektierte und zum Leitungsausgang zurückgelaufene Signal darstellt. Betrachtet man den Bereich zwischen 3 ns und 4 ns mit höherer Amplitudenauflösung, dann läßt sich natürlich der Einfluß des Knicks sehr gut erkennen. Auf eine entsprechende Darstellung wurde hier aber verzichtet. Insgesamt ergibt sich, daß Leitungsknicke in der Regel nicht berücksichtigt werden müssen. Dies wurde in Tabelle 5.1 in der Spalte "vereinfachte Ersatzschaltung" durch Zusammenfassung beider mit L_1 bezeichneten Leitungen zu einer einzigen Leitung angedeutet.

Leitungsverzweigung:

Leitungsverzweigungen zeigen aufgrund ähnlicher Geometrie ähnliches Verhalten wie Leitungsknicke: auch hier lassen sich entsprechende Ersatzschaltungen angeben (siehe z.B. 2. Spalte, Tabelle 5.1), aber auch hier müssen diese Ersatzschaltungen bei der Simulation in aller Regel nicht berücksichtigt werden. In jedem Fall ist aber die aufgrund der abzweigenden Leitung auftretende Änderung des Gesamtwellenwiderstandes zu berücksichtigen. Die zu berücksichtigende Ersatzschaltung ist in der letzten Spalte von Tabelle 5.1 dargestellt.

Änderung der Leitbahnweite:

Bei der Änderung der Leitbahnweite kommt es, wie schon bei der Leitungsverzweigung, zu einer plötzlichen Änderung des Wellenwiderstandes und damit zu Reflexionen. Dies ist sehr gut am Beispiel zweier Messungen erkennbar, die an zwei sich abrupt von 3 mm auf 1 mm Weite (Fall a)) bzw. von 3 mm auf 200 μm Weite (Fall b)) verjüngenden Leitungen durchgeführt wurden. Die Resultate sind in Bild 5.2 dargestellt. Man erkennt, daß die Eingangsimpulse nach ca. 1 ns am Leitungsende ihren Maximalwert erreichen. Während *ohne* Weitenänderung der Leitung der nächste Impuls erst nach der doppelten Leitungslaufzeit (also etwa *zwei* weiteren Nanosekunden) am Leitungsende auftreten dürfte, ist hier bereits nach ca. *einer* weiteren Nanosekunde ein Impuls sichtbar, der auf den Einfluß der Weitenänderung zurückzuführen ist. Dieser Impuls ist umso stärker, je größer die Leiterbreitenänderung ist. Eine mögliche Ersatzschaltung, die die Feldverzerrung in der Umgebung der Weitenänderung hinreichend gut beschreibt [80], ist in Tabelle 5.1 angegeben, aber auch hier dominieren die Einflüsse des sich ändernden Wellenwiderstandes, so daß eine vereinfachte Ersatzschaltung verwendet werden kann.

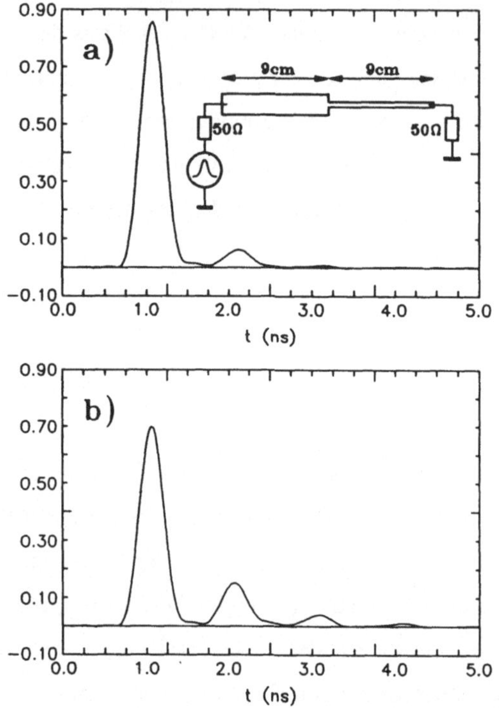

Bild 5.2. Antwort einer 2 × 9 cm langen Leitung auf Epoxidharzsubstrat bei impulsförmiger Erregung; Leiterweitenänderung: 3 mm auf 1 mm (a) bzw. 3 mm auf 200 μm (b)

Leerlaufende Leitung:

Die Verzerrung insbesondere des elektrischen Feldes am Ende einer leerlaufenden Leitung läßt sich durch eine entsprechend gewählte Kapazität vom Leitungsende nach Masse (Tabelle 5.1) oder durch eine Leitungsverlängerung nachbilden. Es kann gezeigt werden, daß eine eine solche Leitungsverlängerung größenordnungsmäßig der Leiterbreite entspricht. Da die hier betrachteten Leitungen aber ausnahmslos wesentlich länger als breit sind, wird klar, daß eine solche Leitungsverlängerung bzw. der Einsatz einer entsprechenden Kapazität keinen Einfluß auf das Signalverhalten haben wird. Der Fall der leerlaufenden Leitung braucht also bei der Simulation nicht besonders berücksichtigt zu werden (Tabelle 5.1, letzte Spalte).

Kurzgeschlossene Leitung:

Der Kurzschluß einer Leitung nach Masse kann durch Einsatz einer entsprechend gewählten Induktivität modelliert werden, Tabelle 5.1. Da es aber an einer Kurzschlußstelle (wie auch bei einer leerlaufenden Leitung) aufgrund starker Fehlanpassung in jedem Fall zu signifikanten und das Signalverhalten häufig dominierenden Reflexionen kommen wird, kann man i.a. von einem idealen Kurzschluß ausgehen, d.h. die Induktivität kann vernachlässigt werden, ohne daß es bei der Simulation zu einem erkennbaren Fehler kommt.

Durchkontaktierung:

Sehr häufig werden sowohl auf Boards wie auch auf integrierten Schaltungen Durchkontaktierungen, also Verbindungen zwischen unterschiedlichen Metallisierungsebenen, notwendig. Die Problematik ist hier sehr ähnlich wie bei der kurzgeschlossenen Leitung: da die Durchkontaktierung i.a. nicht ideal sein wird, ist sie durch eine zusätzliche konzentrierte Induktivität zu berücksichtigen (Tabelle 5.1). Da die zu verbindenden Leitbahnen aber infolge unterschiedlicher Geometrien (z.B. unterschiedlicher Substratabstände) i.a. auch unterschiedliche Wellenwiderstände aufweisen, wird das Signalverhalten häufig stärker durch die infolge der unterschiedlichen Wellenwiderstände auftretenden Fehlanpassung beeinflußt, als durch die an der Kontaktierungsstelle auftretende Inhomogenität, so daß man auf die Berücksichtigung einer zusätzlichen Induktivität bei der Simulation oft (aber nicht immer) wird verzichten können.

Zusammenfassend folgt, daß der Einfluß räumlich konzentrierter Inhomogenitäten gering ist und i.a. vernachlässigt werden kann. Zu berücksichtigen sind aber stets Änderungen des Wellenwiderstandes, wie sie oben beschrieben wurden. Dies ist mit Hilfe eines Netzwerkanalyseprogramms, das eine Leitungssimulation z.B. entsprechend Abschn. 4.3 zuläßt, völlig unkompliziert, da die hierzu zu berücksichtigenden vereinfachten Ersatzschaltbilder gemäß Tabelle 5.1 sehr einfach zu modellieren sind und i.a. auch nicht zu besonders zeitintensiven Simulationen führen.

5.2   Verkreuzte Leitungssysteme

Mit wachsender Schaltungskomplexität kommt den Mehrlagenverdrahtungen immer größere Bedeutung zu. Solche Mehrlagenverdrahtungen, bei denen also mehrere Metallisierungsebenen vorhanden sind, findet man sowohl auf integrierten Schaltungen wie auch auf Boards. Typischerweise kommt es dabei zu Leitungskreuzungen auf unterschiedlichen Metallisierungsebenen, und es stellt sich die Frage, inwieweit sich solche kreuzenden Leitungen elektromagnetisch gegenseitig beeinflussen. Bild 5.3 zeigt einen Ausschnitt aus zwei

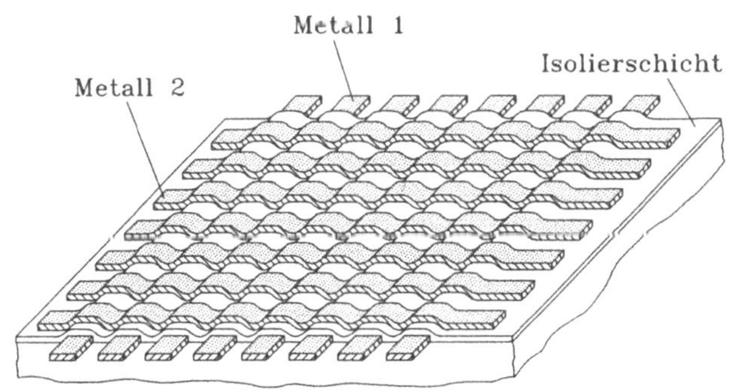

Bild 5.3. Verkreuzte Leitungssysteme

sich kreuzenden Leitungssystemen, wie man sie beispielsweise auf einer integrierten Schaltung finden könnte. Die beiden Leitungssysteme gehören zu unterschiedlichen Metallisierungsebenen, hier mit "Metall 1" und "Metall 2" bezeichnet, und sind durch eine Isolierschicht elektrisch voneinander getrennt. Speziell auf integrierten Schaltungen sind die oberen Metallisierungsebenen einigermaßen zerklüftet, d.h. sie weisen schon deshalb stark inhomogene Leitungsbeläge auf, worauf aber erst in Abschn. 5.3 eingegangen werden soll. Besonders günstig hinsichtlich der gegenseitigen elektrischen Beeinflussung sich kreuzender Leitungen ist die Situation, wenn man, wie dies häufig geschieht, zwischen je zwei Signalebenen (also Metallisierungsebenen, die Signale im nachrichtentechnischen Sinne führen) eine Versorgungsebene (d.h. eine Metallisierungsebene, die nur elektrische Versorgungsleitungen enthält) legt: In diesem Fall ist die elektrische Kopplung zwischen den Signalebenen sehr gering, allerdings ist die magnetische Kopplung bei parallelverlaufenden Signalleitungen auch in diesem Fall zu berücksichtigen. Folgen dagegen zwei Signalebenen, wie in Bild 5.3 dargestellt, *direkt* aufeinander, so wird es aufgrund der Orthogonalität der Leitungssysteme im wesentlichen nur zu einer elektrischen Kopplung kommen. Kreuzen sich die Leitungssysteme nicht orthogonal, treten beide Kopplungsarten auf. Dieser letzte Fall kommt in der Praxis nur selten vor.

In Bild 5.3 ist zu erkennen, daß eine elektrische Kopplung zwischen den Metallisierungsebenen örtlich nicht abrupt, sondern stetig erfolgen wird. Der elektrisch ungünstigere Fall ("worst case") bei der Modellierung sich kreuzender Leitungen ist aber die Annahme einer abrupt einsetzenden Kopplung, da es hierbei an den Kopplungsstellen zusätzlich zu starken Signalreflexionen kommt. Glücklicherweise ist dieser Fall auch einfacher zu modellieren, und im folgenden wird von einer örtlich plötzlich einsetzenden Kopplung, also vom ungünstigsten Fall ausgegangen. Bild 5.4 zeigt hierzu zwei mögliche Arten der Modellierung zweier sich überkreuzender Leitungen. Im ersten Fall wird die Kopplung durch ein kurzes, elektrisch miteinander verkoppeltes Leitungssystem modelliert, im zweiten Fall wird die die Kopplung durch Einbau einer konzentrierten Kapazität realisiert. Dabei ist i.a. der zwei-

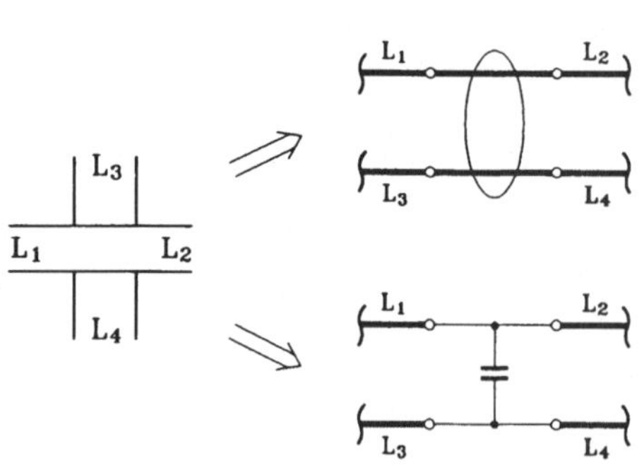

Bild 5.4. Beispiele für die Modellierung zweier sich kreuzender Leitungen

ten Modellierungsart der Vorzug zu geben, da die Simulation sehr kurzer Leitungen wegen der zeitlich in sehr kurzen Abständen stattfindenden Reflexionen hohe Rechenzeiten erfordert (siehe Abschn. 4.5.1).

Die in Bild 5.4 dargestellte Koppelkapazität ist wegen der i.a. sehr viel größeren Leitungslänge gegenüber der Leitungsbreite erheblich kleiner als die Leitungskapazitäten und liegt z.B. bei integrierten Schaltungen größenordnungsmäßig im Bereich einiger Femtofarad. Dies hat zur Folge, daß allein aufgrund der kapazitiven Spannungsteilung nur von einer elektrisch äußerst schwachen gegenseitigen Beeinflussung sich kreuzender

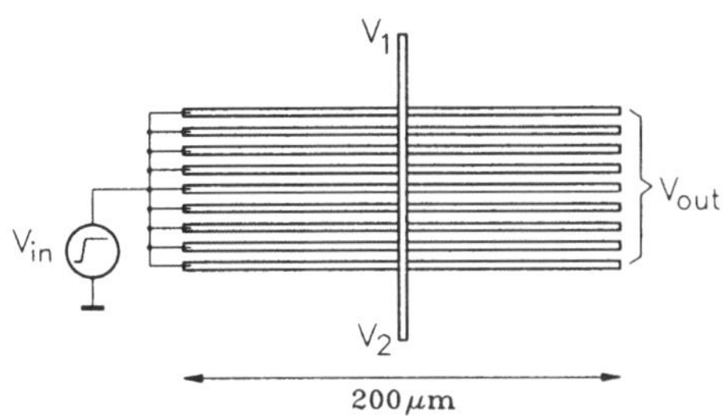

Bild 5.5. Simuliertes Leitungssystem zur Ermittlung der gegenseitigen elektrischen Beeinflussung sich überkreuzender Leitungen (nicht maßstäblich)

Leitungen auszugehen ist. Demonstriert wird dies hier am Beispiel eines aus neun 1μm-Leitungen bestehenden Leitungssystems der Länge 200μm, die simultan mit dem rampenförmigen Signal V_{in} angesteuert werden (Bild 5.5). Die Länge der das System in der Mitte überkreuzenden 1μm-Leitung beträgt 120μm. Die Leitungen wurden deshalb so kurz gewählt, um einen wirklich ungünstigen Fall zu betrachten: aufgrund der kurzen Leitungslängen machen sich die Leitungsverluste kaum bemerkbar, so daß es praktisch nicht zu Dispersionserscheinungen kommt. Dadurch lassen sich starke Reflexionen beobachten, und die dabei auf den Leitungen hin- und herlaufenden Signale ändern sich zeitlich sehr stark, was eine Voraussetzung für die elektrische Kopplung ist. Außerdem ist die gesamte Leitungskapazität der überkreuzenden Leitung wegen der Kürze dieser Leitung relativ gering, so daß die oben erwähnte kapazitive Spannungsteilung nicht übermäßig stark zum Tragen kommen kann Schließlich wurden alle Leitungsausgänge offen, d.h. insbesondere ohne kapazitive Belastung betrieben, wie sie gewöhnlich schon aufgrund der Eingangskapazitäten der angeschlossenen Transistorstufen auftritt. Das gewählte Beispiel stellt also einen praktisch nicht vorkommenden, äußerst ungünstigen Fall dar und dient allein der Demonstration möglicher Koppeleinflüsse.

Bild 5.6 a) zeigt sowohl das allen Leitungen des Leitungssystems gemeinsame Eingangssignal V_{in} wie auch die aufgrund der auftretenden Reflexionen sehr schnell hin- und herschwingenden und praktisch identischen Ausgangssignale des Leitungssystems. Das langsame Abklingen

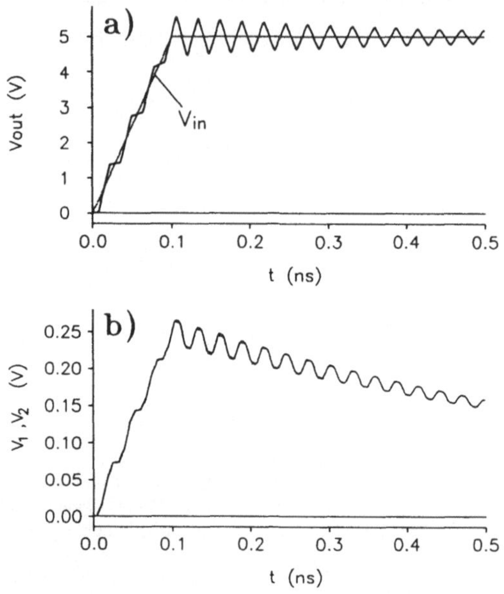

Bild 5.6. Ein- und Ausgangssignale des Leitungssystems (a) sowie Ausgangssignale der überkreuzenden Leitung (b)

der Reflexionen ist auf die (geringen) Verluste des Leitungssystems zurückzuführen. Die (prinzipiell vorhandene) Rückwirkung der überkreuzenden Leitung auf die Signale des Leitungssystems ist nicht beobachtbar. In Bild 5.6 b) sind die (aus Symmetriegründen identischen) Ausgangssignale V_1 und V_2 der das Leitungssystem überkreuzenden Einzelleitung dargestellt: trotz der unrealistisch ungünstig getroffenen Annahmen ist der Signalpegel an den Ausgängen der Einzelleitung im Vergleich zu den Signalpegeln des Leitungssystems recht gering (maximal ca. 5 % des Eingangssignals)[78]. Wählt man etwas realistischere Randbedingungen, ist eine Kopplung praktisch nicht mehr beobachtbar. Man wird also Kopplungseffekte aufgrund sich überkreuzender Leitungssysteme für die meisten praktisch vorkommenden Fälle in sehr guter Näherung vernachlässigen können.

5.3   Weitere Inhomogenitäten

Wie schon in Abschn. 5.2 erwähnt, kommt es z.B. wegen der sehr unebenen Oberfläche von integrierten Schaltungen zu Inhomogenitäten der Leitungsbeläge (Bild 5.3). Solche Inhomogenitäten treten aber auch auf Bords auf, wenn sich etwa Leitungssysteme kreuzen. Zwar spielen die infolge von verkreuzten Leitungssystemen auftretenden Signalkopplungen keine große Rolle (siehe Abschn. 5.2), die Leitungsparameter eines Leitungssystems können dabei aber längs des Leitungssystems erheblich schwanken, was sicherlich Einfluß auf das

---

[78]Das langsame Abklingen des Signalpegels in Bild 5.6 b) ist simulationstechnisch bedingt: da nicht belastete Leitungen bei der Simulation nicht zulässig sind, wurden alle "offenen" Leitungen tatsächlich mit je einem ohmschen Widerstand von 1 MΩ belastet, was sich natürlich nur bei der nicht galvanisch mit einer Signalquelle verbundenen Einzelleitung bemerkbar macht.

Signalverhalten hat. Ähnliches gilt auch, wenn Leitbahnen auf integrierten Schaltungen z.B. über Diffusionsgebiete führen. Während es recht einfach ist, eine einmalig stattfindende Parameteränderung dadurch zu berücksichtigen, daß man das betroffene Leitersystem in zwei miteinander verbundene Einzelsysteme zerlegt, die jedes für sich wieder homogene Leitungsbeläge aufweisen, würde eine solche Vorgehensweise für die oben beschriebenen Inhomogenitäten sehr problematisch werden: man müßte dann in der Regel jedes Leitungssystem in dutzende von i.a. recht kurzen Einzelsystemen zerlegen, was die Simulationsdauer erheblich ansteigen ließe.

Bei der Suche nach einem Ausweg aus diesen Schwierigkeiten stellt sich die Frage, ob sich das im kleinen sehr inhomogene Leitungssystem nicht durch ein homogenes Leitungssystem ersetzen läßt, dessen Parameter sich aus den Parametern der einzelnen Teilstücke des realen Systems auf geeignete Weise ergeben. Dabei soll das dann homogene Leitungssystem die tatsächlichen Verhältnisse noch hinreichend gut beschreiben. Die Kriterien zur Bestimmung der Ersatzparameter des homogenen Leitungssystems müssen derart sein, daß die gegenüber dem realen System sicherlich auftretende Abweichung im Signalverhalten des homogenen Systems minimal wird. Dabei führen unterschiedliche Definitionen dieser Abweichungen i.a. auch zu unterschiedlichen Ersatzparametern. So sind Ersatzparameter realisierbar, die beispielsweise besonders gut das Laufzeitverhalten approximieren, während andere Parameter das Amplitudenverhalten sehr gut beschreiben. Dabei wird man hinsichtlich dieser oder jener Anforderung sicherlich Kompromisse eingehen müssen. Ein besonders einfacher Ansatz zur Bestimmung der Ersatzparameter besteht darin, sie so zu wählen, daß die Übertragungsmatrix des realen Leitungssystems jener des Ersatzsystems möglichst ähnlich wird. Ohne auf die etwas umfangreichen Details der entsprechenden Berechnung einzugehen, soll hier nur das sehr simple Resultat vorgestellt werden:

Betrachtet wird ein aufgrund der eingangs erwähnten Strukturen inhomogenes, aus n Leitungen bestehendes Leitungssystem. Da die Inhomogenitäten sich insbesondere auch durch Reflexionen auf dem Leitungssystem bemerkbar machen und diese Reflexionen am ausgeprägtesten sind, wenn sich die Leitungsparameter abrupt ändern, soll das Leitungssystem gemäß Bild 5.7 als aus m kurzen, homogenen Leitungssystemen zusammengesetzt betrachtet werden (worst case), wobei das i-te Leitungssystem die Länge l_i sowie die Leitungsparameter R'_i, L'_i und C'_i aufweist. Die Ersatzparameter R', L' und C' ergeben sich dann als arithmetisches Mittel in der Form

$$\mathbf{R'} \cdot l = \sum_{i=1}^{m} \mathbf{R'_i} \cdot l_i \ , \tag{5.1a}$$

$$\mathbf{L'} \cdot l = \sum_{i=1}^{m} \mathbf{L'_i} \cdot l_i \ , \tag{5.1b}$$

$$\mathbf{C'} \cdot l = \sum_{i=1}^{m} \mathbf{C'_i} \cdot l_i \ . \tag{5.1c}$$

Hierbei ist l die gesamte Leitungssystemlänge, also die Summe aller l_i. Es muß noch überprüft werden, ob durch (5.1) wirklich das gemäß Bild 5.7 modellierte Leitungssystem hinreichend gut beschrieben wird. Dabei wird sofort deutlich, daß hierbei das Laufzeitverhalten sicherlich *nicht* korrekt nachgebildet wird: während sich die *reine* Laufzeit (d.h. *ohne* Berücksichtigung von Dispersionseffekten) des Ersatzsystems entsprechend

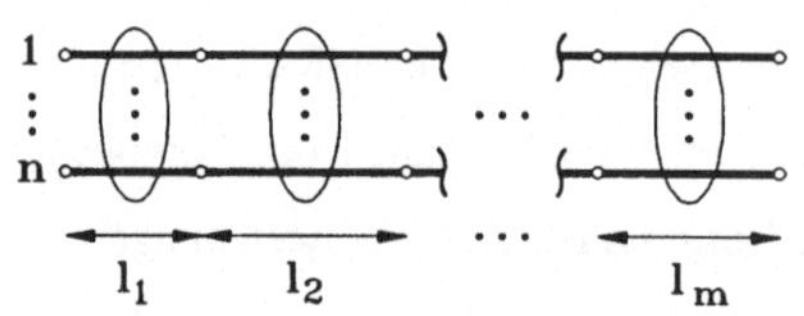

$$\mathbf{L'C'} \cdot l = \ (\sum_{i=1}^{m} \mathbf{L'_i} \cdot l_i \ ) \ (\sum_{i=1}^{m} \mathbf{C'_i} \cdot l_i) \tag{5.2a}$$

Bild 5.7. Inhomogenes Leitungssystem, modelliert als m kurze, homogene Leitungssysteme

errechnen läßt, ergibt sich die Laufzeit für das Originalsystem gemäß

$$\mathbf{T}^2 = \sum_{i=1}^{m} \mathbf{L'_i} \ \mathbf{C'_i} \cdot l_i^2 \ . \tag{5.2b}$$

Da die Matrizen (5.2a) und (5.2b) keinen geordneten Zahlenkörper repräsentieren, lassen sich zwischen ihnen auch keine Relationen der Form $<$ oder $>$ angeben, aber immerhin sind (5.2a) und (5.2b) voneinander verschieden, wobei alle Terme von (5.2b) in (5.2a) enthalten sind. Es ist also zu vermuten, daß die Laufzeiten für das Ersatzsystem größer als die Laufzeiten des Originalsystems sein werden, die Originalsignale also gegenüber den Ersatzsignalen *voreilen*. Die nicht korrekte Laufzeitbeschreibung ist insofern nicht kritisch, als daß das Gesamtlaufzeitverhalten besonders auf integrierten Schaltungen wesentlich durch die ohmschen Verluste bestimmt wird.

Aufschlüsse über das Amplitudenverhalten aber auch über die Größe der Abweichung bezüglich des Laufzeitverhaltens soll eine Probesimulation geben. Hierzu wird ein aus fünf

Leitungen (n = 5) bestehendes 1μm-Leitungssystem der Gesamtlänge l = 400 μm betrachtet. Wie schon in Abschn. 5.2 wurde auch hier ein relativ kurzes Leitungssystem zugrundegelegt, um den Einfluß von Reflexionen besser beobachten aber auch das Laufzeitverhalten besser beurteilen zu können. Das Leitungssystem besteht aus einem 100μm langen homogenen Bereich. Danach folgt ein insgesamt 200μm langer Bereich, in dem das Leitungssystem inhomogen sein soll, und schließlich wieder ein 100μm langer homogener Teil. Der inhomogene Bereich setzt sich gemäß Bild 5.7 aus insgesamt 40 homogenen Leitungsstücken zusammen (m = 40). Da sich die Induktivitätsbeläge von Leitungen auf integrierten Schaltungen als unempfindlich gegen die hier auftretenden Schwankungen der Leiterabstände zum Substrat hin erweisen (siehe Abschn. 3.3), wurden alle L_i' als gleich angenommen. Entsprechendes gilt für die Widerstandsbeläge, da der Leiterquerschnitt als annähernd konstant angenommen wurde. Allerdings kommt den Widerstandsbelägen aufgrund der Kürze der einzelnen Leitungssysteme (wenige μm) hier ohnehin keine besonders große Bedeutung hinsichtlich des Signalverhaltens zu. Die Werte der Kapazitätskoeffizientenmatrix C_i' schwanken periodisch von Leitungsstück zu Leitungsstück um 100%. Die entsprechenden Leitungslängen wurden alle gleich zu je 5 μm gewählt[79]. Stimuliert wird das System durch ein sprungförmiges 5V-Signal, das an den Eingängen der vier äußeren Leitungen (also Leitung 1, 2, 4 und 5) anliegt, während die mittlere Leitung (Leitung 3) eingangsseitig geerdet ist. Ausgangsseitig sind alle Leitungen unbelastet. Es handelt sich also um eine ganz ähnliche Anordnung, wie sie den in Kap. 4 beschriebenen Simulationen zugrunde lag, mit dem Unterschied, daß es sich hier nicht um neun, sondern nur um fünf Leitungen handelt. Parallel dazu wurde eine ebenfalls aus zwei homogenen 100μm langen Leitungssystemen und einem 200μm langen Ersatzsystem bestehende Anordnung simuliert, wobei die Parameter des Ersatzsystems gemäß (5.1) errechnet wurden.

Bild 5.8 zeigt die Ausgangssignale sowohl der Original- wie auch der Ersatzanordnung. Dargestellt wurden die Potentialverläufe V_1, V_2 und V_3 der äußeren Leitungen 1 und 2 sowie der mittleren Leitung 3 der Originalanordnung sowie die entsprechenden Signale V_1^*, V_2^* und V_3^* der Ersatzanordnung (aus Symmetriegründen gilt $V_1 = V_5$, $V_2 = V_4$ bzw. $V_1^* = V_5^*$, $V_2^* = V_4^*$). Außerdem ist noch das Eingangssprungsignal V_{in} erkennbar. Wegen der geringen

---

[79]Natürlich hätte man sowohl *alle* Leitungsparameter wie auch *alle* Längen l_i *beliebig* (also auch *nicht* periodisch) schwanken lassen können. Am Resultat änderte sich hierdurch nichts.

Leitungsverluste machen sich die Signalreflexionen an den Enden der Anordnungen außerordentlich stark bemerkbar. Im vergrößert abgebildeten Bereich von Bild 5.8 sieht man neben V_{in} (waagerechte Linie) die Signale der äußeren Leitungen 1 und 2 der Original- und der Ersatzanordnung im direkten Vergleich. Es fällt

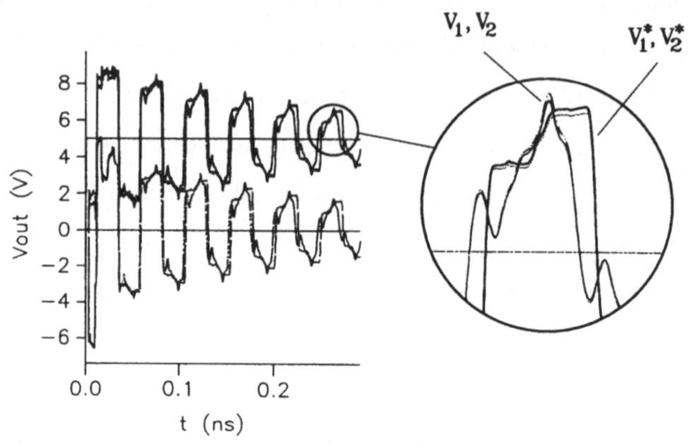

Bild 5.8. Vergleich zwischen Original- und Ersatzsystem bei sprungförmiger Erregung

zunächst auf, daß das Originalsignal früher am Leitungsende erscheint als das Ersatzsignal, was durch Diskussion von (5.2) weiter oben bereits vermutet wurde. Je mehr Reflexionen stattfinden, desto größer ist die Zeitdifferenz zwischen beiden Signalen. Auch die *Form* der Signale V_1, V_2 unterscheidet sich einigermaßen stark von den Signalformen von V_1^*, V_2^*. Dies ist natürlich auch nicht verwunderlich, da es auf dem Originalsystem aufgrund der Inhomogenitäten zu außerordentlich vielen Reflexionen kommt, die beim Ersatzsystem nicht auftreten können. Da die Anstiegszeit des Eingangssignals nahezu Null ist (exakt: 0,3 ps), machen sich diese Reflexionen trotz der sehr kurzen Laufzeiten auf den Leitungsstücken des

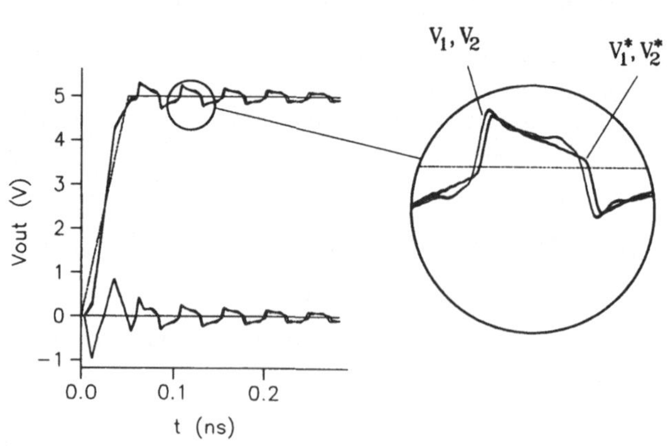

inhomogenen Bereichs deutlich bemerkbar. Insgesamt läßt sich aber feststellen, daß das Amplitudenverhalten auf Original- und Ersatzsystem sehr ähnlich ist und es selbst für den etwas "pathologischen" Fall eines außerordentlich kurzen Leitungssystems bei extrem kurzer Signalanstiegszeit i.a. ausreichen wird,

Bild 5.9. Vergleich zwischen Original- und Ersatzsystem bei rampenförmiger Erregung

das Ersatzsystem anstelle des Originalsystems zu simulieren. Wählt man allein die Anstiegszeit des Eingangssignals bei sonst gleichem Leitungssystem zu 50 ps (was immer noch außerordentlich schnell ist), dann können sich hin- und rücklaufende Signale teilweise aufheben, und insbesondere die Verformung des Originalsignals aufgrund von Reflexionen im inhomogenen Bereich ist nicht mehr so stark, so daß die Signale des Original- und des Ersatzsystems jetzt fast dieselbe Form haben (Bild 5.9). Für Leitungssysteme größerer Länge bei Eingangssignalen mit realistischen Flankensteilheiten stimmen die Signale von Original- und Ersatzsystem praktisch überein. Treten aufgrund höherer Verluste nur wenige Signalreflexionen in Erscheinung, dann können auch die Laufzeitunterschiede in sehr guter Näherung vernachlässigt werden.

6 Simulation von Skin- und Proximity-Effekten

Unter *Skin-Effekt* versteht man bekanntlich die Stromverdrängung in einem Leiter an dessen Oberfläche infolge Selbstinduktion. Hierauf wurde bereits in Abschn. 3.1.2 eingegangen. Zu einer entsprechenden Stromverdrängung kann es aber auch durch den Leiter durchdringende, zeitlich veränderliche Magnetfelder kommen, die nicht von den Leiterströmen des Leiters selbst, sondern durch Ströme anderer, in der Nähe befindlicher Leiter, erzeugt werden. In diesem Fall spricht man vom *Proximity-Effekt* (proximity *(engl.)* = Nähe). Der Proximity-Effekt führt im wesentlichen zu denselben Erscheinungen wie der Skin-Effekt, also zu einer Verringerung des inneren Induktivitätsbelages und insbesondere zu einer Erhöhung des ohmschen Widerstandes des betroffenen Leiters. Die simulationstechnische Berücksichtigung beider Effekte wird in diesem Kapitel behandelt.

6.1 Simulation im Frequenzbereich

Die Berücksichtigung sowohl des Skin- wie auch des Proximity-Effektes bei der Leitungssimulation im Frequenzbereich ist vergleichsweise einfach: zur Beschreibung einer Leitung oder eines Leitungssystems können dieselben Differentialgleichungssysteme wie in Abschn. 4.2.1 herangezogen werden, wobei die dort als frequenzunabhängig angenommenen Größen R', L' und C' einfach durch entsprechende frequenz*abhängige* Größen $R'(\omega)$, $L'(\omega)$ und $C'(\omega)$ zu ersetzen sind. Es gilt dann analog zu (4.1)

$$-\partial \underline{V}/\partial z = [\ R'(\omega) + j\omega L'(\omega)\ ]\cdot\underline{I}\ , \tag{6.1a}$$

$$-\partial \underline{I}/\partial z \;=\; j\omega C'(\omega)\cdot\underline{V}\;. \tag{6.1b}$$

Die Vorgehensweise für die Simulation entspricht exakt der in Abschn. 4.2.1 angegebenen. Dabei müssen die Frequenzabhängigkeiten der einzelnen Leitungsparameter allerdings bekannt sein. Sieht man von einfachsten Geometrien wie etwa der eines einzelnen Rundleiters oder eines Koaxialkabels ab, so sind diese Frequenzabhängigkeiten i.a. unbekannt und müssen von Fall zu Fall numerisch berechnet werden. Dies bildet eine gewisse Schwierigkeit des Verfahrens, ist aber noch mit nicht allzu großem Aufwand realisierbar. Wurden die frequenzabhängigen Leitungsparameter bereits berechnet, dann ist der Aufwand für die anschließende Simulation, insbesondere hinsichtlich der Rechenzeit, kaum höher als im Fall konstanter Leitungsparameter.

Bild 6.1 zeigt die im Frequenzbereich simulierte Signalantwort eines 600 m langen Koaxialkabels vom Typ RG-58C/U bei trapezförmiger Erregung. Anstiegs- und Abfallzeit des am Leitungseingang direkt anliegenden Trapezsignals betragen je 25 ns, die Gesamtsignaldauer 1050 ns und die Maximal-

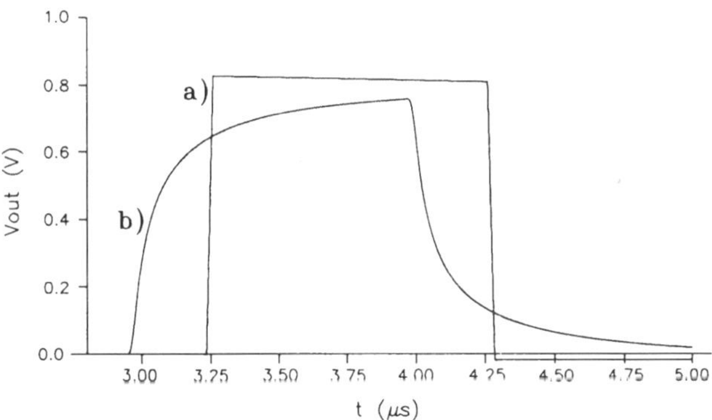

Bild 6.1. Im Frequenzbereich simuliertes Ausgangssignal eines Koaxialkabels a) *ohne* und b) *mit* Berücksichtigung des Skin-Effektes

amplitude 1V. Der als frequenzunabhängig angenommene Kapazitätsbelag der Leitung ist mit 101 pF/m angegeben; der Durchmesser des Innenleiters beträgt 0,9 mm, der Innendurchmesser des Außenleiters 2,95 mm. Sowohl Kabel wie auch Erregung wurden so gewählt, daß ein signifikanter Einfluß des Skin-Effektes erkennbar wird. Für die Simulation wurde der Außenleiter vereinfachend als ideal leitend angenommen, der tatsächlich aus Kupferlitze bestehende Innenleiter wurde durch einen massiven Kupferleiter (σ_{Cu} = 56·10^6 (Ωm)$^{-1}$) ersetzt. Als Lastwiderstand am Leitungsausgang wurden 50 Ω gewählt. Die Frequenzabhängigkeit von Widerstands- und Induktivitätsbelag ergibt sich gemäß (B29a, b) aus Beispiel 3.5, wobei zum inneren Induktivitätsbelag gemäß (B29b) noch der frequenzunabhängige *äußere* Induktivitätsbelag gemäß (B15), Beispiel 3.2, in Höhe von 237 nF/m zu addieren ist.

Die Simulation wurde zusätzlich für konstante Leitungsparameter (f → 0) durchgeführt, und beide Resultate sind in Bild 6.1 dargestellt. Während *ohne* Berücksichtigung des Skin-Effektes (Bild 6.1 a)) das Ausgangssignal aufgrund der geringen Leitungsverluste noch nahezu die gleiche Form wie das Eingangssignal aufweist (der negative Signalverlauf für t > 4,3 μs ist auf geringe Reflexionen am Leitungsausgang zurückzuführen), machen sich *mit* Berücksichtigung des Skin-Effektes (Bild 6.1 b)) infolge erhöhter Leitungsverluste starke Dispersionserscheinungen bemerkbar. Außerdem verringert sich die Laufzeit wegen der Abnahme des Induktivitätsbelages signifikant.

Wie bereits bei der Simulation von Leitungen mit konstanten Leitungsparametern ausführlich erläutert (Kap. 4) besteht auch hier bei der Simulation im Frequenzbereich das Problem, daß eine nichtlineare Schaltungsumgebung nicht oder nur mit großen Schwierigkeiten berücksichtigt werden kann, weshalb die Frequenzbereichssimulation trotz ihrer Vorzüge bei der Behandlung des Skin-Effektes nur sehr eingeschränkt brauchbar ist.

6.2 Simulation im Zeitbereich

Auf die Behandlung des Skin-Effektes im Zeitbereich wurde in der Literatur bisher nur sehr wenig eingegangen (siehe z.B. [57, 74, 81]). Der Grund dafür ist, daß die Simulation im Frequenzbereich natürlich bedeutend einfacher durchführbar und auf die meisten Probleme auch sehr gut anwendbar ist. Hinzu kommt, daß im Bereich digitaler Schaltungen die Einflüsse des Skin-Effektes aufgrund der kleinen Querschnittsabmessungen der verwendeten Leiter i.a. vernachlässigt werden können (siehe Abschn. 3.1.2). Bei Leitungen auf Boards kommt es zwar zu einem mittleren bis starken Skin-Effekt (siehe Bild 3.17b), die hieraus resultierende Zunahme des Widerstandsbelags reicht aber meistens nicht aus, um das Signalverhalten merklich zu beeinflussen. Anders ist die Situation unter Verwendung spezieller Montage- und Verbindungstechniken für integrierte Schaltungen in schnellen Großrechenanlagen: hier kann der Skin-Effekt eine wichtige Größe bilden, und zwar sowohl hinsichtlich der signalabhängigen Widerstandszu- wie auch der ebenfalls signalabhängigen Induktivitätsabnahme. Eine besondere Bedeutung kommen Skin- und Proximity-Effekten bezüglich leitender Substrate zu: in Abschn. 3.2 wurde gezeigt, daß der Skin-Effekt je nach Leitfähigkeit des Substrats schon bei relativ niedrigen Signalanstiegszeiten erheblichen Einfluß auf Signalausbreitung und Leitungskopplung hat. Schließlich kann die Simulation des Skin-Effektes im Zeitbereich auch bei Verwendung spezieller Leitermaterialien und/oder Umgebungsbedingungen eine Rolle spielen, wie dies etwa bei im Tieftemperaturbereich betriebenen Leitungen oder bei zukünftigen Hochtemperatur-Supraleitern der Fall ist [82].

6.2.1 Simulation von Einzelleitungen

Die meisten Ansätze zur Berechnung des Skin-Effektes im Zeitbereich basieren auf einer Modifizierung bereits bekannter Verfahren zur Leitungssimulation. Dabei werden in Reihe zu einer Leitung mit konstanten Belägen zusätzliche Elemente (Leitungen, Netzwerkelemente) geschaltet werden, die die tatsächlich vorhandene Frequenzabhängigkeit der Leitungsparameter nachbilden sollen. Beispielsweise schlagen Yen et al. [74] ein Verfahren vor, das auf

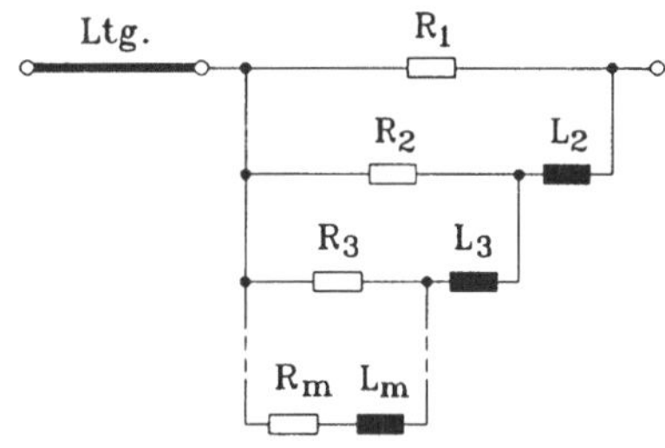

Bild 6.2. Modellierung eines Leitungssegmentes zur Berücksichtigung des Skin-Effektes gemäß [74]

das Verfahren der Modellierung von verlustbehafteten Einzelleitungen durch verlustfreie Leitungsstücke, die miteinander durch ohmsche Widerstände verbunden sind (siehe Abschn. 4.3.1), aufsetzt. Diese Widerstände werden dann durch ein aus ohmschen Widerständen und Induktivitäten bestehendes Netzwerk ersetzt. Bild 6.2 zeigt ein entsprechend modifiziertes Leitungssegment z.B. der Länge Δz_k, wobei "Ltg." eine verlustfreies Leitungselement darstellt (vergl. mit Bild 4.10 für n = 1). Die Topologie des R-L-Netzwerkes wurde dabei so gewählt, daß für f → 0 nur der Gleichstromwiderstandsbelag R'(f → 0) wirksam wird, also

$$R'(f \rightarrow 0)\Delta z_k = \cfrac{1}{\cfrac{1}{R_1} + \cfrac{1}{R_2} + \ldots + \cfrac{1}{R_m}} . \qquad (6.2)$$

Die Widerstände R_1 bis R_m sind dann alle parallel geschaltet. Mit wachsender Frequenz fließen immer geringere Ströme durch die Induktivitäten L_2 bis L_m, so daß der gesamte Induktivitätsbelag abnimmt, wie es im Fall des Skin-Effektes sein muß. Schließlich fließt fast der gesamte Strom durch den Widerstand R_1. Die benötigte Anzahl von Netzwerkelementen richtet sich nach der gewünschten Genauigkeit des Verfahrens und nach der Höhe der oberen Grenzfrequenz.

Nachteilig ist die teilweise recht umständliche Bestimmung der benötigten Netzwerkelemente: sind Meßwerte hinsichtlich der Frequenzabhängigkeit z.B. der Dämpfung der zu betrachtenden Leitung bekannt oder liegen entsprechende Feldberechnungen vor, dann werden die Elemente R_1 bis R_m bzw. L_2 bis L_m so berechnet, daß das Netzwerk das Übertragungsverhaltens der Leitung über den gesamten zugrundegelegten Frequenzbereich möglichst gut approximiert. Lediglich für besonders einfache Geometrien (z.B. Koaxialkabel) lassen sich die gesuchten Werte der Widerstände und Induktivitäten auf einfache Weise, etwa auf analytischem Wege, bestimmen. Ein weiterer Nachteil ist darin zu suchen, daß auf der einen Seite zwar das in Abschn. 4.3.1 erläuterte und sich gerade durch Vermeidung numerischer Integrationen auszeichnende Verfahren verwendet wird, andererseits aber konzentrierte Induktivitäten enthaltende Netzwerke eingebaut werden, so daß dann doch wieder numerische Integrationen nötig werden. Der Vorteil des Verfahrens liegt darin, daß, hat man erst einmal die Netzwerkelemente bestimmt, eine Computersimulation außerordentlich leicht durchführbar ist, ggf. unter Benutzung gängiger Netzwerkanalyseprogramme wie etwa SPICE.

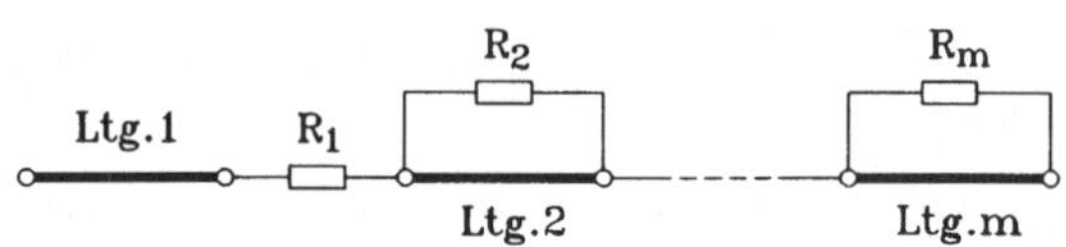

Bild 6.3. Modellierung eines Leitungssegmentes zur Berücksichtigung des Skin-Effektes gemäß [57]

Numerische Integrationen lassen sich vermeiden, wenn man, wie von Brennan und Ruehli vorgeschlagen [57], das Netzwerk zur Berücksichtigung des Skin-Effektes ausschließlich aus ohmschen Widerständen und kurzen, verlustfreien Leitungsstücken bildet. Die entsprechende Schaltung ist in Bild 6.3 dargestellt. Ltg. 1 entspricht hier Ltg. aus Bild 6.2, der Gleichstromwiderstand des Leitungssegmentes ist R_1, da die Leitungen für $f \rightarrow 0$ Kurzschlüsse bilden. Auch hier ist die Bestimmung der Elemente Ltg. 2 bis Ltg. m bzw. R_2 bis R_m u.U. recht kompliziert. Außerdem erfordert die Modellierung sehr langer Leitungen (einige hundert Meter) im Gegensatz zum vorherigen Verfahren sehr viele Leitungssegmente, was die für die Simulation benötigte Rechenzeit sehr stark anwachsen läßt. Da die hier betrachteten Leitungen aber i.a. maximale Längen von einigen Dutzend Zentimetern aufweisen, kann das zuletzt beschriebene Verfahren für die Simulation des Skin-Effektes recht effektiv sein.

Ein weiteres Verfahren zur Berücksichtigung des Skin-Effektes bei Einzelleitungen, daß sich auch zur Behandlung von Leitungs*systemen* eignet, wird im folgenden Abschnitt vorgestellt.

6.2.2 Simulation von Leitungssystemen

Zur Behandlung des Skin-Effektes bei Mehrfachleitungen könnte der Versuch unternommen werden, die in Abschn. 6.2.1 vorgestellten Verfahren z.B. unter Zugrundelegung der Ergebnisse aus Abschn. 4.3 "einfach" auf Mehrfachleitungen auszudehnen. Ein andere Möglichkeit besteht in der Anwendung des von Djordjević [64] vorgestellten Simulationsverfahrens, welches bereits in Abschn. 4.4 ausführlich erläutert wurde und ebenfalls die Berücksichtigung des Skin-Effektes bei Leitungssystemen gestattet. Allerdings ist es für den Anwender unbefriedigend, wenn er vor der eigentlichen Simulation mehr oder weniger umfangreiche Feldberechnungen im Frequenzbereich (siehe z.B. [84]) oder sogar entsprechende Messungen anstellen muß, deren Ergebnis ihm schließlich als Basis für die Bestimmung seiner Modellparameter dient. Dies ist im übrigen auch bei dem ansonsten sehr eleganten Verfahren von Djordjević notwendig. Im folgenden soll deshalb ein anderes Verfahren entwickelt werden, daß auf dem in Abschn. 4.3.2 beschriebenen Algorithmus zur Simulation verlustbehafteter Leitungssysteme im Zeitbereich basiert und eine vergleichsweise einfache Berücksichtigung von Skin- und Proximity-Effekten bei Leitungssystemen gestattet [83].

In Abschn. 3.1.2 wurde erläutert, daß man sich den durch einen Leiter endlichen Querschnitts fließenden Strom als aus Stromröhren zusammengesetzt vorstellen kann. Da es sich um einen massiven Leiter handelt, sind diese Stromröhren über ihre gesamte Länge leitend miteinander verbunden, so daß ein metallischer Leiter in jeder seiner Querschnittsebenen praktisch ein konstantes elektrisches Potential aufweisen wird. Ist der Strom durch den Leiter zeitlich veränderlich, dann werden aufgrund der gegenseitigen magnetischen Verkopplung der einzel-

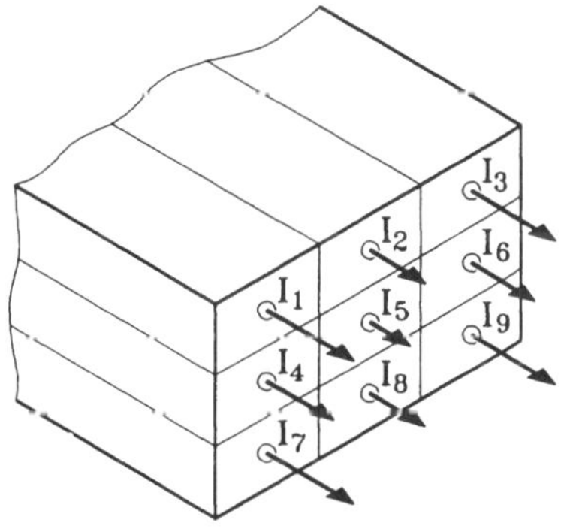

Bild 6.4. Zerlegung eines Rechteckleiters in Stromröhren

nen Stromröhren elektrische Felder induziert, die so gerichtet sind, daß sie ihrer Ursache entgegenzuwirken suchen (Lenzsche Regel): es stellt sich letztlich eine über den Leiterquerschnitt inhomogene Stromverteilung ein, so daß es zum Skin-Effekt kommt. In Bild 6.4 ist dies für einen in neun Stromröhren zerlegten Rechteckleiter graphisch dargestellt.

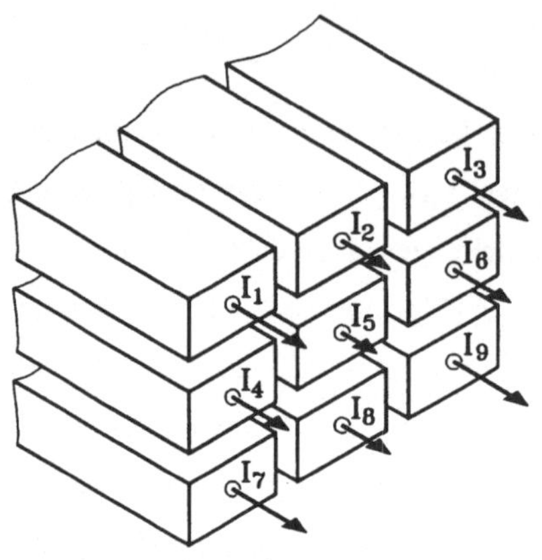

Bild 6.5. Stromröhren eines Rechteckleiters als Leitungssystem

Die oben gegebene Interpretation des Skin-Effektes über die magnetische Verkopplung von Stromröhren führt unmittelbar auf eine mögliche Modellierung eines Leiters zur Simulation des Skin-Effektes: die einzelnen Stromröhren werden als magnetisch verkoppelte Leitungen aufgefaßt, d.h. jeder *einzelne* Leiter wird jetzt durch ein Leitungs*system* nachgebildet. Bild 6.5 zeigt eine entsprechende Modifikation des in Bild 6.4 dargestellten Rechteckleiters. Der wesentliche Vorteil einer solchen Vorgehensweise besteht darin, daß lediglich die (dann frequenz*unabhängigen*) Selbst- und Koppelinduktivitäten der einzelnen Stromröhren bestimmt werden müssen (siehe hierzu z.B. Abschn. 3.1.2), wobei sich die Frequenzabhängigkeit der Parameter des *Gesamt*leiters quasi "automatisch" ergibt. Die Berücksichtigung der ohmschen Leiterverluste geschieht durch Zerlegung in Segmente (siehe Bild 4.11) wie in Abschn. 4.3.2 beschrieben, und die oben erwähnte leitende Verbindung der Stromröhren untereinander wird dadurch erreicht, daß das die Einzelleitung modellierende

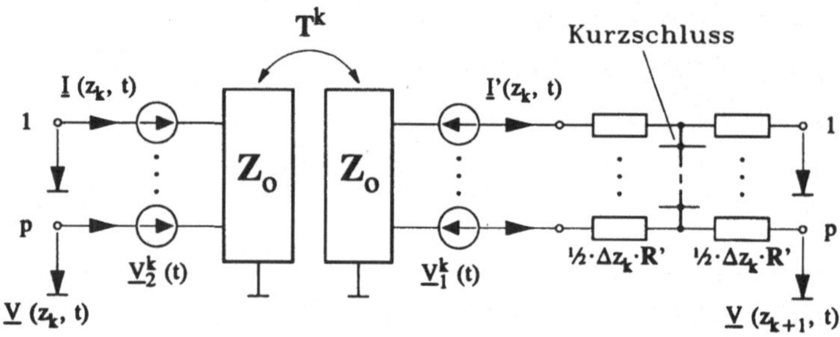

Bild 6.6. k-tes Segment einer Einzelleitung, modelliert durch ein kurzgeschlossenes, aus p Leitungen (= Stromröhren) bestehendes Leitungssystem (vgl. Bild 4.11)

Leitungssystem innerhalb jedes Segmentes kurzgeschlossen wird. Bild 6.6 zeigt die entsprechende Schaltung. Sie entspricht weitgehend jener gemäß Bild 4.11, wobei jetzt aber die aus Z_0 *heraus*fließenden Ströme wegen des Kurzschlusses nicht mehr gleich den in das nachfolgende (k+1)-te Segment *hinein*fließenden Strömen sind. Außerdem wurden die Widerstandsbeläge aus Symmetriegründen in zwei gleiche Teile zerlegt, zwischen denen der Leitungskurzschluß erfolgt.

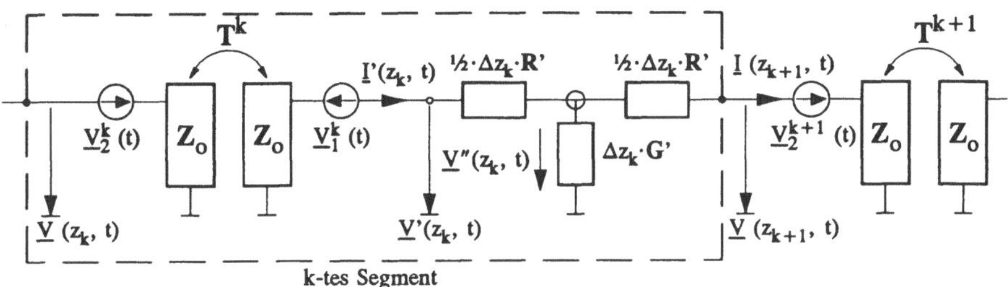

Bild 6.7. k-tes Segment eines aus q Leitern bestehenden Leitungssystems *mit* Ableitungsbelägen

Zur quantitativen Formulierung der obigen qualitativen Überlegungen soll an die Ausführungen von Abschn. 4.3.2 angeknüpft werden. Um die Möglichkeit zu haben, die Leitungen nicht nur einfach miteinander kurzzuschließen, sondern z.B. bei der Behandlung von Substrateinflüssen auch endliche Leitwerte quer zur Ausbreitungsrichtung mit berücksichtigen zu können, wird nicht von der in Bild 6.6 dargestellten Modellierung ausgegangen, sondern es wird die allgemeinere Schaltung aus Bild 6.7 zugrundegelegt, die anstelle eines Kurzschlusses Ableitungsbeläge zusätzlich zu den Widerstandsbelägen vorsieht. Im Gegensatz zu Bild 6.6 wurden in Bild 6.7 aus Gründen einer einfacheren Darstellung nicht mehr einzelne Spannungsquellen und Widerstände abgebildet, sondern die Spannungsquellen werden durch je *eine* Spannungsquelle repräsentiert; ebenso werden Widerstands- und Ableitungsbeläge durch jeweils *einen* rechteckigen Block dargestellt. Wie die tatsächliche Verschaltung der Blöcke aus Einzelwiderständen R und -leitwerten G erfolgt, zeigt Bild 6.8. Dabei gilt $R_{ii} := R'_{ii} \cdot \Delta z_k$ bzw. für die Matrix der Ableitungsbeläge $\mathbf{G'}$

$$\Delta z_k \cdot \mathbf{G'} =: \begin{bmatrix} \sum\limits_{k=1}^{q} G_{1k} & -G_{12} & \cdots & -G_{1q} \\ -G_{21} & \sum\limits_{k=1}^{q} G_{2k} & \cdots & -G_{2q} \\ \vdots & \vdots & \cdots & \vdots \\ -G_{q1} & -G_{q2} & \cdots & \sum\limits_{k=1}^{q} G_{qk} \end{bmatrix} . \tag{6.3}$$

Für das Bild 6.7 entsprechende Leitersystem sollen zunächst Zusammenhänge gebildet werden, die den Gleichungen (4.33a, b) äquivalent sind. Da sich das Leitersystem hinsichtlich

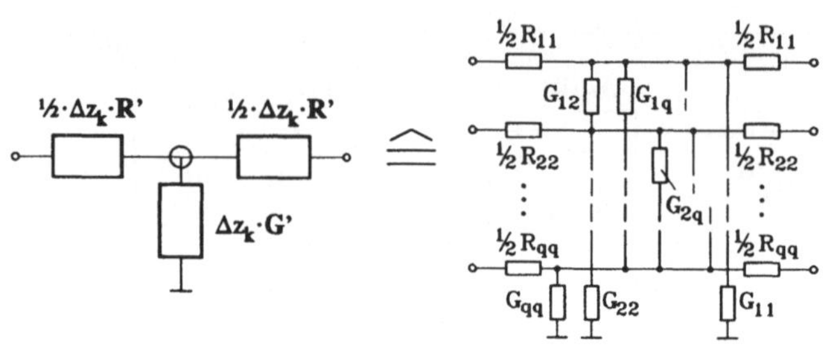

Bild 6.8. Verschaltung der R'- G'- Netzwerke aus Bild 6.7

Ein- und Ausgang symmetrisch verhalten muß, muß sich auch die Potentialmatrix der Leiter $V''(z_k, t)$ auf symmetrische Weise aus $\underline{V}_1^k(t)$ und $\underline{V}_2^{k+1}(t)$ ergeben. Es wird deshalb der Ansatz

$$V''(z_k, t) =: M^k \left[\underline{V}_1^k(t) + \underline{V}_2^{k+1}(t) \right] \qquad (6.4)$$

gewählt, wobei M^k eine konstante, aber zunächst noch unbekannte quadratische Matrix der Dimension q (genauer: $q \times q$) darstellt, die sich auf geeignete Weise aus den Matrizen Z_0, R' und G' zusammensetzt. Wendet man auf das in Bild 6.7 dargestellte Netzwerk die 2. Kirchhoffsche Gleichung (Maschengleichung) an, dann erhält man unter Berücksichtigung von (6.4) und mit $R_k := \frac{1}{2} R' \Delta z_k + Z_0$ unmittelbar die Gleichungssysteme

$$R_k \underline{I}(z_{k+1}, t) = M^k \underline{V}_1^k(t) - (1 - M^k) \underline{V}_2^{k+1}(t) \quad , \qquad (6.5a)$$

$$R_k \underline{I}'(z_k, t) = (1 - M^k) \underline{V}_1^k(t) - M^k \underline{V}_2^{k+1}(t) \quad , \qquad (6.5b)$$

in denen die Ströme $\underline{I}(z_{k+1}, t)$ und $\underline{I}'(z_k, t)$ als Funktionen der gesteuerten Spannungsquellen $\underline{V}_1^k(t)$ und $\underline{V}_2^{k+1}(t)$ dargestellt sind. Eine weitere Anwendung des Maschensatzes ergibt

$$\underline{V}(z_{k+1}, t) = \underline{V}_2^{k+1}(t) + Z_0 \underline{I}(z_{k+1}, t) \quad , \qquad (6.6a)$$

$$\underline{V}'(z_k, t) = \underline{V}_1^k(t) - Z_0 \underline{I}'(z_k, t) \quad . \qquad (6.6b)$$

Durch Einsetzen von (6.5) in (6.6) lassen sich dort die Ströme eliminieren, so daß man schließlich

$$\underline{V}(z_{k+1}, t) = Z_0 R_k^{-1} M^k \underline{V}_1^k(t) + [1 - Z_0 R_k^{-1} (1 - M^k)] \underline{V}_2^{k+1}(t) \quad , \qquad (6.7a)$$

$$\underline{V}'(z_k, t) = [1 - Z_0\, R_k^{-1}\, (1 - M^k)]\, \underline{V}_1^k\,(t) + Z_0\, R_k^{-1}\, M^k\, \underline{V}_2^{k+1}\,(t)\ , \qquad (6.7b)$$

erhält. Während es sich bei den oben durchgeführten Umformungen bisher nur um die Anwendung des ohmschen Gesetzes sowie der 2. Kirchhoffschen Gleichung auf ein recht einfaches Netzwerk handelt, müssen jetzt noch die Leitungsdifferentialgleichungen bzw. deren Lösungen mit berücksichtigt werden, um letztlich zu der gewünschten mathematischen Beschreibung des Leitungssystems zu gelangen. Hierzu wird auf die bereits in Abschn. 4.3.2 entwickelten Gleichungssysteme (4.30), hier angewandt auf den linken (verlustfreien) Teil des k-ten Segmentes in Bild 6.7, zurückgegriffen:

$$\underline{V}_2^k(t) = 2\,\underline{V}'(z_k, 1t - T^k) - \underline{V}_1^k\,(1t - T^k)\ , \qquad (6.8a)$$

$$\underline{V}_1^k(t) = 2\,\underline{V}\,(z_k, 1t - T^k) - \underline{V}_2^k\,(1t - T^k)\ . \qquad (6.8b)$$

Setzt man (6.7) in (6.8) ein, dann folgt

$$\underline{V}_2^k(t) = [1 - 2\,Z_0\,R_k^{-1}\,(1 - M^k)] \otimes \underline{V}_1^k\,(1t - T^k)$$
$$+ 2\,Z_0\,R_k^{-1}\,M^k \otimes \underline{V}_2^{k+1}\,(1t - T^k)\ , \qquad (6.9a)$$

$$\underline{V}_1^k(t) = [1 - 2\,Z_0\,R_{k-1}^{-1}\,(1 - M^{k-1})] \otimes \underline{V}_2^k\,(1t - T^k)$$
$$+ 2\,Z_0\,R_{k-1}^{-1}\,M^{k-1} \otimes \underline{V}_1^{k-1}\,(1t - T^k). \qquad (6.9b)$$

In Abschn. 4.3.2 wurde eine Abschwächungsmatrix **A** eingeführt. Analog dazu besteht hier offensichtlich die Notwendigkeit der Einführung *zweier* Abschwächungsmatrizen

$$A_1^k := 2\,Z_0\,R_k^{-1}\,(1 - M^k) \quad \text{und} \qquad (6.10a)$$

$$A_2^k := 2\,Z_0\,R_k^{-1}\,M^k\ , \qquad (6.10b)$$

wobei $A_1^k + A_2^k = 2\,Z_0\,R_k^{-1}$ gilt. Eingesetzt in (6.9) erhält man schließlich als Pendant zu (4.33):

$$\underline{V}_2^k(t) = (1 - A_1^k) \otimes \underline{V}_1^k(1t - T^k) + A_2^k \otimes \underline{V}_2^{k+1}(1t - T^k)\ , \qquad (6.11a)$$

$$\underline{V}_1^k(t) = (1-A_1^{k-1}) \otimes \underline{V}_2^k(1t - T^k) + A_2^{k-1} \otimes \underline{V}_1^{k-1}(1t - T^k) . \qquad (6.11b)$$

Für $M^k = \frac{1}{2} \, 1$ erhält man aus (6.11) gerade (4.33); $M^k = \frac{1}{2} \, 1$ beschreibt somit offensichtlich gerade den Fall verschwindender Ableitungsbeläge, also $G' \equiv 0$. Bevor die Matrix M^k für den allgemeinen Fall bestimmt wird, muß noch auf eine Schwierigkeit hingewiesen werden:

Ziel ist es, ein aus n Leitern bestehendes Leitungssystem unter Berücksichtigung von Skin- und Proximity-Effekten zu berechnen. Hierzu muß jeder einzelne Leiter in Stromröhren zerlegt werden. Wird der i-te Leiter in p_i Stromröhren zerlegt und ergibt sich daraus schließlich ein aus insgesamt q Leitern bestehendes Leitungssystem, also

$$q = \sum_{i=1}^{n} p_i \quad , \; q \geq n \; \text{ und } \; p_i \geq 1 \; \forall \, i \, , \qquad (6.12)$$

dann muß über die Elemente der Matrix G' so verfügt werden, daß zwischen den Stromröhren jedes einzelnen Leiters wenigstens näherungsweise Kurzschlüsse wie in Bild 6.6 dargestellt entstehen. Daraus folgt, daß einzelne Elemente der Matrix G' sehr große Werte (im Prinzip: *unendlich* große Werte) annehmen müssen, was zu numerischen Problemen bei der Rechnersimulation führen kann.

Aus diesem Grund soll die in Bild 6.8 dargestellte Verschaltung der Elemente von R' und G' so modifiziert werden, daß die Kurzschlüsse der Stromröhren einzelner Leiter *separat*, also nicht implizit über die Matrix G', stattfinden. Dies ist in Bild 6.9 dargestellt. Die aus Symmetriegründen in zwei gleiche Teile zerlegte quadratische Widerstandsbelagsmatrix R' besitzt entsprechend der Gesamtzahl q der Stromröhren die Dimension q, in Bild 6.9 durch ein hochgestelltes $(q \times q)$ angedeutet. Wegen der jeweils kurzgeschlossenen Stromröhren der insgesamt n Leiter ist die quadratische Matrix G' jetzt aber nur noch n-dimensional, angedeutet durch ein hochgestelltes $(n \times n)$. Entsprechend fließen aus dem linken Widerstandsnetzwerk insgesamt q Ströme, repräsentiert durch die Spaltenmatrix $\underline{I}'^{(q)}(z_k, t)$, wobei das in Klammern gesetzte hochgestellte q die Dimension der Matrix angibt, während in das Ableitungsnetzwerk wegen der Kurzschlüsse nur noch n Ströme hineinfließen, repräsentiert durch die Spaltenmatrix $\underline{I}'^{(n)}(z_k, t)$. Analoges gilt für die aus dem Ableitungsnetzwerk hinausfließenden Ströme $\underline{I}^{(n)}(z_{k+1}, t)$ und die in das rechte Widerstandsnetzwerk hinein-

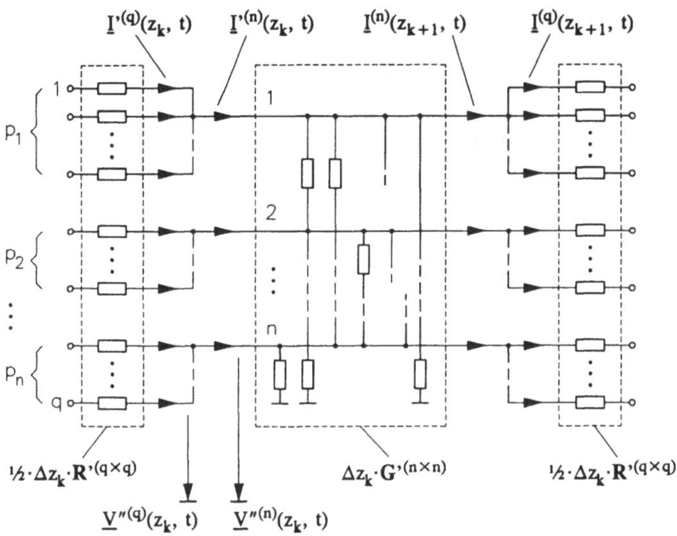

Bild 6.9. Verschaltung der **R'**- **G'**- Netzwerke mit separaten Kurzschlüssen für die Stromröhren einzelner Leiter

fließenden Ströme $\underline{I}^{(q)}(z_{k+1}, t)$. So lassen sich zwischen den Widerstandsnetzwerken formal auch zwei Spaltenmatrizen für die Leiterpotentiale unterscheiden, je nach dem, ob man die q Potentiale $\underline{V}''^{(q)}(z_k, t)$ an einem der Widerstandsnetzwerke betrachtet, oder ob man die n Potentiale $\underline{V}''^{(n)}(z_k, t)$ am Ableitungsnetzwerk berücksichtigt. Natürlich existieren nur maximal n voneinander verschiedene Potentiale, entsprechend den n Leitern. Um den Zusammenhang zwischen den n- und q-dimensionalen Spaltenmatrizen einfach darstellen zu können, wird zusätzlich eine q×n-dimensionale Matrix

$$\mathbf{E}^{(q \times n)} := \begin{array}{c} p_1 \left\{ \vphantom{\begin{matrix}1\\1\\ \\1\end{matrix}} \right. \\ p_2 \left\{ \vphantom{\begin{matrix}0\\ \\0\end{matrix}} \right. \\ \\ \\ \end{array} \begin{bmatrix} 1 & 0 & 0 & \cdots & 0 \\ 1 & 0 & 0 & \cdots & 0 \\ \vdots & \vdots & \vdots & & \vdots \\ 1 & 0 & 0 & \cdots & 0 \\ 0 & 1 & 0 & \cdots & 0 \\ \vdots & \vdots & \vdots & & \vdots \\ 0 & 1 & 0 & \cdots & 0 \\ \vdots & \vdots & \vdots & & \vdots \\ 0 & 0 & 0 & \cdots & 1 \\ \vdots & \vdots & \vdots & & \vdots \\ 0 & 0 & 0 & \cdots & 1 \end{bmatrix} \begin{array}{c} \text{Zeile:} \\ 1 \\ 2 \\ \vdots \\ \\ \\ \\ \\ \left. \vphantom{\begin{matrix}0\\0\\0\end{matrix}} \right\} p_n \\ \vdots \\ q \end{array} \tag{6.13a}$$

$$\text{Spalte:} \quad 1 \quad 2 \quad \cdots \quad n$$

eingeführt. Für die Matrixelemente E_{ij} gilt also:

$$E_{ij} = \begin{cases} 1 & \text{Stromröhre i gehört} \\ & \text{zu Leiter j} \\ \text{für} & \\ 0 & \text{sonst} \end{cases} \cdot \qquad (6.13b)$$

Die Matrix $E^{(q \times n)}$ enthält somit in ihrer ersten Spalte von Zeile 1 bis einschließlich der p_1-ten Zeile Einsen und ansonsten Nullen, in der zweiten Spalte von der p_1+1-ten Zeile bis einschließlich der p_1+p_2-ten Zeile Einsen und sonst Nullen usw. Damit erhält man für die Potentiale die sicherlich triviale Beziehung

$$\underline{V}''^{(q)}(z_k, t) = E^{(q \times n)} \, \underline{V}''^{(n)}(z_k, t) \ . \qquad (6.14)$$

Die aus den p_i Stromröhren der i-ten Leitung hinausfließenden Ströme müssen entsprechend der 1. Kirchhoffschen Gleichung (Knotengleichung) gleich dem in das Ableitungsnetzwerk hineinfließenden i-ten Strom sein, so daß man mit Hilfe der zu $E^{(q \times n)}$ transponierten Matrix $(E^{(q \times n)})^T$ schreiben kann:

$$\underline{I}'^{(n)}(z_k, t) = (E^{(q \times n)})^T \, \underline{I}'^{(q)}(z_k, t) \quad \text{bzw.} \qquad (6.15a)$$

$$\underline{I}^{(n)}(z_{k+1}, t) = (E^{(q \times n)})^T \, \underline{I}^{(q)}(z_{k+1}, t) \ . \qquad (6.15b)$$

Eine Illustration hierzu wird in Beispiel 6.1 gegeben.- Aus den obigen Ausführungen ergibt sich, daß die Matrizen M^k, Z_0, R' und damit auch R_k stets die Dimension $q \times q$ besitzen, während die Matrix G' die Dimension $n \times n$ und die Matrix E die Dimension $q \times n$ aufweist. Die Spaltenmatrizen der gesteuerten Spannungsquellen $\underline{V}_1^k(t)$ und $\underline{V}_2^k(t)$ haben die Dimension q. Da keine Verwechslungen zu befürchten sind, soll aus Gründen einer übersichtlicheren Schreibweise im folgenden auf die gesonderte Kennzeichnung der Dimension der Matrizen verzichtet werden. Eine Ausnahme sollen nur die in (6.14) und (6.15) enthaltenen Potential- und Strommatrizen bilden. Gleichung (6.4) hat dann also die Form

$$\underline{V}''^{(q)}(z_k, t) =: M^k \, [\, \underline{V}_1^k(t) + \underline{V}_2^{k+1}(t) \,] \ . \qquad (6.16)$$

Die Anwendung des Maschensatzes auf das Netzwerk in Bild 6.7 ergibt für die Ströme

$$\underline{I}'^{(q)}(z_k, t) = \mathbf{R}_k^{-1} [\underline{V}_1^k (t) - \underline{V}''^{(q)}(z_k, t)] \; , \tag{6.17a}$$

$$\underline{I}^{(q)}(z_{k+1}, t) = \mathbf{R}_k^{-1} [- \underline{V}_2^{k+1} (t) + \underline{V}''^{(q)}(z_k, t)] \; . \tag{6.17b}$$

Wendet man andererseits den Knotensatz auf das Netzwerk in Bild 6.9 an, dann erhält man unter Berücksichtigung von (6.15) unmittelbar

$$\Delta z_k \, \mathbf{G}' \, \underline{V}''^{(n)}(z_k, t) = \mathbf{E}^T \, \underline{I}'^{(q)}(z_k, t) - \mathbf{E}^T \, \underline{I}^{(q)}(z_{k+1}, t) \tag{6.18}$$

und durch Elimination der Ströme mit Hilfe von (6.17)

$$\Delta z_k \, \mathbf{G}' \, \underline{V}''^{(n)}(z_k, t) + 2 \, \mathbf{E}^T \, \mathbf{R}_k^{-1} \, \underline{V}''^{(q)}(z_k, t)$$
$$= \mathbf{E}^T \, \mathbf{R}_k^{-1} [\underline{V}_1^k (t) + \underline{V}_2^{k+1} (t)] \; . \tag{6.19}$$

Unter Benutzung von (6.14) lassen sich die Potentiale $\underline{V}''^{(n)}(z_k, t)$ und $\underline{V}''^{(q)}(z_k, t)$ in (6.19) zusammenfassen zu

$$[\Delta z_k \, \mathbf{G}' + 2 \, \mathbf{E}^T \, \mathbf{R}_k^{-1} \, \mathbf{E}] \, \underline{V}''^{(n)}(z_k, t)$$
$$= \mathbf{E}^T \, \mathbf{R}_k^{-1} [\underline{V}_1^k (t) + \underline{V}_2^{k+1} (t)] \quad \text{bzw.} \tag{6.20a}$$

$$\underline{V}''^{(n)}(z_k, t) = [\Delta z_k \, \mathbf{G}' + 2 \, \mathbf{E}^T \, \mathbf{R}_k^{-1} \, \mathbf{E}]^{-1}$$
$$\cdot \mathbf{E}^T \, \mathbf{R}_k^{-1} [\underline{V}_1^k (t) + \underline{V}_2^{k+1} (t)] \; . \tag{6.20b}$$

Multiplikation von (6.20b) von links mit $\mathbf{E}$ und anschließender Koeffizientenvergleich mit (6.16) ergibt schließlich für die gesuchte Matrix $\mathbf{M}^k$:

$$\mathbf{M}^k = \mathbf{E} [\Delta z_k \, \mathbf{G}' + 2 \, \mathbf{E}^T \, \mathbf{R}_k^{-1} \, \mathbf{E}]^{-1} \mathbf{E}^T \, \mathbf{R}_k^{-1} \; . \tag{6.21}$$

Zusammen mit (6.10) lassen sich hieraus die Abschwächungsmatrizen $\mathbf{A}_1^k$ und $\mathbf{A}_2^k$ bestimmen. Man kann jetzt also mit Hilfe des in 4.3.2 vorgestellten Algorithmus auch Leitungssysteme unter Berücksichtigung von Skin- und Proximity-Effekten berechnen. Der hierfür zu zahlende Preis besteht in der Erhöhung der Anzahl zu berücksichtigender Leitungen. Ein wesentlicher Vorteil des Verfahrens liegt u.a. darin, daß die Frequenzabhängigkeit von Induktivitäts- und

Widerstandsbelägen nicht bekannt zu sein braucht, sondern sich automatisch bei der Simulation ergibt. Abweichend von der Simulation *ohne* Skin- und Proximity-Effekt müssen hier lediglich zusätzlich die Selbst- und Gegeninduktivitäten der einzelnen Stromröhren stationär bestimmt werden (siehe Abschn. 3.1.2)[80].

Beispiel 6.1:

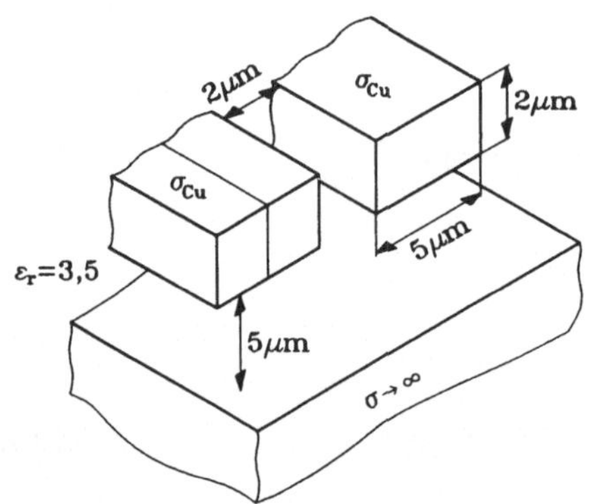

Bild 6.10. Leitersystem aus zwei Kupferleitern bei T = 77 K

Gegeben ist ein aus zwei gleichen, parallelen Kupferstreifen bestehendes Leitersystem gemäß Bild 6.10. Der Rückleiter wird durch einen ideal leitenden Halbraum gebildet, und das Leitersystem ist in ein Dielektrikum mit $\varepsilon_r = 3,5$ eingebettet. Bei der Betriebstemperatur von 77 K beträgt die Leitfähigkeit des Kupfers $\sigma_{Cu} = 450$ S/μm (Geometrie und Materialien entsprechen der in [82] behandelten Einzelleitung). Zur Simulation von Skin- und Proximity-Effekten ist der erste Leiter (Leitung 1) in zwei Stromröhren aufgeteilt (also $p_1 = 2$), während der zweite Leiter (Leitung 2) *nicht* in Stromröhren aufgeteilt wurde ($p_2 = 1$). Für die Kapazitäts- und Induktivitätsbeläge gilt

$$(C'_{ik}) = \begin{bmatrix} 80 & 60 \\ 60 & 80 \end{bmatrix} \text{ pF/m} \ ,$$

$$L' = \begin{bmatrix} 0,5 & 0,3 & 0,1 \\ 0,3 & 0,5 & 0,2 \\ 0,1 & 0,2 & 0,4 \end{bmatrix} \mu\text{H/m} \ .$$

Dabei beschreibt $L'_{12} = L'_{21}$ die magnetische Kopplung zwischen den Stromröhren des ersten Leiters, also den Skin-Effekt, und $L'_{13} = L'_{31}$ und $L'_{23} = L'_{32}$ beschreiben zum einen die magnetische Kopplung zwischen den Leitern, zum anderen repräsentieren sie den Einfluß des Proximity-Effektes im ersten Leiter[81].

---

[80]Die Bestimmung von Selbst- und Gegeninduktivitäten ist in Medien, für die $\mu = $ const. gilt, relativ einfach, wenngleich die zumindest für rechteckige Strukturen noch möglichen Handrechnungen hierzu sehr umfangreich (aber i.a. nicht schwierig) werden können. Entsprechende Verfahren, die selbst mit Hilfe kleinerer PC's oder gar von größeren Taschenrechnern gehandhabt werden können, finden sich in großer Zahl in der Literatur. Siehe hierzu z.B. [84].

[81]Da der zweite Leiter nicht in Stromröhren zerlegt wurde, sind dort weder Skin- noch Proximity-Effekte per Simulation beobachtbar.

Im folgenden sollen die Matrizen $\mathbf{C}'$ (Beläge der Kapazitätskoeffizienten), $\mathbf{Z}_o$, $\mathbf{R}'$, $\mathbf{R}_k$, $\mathbf{E}$ und $\mathbf{M}^k$ bestimmt werden. Dabei ist von einer Segmentlänge Δz_k von 1 cm für alle Segmente auszugehen. Außerdem sind die Abschwächungsmatrizen $\mathbf{A}_1^k$ und $\mathbf{A}_2^k$ zu berechnen.

Leitung 1 wird mit einem sprungförmigen Signal angesteuert, Leitung 2 ist am Eingang geerdet. Zu einem bestimmten Zeitpunkt t möge das Signal $\underline{V}_1^k$ (t) der gesteuerten Spannungsquellen des k-ten Segmentes den Wert $\underline{V}_1^k$ (t) = $(1{,}5 \quad 1{,}2 \quad 0{,}2)^T$ aufweisen, während hinsichtlich des $k+1$-ten Segmentes zum selben Zeitpunkt noch keine rücklaufende Welle existieren soll (vgl. Bild 7.6). Welche Werte haben dann die Potentialmatrizen $\underline{V}''^{(q)}(z_k,\ t)$ und $\underline{V}''^{(n)}(z_k,\ t)$, und wie teilen sich die Ströme auf die Leiter bzw. die Stromröhren auf ?

Lösung: Hinsichtlich Skin- und Proximity-Effekt wird das 2-Leitersystem hier als 3-Leitersystem aufgefaßt. Entsprechend muß formal eine 3×3-Matrix für die Kapazitätsbeläge und die Kapazitätskoeffizienten erzeugt werden. Da die Stromröhren von Leitung 1 segmentweise kurzgeschlossen werden, werden auch die Koppelkapazitäten zwischen den Stromröhren (über die i.a. kleinen ohmschen Längswiderstände des Segmentes) kurzgeschlossen, sind also praktisch unwirksam. Somit kann man für $C_{12}'^{(3\times3)} = C_{21}'^{(3\times3)}$ nahezu beliebige Werte wählen. Es soll hier gewählt werden: $C_{12}'^{(3\times3)} = C_{21}'^{(3\times3)} = 0$. Aus dem gleichen Grund ist auch die Aufteilung der Koppelkapazität $C_{12}' = 60$ pF/m sowie der Kapazität $C_{11}' = 80$ pF/m nach Masse auf die einzelnen Stromröhren beliebig, wobei nur $C_{12}' = C_{13}'^{(3\times3)} + C_{23}'^{(3\times3)}$ und $C_{11}' = C_{11}'^{(3\times3)} + C_{22}'^{(3\times3)}$ gelten muß. Hier wird eine eine gleichmäßige Aufteilung gewählt, also $C_{13}'^{(3\times3)} = C_{23}'^{(3\times3)} = 30$ pF/m und $C_{11}'^{(3\times3)} = C_{22}'^{(3\times3)} = 40$ pF/m. Somit ergibt sich schließlich für die Matrix der Kapazitätskoeffizientenbeläge:

$$\mathbf{C}' = \begin{bmatrix} 70 & 0 & -30 \\ 0 & 70 & -30 \\ -30 & -30 & 140 \end{bmatrix} \text{pF/m} \ .$$

Die Wellenwiderstandsmatrix $\mathbf{Z}_o$ errechnet sich gemäß (3.125), also zu $\mathbf{B}\ \mathbf{C}'^{-1}$, wobei $\mathbf{B}$ wie in Beispiel 4.2 zu berechnen ist (hier aber reell). Man erhält dann:

$$\mathbf{Z}_o = \begin{bmatrix} 85{,}2 & 32{,}8 & 19{,}0 \\ 32{,}8 & 85{,}6 & 28{,}5 \\ 19{,}0 & 28{,}5 & 58{,}9 \end{bmatrix} \Omega \ .$$

Aus der spezifischen Leitfähigkeit der beiden Leiter errechnet sich ein Widerstandsbelag von (gerundet) etwa 200 Ω/m pro Leiter. Für Leiter 1 teilt sich dieser Widerstandsbelag gleichmäßig auf die beiden Stromröhren auf, also

$$\mathbf{R}' \approx \begin{bmatrix} 400 & 0 & 0 \\ 0 & 400 & 0 \\ 0 & 0 & 200 \end{bmatrix} \Omega/m \ .$$

Damit errechnet sich die Hilfsgröße $\mathbf{R}_k$ mit $\Delta z_k = 1$ cm zu

$$\mathbf{R}_k = \begin{bmatrix} 87{,}2 & 32{,}8 & 19{,}0 \\ 32{,}8 & 87{,}6 & 28{,}5 \\ 19{,}0 & 28{,}5 & 59{,}9 \end{bmatrix} \Omega \ .$$

Die Matrix $\mathbf{E}$ läßt sich entsprechend (6.13) sofort hinschreiben:

$$\mathbf{E} = \begin{bmatrix} 1 & 0 \\ 1 & 0 \\ 0 & 1 \end{bmatrix} \ .$$

Mit Hilfe von (6.21) kann jetzt $\mathbf{M}^k$ berechnet werden. Dabei ist zu berücksichtigen, daß im vorliegenden Fall keine Ableitungsbeläge existieren, also $\mathbf{G'} \equiv \mathbf{0}$:

$$\mathbf{M}^k = \begin{bmatrix} 0{,}251 & 0{,}249 & 0 \\ 0{,}251 & 0{,}249 & 0 \\ 0{,}044 & -0{,}044 & 0{,}500 \end{bmatrix} \ .$$

Die Abschwächungsmatrizen $\mathbf{A}_1^k$ und $\mathbf{A}_2^k$ berechnen sich aus (6.10):

$$\mathbf{A}_1^k = \begin{bmatrix} 1{,}453 & -0{,}471 & 0{,}005 \\ -0{,}475 & 1{,}454 & 0{,}011 \\ -0{,}085 & 0{,}093 & 0{,}980 \end{bmatrix} \ , \quad \mathbf{A}_2^k = \begin{bmatrix} 0{,}493 & 0{,}489 & 0{,}005 \\ 0{,}492 & 0{,}487 & 0{,}011 \\ 0{,}089 & -0{,}082 & 0{,}980 \end{bmatrix} \ .$$

Die Potentialmatrix $\underline{\mathbf{V}}''^{(q)}(z_k, t)$ erhält man direkt aus (6.16). Da voraussetzungsgemäß hinsichtlich des $k+1$-ten Segmentes keine rücklaufende Welle existieren soll, ist $\underline{\mathbf{V}}_2^{k+1}(t) \equiv \underline{0}$ zu setzen, und man bekommt

$$\underline{\mathbf{V}}''^{(q)}(z_k, t) = \begin{bmatrix} 0{,}675 \\ 0{,}675 \\ 0{,}113 \end{bmatrix} \ .$$

Man erkennt, daß die beiden ersten Potentialwerte gleich sind, wie es wegen des Kurzschlusses der Stromröhren der ersten Leitung auch sein muß. Dies ergibt sich deshalb unmittelbar aus (6.16), weil in $\mathbf{M}^k$ die den Kurzschluß berücksichtigende Beziehung (6.14) implizit enthalten ist. $\underline{\mathbf{V}}''^{(n)}(z_k, t)$ läßt sich damit sofort angeben:

$$\underline{\mathbf{V}}''^{(n)}(z_k, t) = \begin{bmatrix} 0{,}675 \\ 0{,}113 \end{bmatrix} \ .$$

Die ebenfalls noch gesuchten Ströme berechnen sich aus (6.17) und (6.15):

$$\underline{I}'^{(q)}(z_k, t) = \begin{bmatrix} 8,725 \\ 3,726 \\ -3,093 \end{bmatrix} 10^{-3} \ , \qquad \underline{I}^{(q)}(z_{k+1}, t) = \begin{bmatrix} 5,979 \\ 6,473 \\ -3,093 \end{bmatrix} 10^{-3} \ ,$$

$$\underline{I}'^{(n)}(z_k, t) = \begin{bmatrix} 12,451 \\ -3,093 \end{bmatrix} 10^{-3} \ , \qquad \underline{I}^{(n)}(z_{k+1}, t) = \begin{bmatrix} 12,451 \\ -3,093 \end{bmatrix} 10^{-3} \ .$$

Daß die beiden letzten Strommatrizen identisch sind, verwundert nicht, da hier kein Ableitungsnetzwerk existiert (siehe Bild 6.9), während $\underline{I}'^{(q)}(z_k, t)$ und $\underline{I}^{(q)}(z_{k+1}, t)$ durchaus voneinander verschieden sind. In Leiter 2 fließt der Strom aufgrund eingekoppelter Signale offenbar in negativer z-Richtung.

Für den Fall $q = n$ geht $\mathbf{E}$ in die Einheitsmatrix $\mathbf{1}$ über. Wegen (6.12) folgt daraus, daß *genau dann* alle p_i gleich 1 werden, man es also mit einem n-Leitersystem zu tun hat, deren Leiter *nicht* in Stromröhren zerlegt wurden. Die entsprechende Schaltung ist in Bild 6.7 dargestellt. Geht man zusätzlich davon aus, daß keine Ableitungsbeläge vorhanden sind, also $\mathbf{G}' \equiv \mathbf{0}$, dann folgt aus (6.21) $\mathbf{M}^k = \tfrac{1}{2}\,\mathbf{1}$, wie weiter oben bereits intuitiv gefunden wurde.

Mit Hilfe des oben beschriebenen Verfahrens soll die in Abschn. 6.1 durchgeführte Simulation eines Koaxialkabels unter Berücksichtigung des Skin-Effektes im Frequenzbereich noch einmal durchgeführt werden, jetzt aber im *Zeitbereich*. Bild 6.11 zeigt das Resultat: Zerlegt man den Leiter in drei Stromröhren, weicht das Ergebnis noch erkennbar von jenem in Bild 6.1 ab. Wählt man aber zehn Stromröhren, sind die durch Frequenz- und Zeitbereichssimulation gewonnenen Ausgangssignale absolut deckungsgleich. Häufig wird jedoch auch die Simulation bei einer

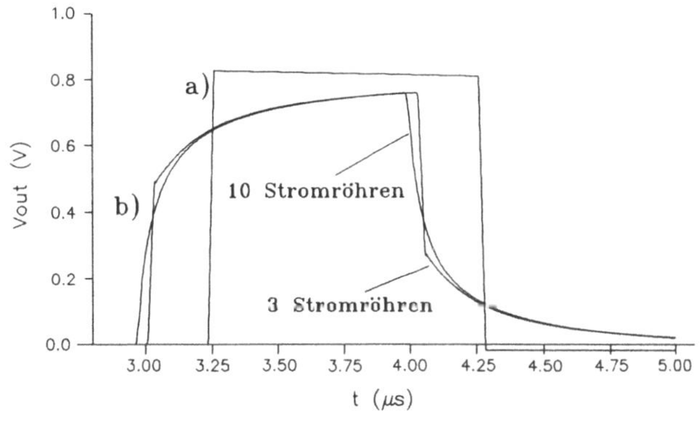

Bild 6.11. Im Zeitbereich simuliertes Ausgangssignal eines Koaxialkabels a) *ohne* und b) *mit* Berücksichtigung des Skin-Effektes (vgl. Bild 6.1)

geringeren Anzahl von Stromröhren (also z.B. 3 Stromröhren wie im vorliegenden Fall) für praktische Anwendungen schon ausreichend sein.

Abschließend soll noch ein Simulationsresultat für ein Leiter*system* vorgestellt werden. Das gewählte Leitersystem ist weitgehend identisch mit dem in Bild 6.10 abgebildeten, allerdings werden jetzt insgesamt drei Leiter betrachtet. Das Leitungssystem besitzt eine Länge von 10 cm und ist ausgangsseitig unbelastet. Eingangsseitig ist eine der äußeren Leitungen (im folgenden: Leitung 1) über einen Widerstand von 57,2 Ω mit einer Signalquelle verbunden, die ein trapezförmiges Signal der Amplitude 1 V bei einer Anstiegs- und Abfallzeit von jeweils 100 ps erzeugt. Die Gesamtsignaldauer beträgt 1,1 ns. Sowohl die mittlere Leitung (Leitung 2) wie auch die andere äußere Leitung (Leitung 3) sind eingangsseitig über jeweils einen Widerstand von ebenfalls 57,2 Ω mit Masse verbunden. Diese Widerstände entsprechen den Einzelwellenwiderständen der Leitungen und bewirken, daß die Leitungen eingangsseitig refle-

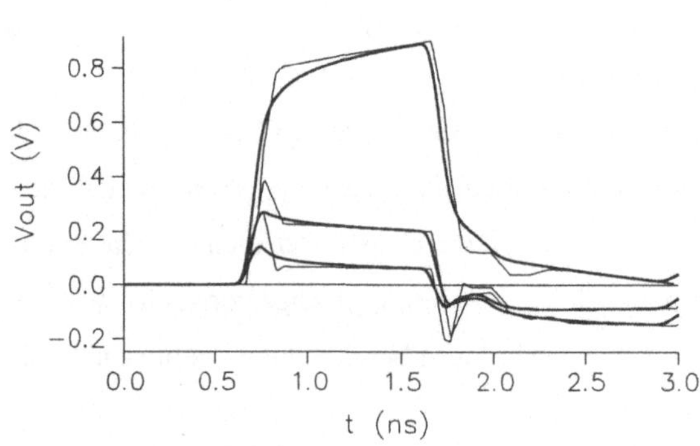

Bild 6.12. Ausgangssignale des Leitungssystems *ohne* (dünne Linien) und *mit* (dicke Linien) Skin- und Proximity-Effekten

xionsarm abgeschlossen sind. Bild 6.12 zeigt die Ausgangssignale der drei Leitungen sowohl *mit* wie auch *ohne* Skin- und Proximity-Effekte. Die auf Leitung 2 und 3 eingekoppelten Signale weisen dieselbe Polarität auf wie das Signal auf Leitung 1, d.h. daß die kapazitive Kopplung gegenüber der induktiven Kopplung überwiegt. Dies ist nicht verwunderlich, weil der Rückleiter als unendlich gut leitend angenommen wurde, das Magnetfeld also nicht eindringen konnte. Aufgrund der höheren Verluste infolge Stromverdrängung sind die Signale mit Skin-Effekt stärker abgerundet als die anderen Signale. Außerdem ist auch hier zu erkennen, daß die Signale mit Skin-Effekt gegenüber den anderen Signalen zeitlich voreilen, was auf die geringeren Induktivitätsbeläge zurückzuführen ist.

Während man es bei der Simulation *ohne* Stromverdrängung mit einem recht kleinen Leitungssystem zu tun hat, wurde für die Simulation *mit* Skin- und Proximity-Effekt im vorliegenden

Fall jede Leitung in 24 Stromröhren zerlegt, so daß insgesamt ein aus 72 miteinander verkoppelten Leitungen bestehendes System simuliert wurde. Hierdurch steigen natürlich die erforderlichen Simulationszeiten gegenüber dem ursprünglichen 3-Leitersystem (d.h. *ohne* Stromverdrängung) merklich an. Andererseits genügt es oft (z.B. bei weniger steilen Signalflanken oder bei geringeren Anforderungen an die Simulationsgenauigkeit), eine geringere Anzahl von Stromröhren zu wählen. Außerdem arbeitet der zugrundegelegte Algorithmus so schnell, daß auch noch größere Leitungssysteme mit vertretbarem Aufwand an Rechenzeit simuliert werden können.

Zusammenfassend ergibt sich, daß die Simulation von Skin- und Proximity-Effekten im Zeitbereich zwar aufwendiger als im Frequenzbereich ist, aber kein prinzipielles Hindernis für die Simulation jener Leitungssystemen darstellt, für die die entsprechenden Effekte berücksichtigt werden müssen. Dabei muß angemerkt werden, daß Skin- und Proximity-Effekte bei den für integrierte Schaltungen der Nachrichtentechnik relevanten Signalen keine sehr große Rolle spielt, wenn man sich auf die Leitungen selbst beschränkt. Dies gilt im übrigen auch bei Verwendung anderer Trägersubstrate. So führt beispielsweise die Simulation des in Abschn. 4.3.3 behandelten 9-Leitersystems bei Berücksichtigung aller Stromverdrängungseffekte in den Leitern zu Simulationsresultaten, die praktisch identisch mit den in Bild 4.18 dargestellten Ergebnissen sind.

Literaturverzeichnis

1   Steinbuch, K.: Die informierte Gesellschaft, Stuttgart: Deutsche Verlags-Anstalt 1966, S. 43 ff

2   Saxena, A.N.; Pramanik, D.: Manufacturing Issues and Emerging Trends in VLSI Multilevel Metallizations, IEEE VLSI Multilevel Interconnection Conference, June 9-10, 1986, Santa Clara, CA, pp. 9-42

3   Becker, R.; Sauter, F.: Theorie der Elektrizität, Bd. 1, 21. Aufl., Stuttgart: B.G. Teubner 1973, S. 157 ff, S. 236-238

4   Simonyi, K.: Theoretische Elektrotechnik, 7. Auflage, Berlin: VEB Deutscher Verlag der Wissenschaften, 1979, S. 574 ff, S. 900

5   Engl, W. L.: Hilfsblätter zur Vorlesung Theoretische Elektrotechnik, 6. Auflage, RWTH Aachen

6   Mucha, J. P.: Vorlesung zur Theoretischen Elektrotechnik, Universität Hannover, 1982-1984

7   Einstein, A.; et al.: Can Quantum-Mechanical Description of Physical Reality Be Considered Complete?, Phys. Rev. 47, 1935, pp. 777-780

8   Mermin, N.D.: Is the moon there when nobody looks? Reality and the quantum theory, Physics Today, pp. 38-47, April 1985

9   Shimony, A.: Die Realität der Quantenwelt, Spektrum der Wissenschaft, S. 78-85, März 1988

10   Wolff, I.: MIC-Bibliography, Aachen: Verlag H. Wolff 1979

11   Fischer, J.: Elektrodynamik, Berlin - Heidelberg - New York: Springer, 1976, S. 377 ff

12   Becker, R.; Sauter, F.: Theorie der Elektrizität, Band 1, 21. Auflage, Stuttgart: B.G.Teubner 1973, S. 176 ff

13   Feynman, R.P.; Leighton, R.B.; Sands, M.: Vorlesungen über Physik, Band II, München - Wien: R.Oldenbourg, 1987, S. 459 ff

14   Landau, L.D.; Lifschitz, E.M.: Lehrbuch der Theoretischen Physik: Elektrodynamik der Kontinua, Band VIII, 3. Auflage, Berlin: Akademie - Verlag 1980, S. 350/351

15   Simonyi, K.: Theoretische Elektrotechnik, 5. Auflage, Berlin: VEB Deutscher Verlag der Wissenschaften 1973, S. 598 ff

16   Sommerfeld, A.: Vorlesungen über Theoretische Physik: Elektrodynamik, Band III, 3. Auflage, Leipzig: Akademische Verlagsgesellschaft, Geest & Portig K.-G., 1961, S. 130 ff

17 Hoffmann, R. K.: Integrierte Mikrowellenschaltungen, Berlin-Heidelberg-New York-Tokio: Springer 1983, S. 24 und S. 39

18 Schubert, H.: Topologie, Stuttgart: B.G.Teubner 1964, S. 12 ff

19 Bronstein, I. N.; Semendjajew, K. A.: Taschenbuch der Mathematik, 23. Auflage, Thun und Frankfurt/M.: Verlag Harri Deutsch 1987, S. 556

20 Simonyi, K.: Theoretische Elektrotechnik, 7. Auflage, Berlin: VEB Deutscher Verlag der Wissenschaften 1979, S. 574 ff, S. 899 ff

21 Sommerfeld, A.: Elektrodynamik, 3. Auflage, Leipzig: Akademische Verlagsgesellschaft Geest & Portig K.-G. 1961, S. 229 ff

22 Simonyi, K.: Theoretische Elektrotechnik, 7. Auflage, Berlin: VEB Deutscher Verlag der Wissenschaften 1979, S. 107

23 Fischer, J.: Elektrodynamik, Berlin - Heidelberg - New York: Springer 1976, S. 397

24 Doetsch, G.: Anleitung zum praktischen Gebrauch der Laplace-Transformation und der Z-Transformation, 3. Auflage, München-Wien: R. Oldenbourg, 1967, S. 127

25 Tychonov, A. N.; Samarski, A. A.: Partial Differential Equations of Mathematical Physics, Vol. I, San Francisco, London, Amsterdam: Holden-Day, Inc. 1964, p. 116

26 Bronstein, I. N.; Semendjajew, K. A.: Taschenbuch der Mathematik, 23. Auflage, Thun und Frankfurt/M.: Verlag Harri Deutsch 1987, S. 441 ff, S. 7 (Tabellen)

27 Tychonov, A. N.; Samarski, A. A.: Partial Differential Equations of Mathematical Physics, Vol. I, San Francisco, London, Amsterdam: Holden-Day, Inc. 1964, pp. 203-210

28 Fischer, J.: Elektrodynamik, Berlin - Heidelberg - New York: Springer 1976, S. 160, 161, 256 ff

29 Meetz, K.; Engl, W. L.: Elektromagnetische Felder, Berlin - Heidelberg - New York: Springer 1980, S. 234 ff

30 Kaden, H.:Wirbelströme und Schirmung in der Nachrichtentechnik, Reihe: Technische Physik in Einzeldarstellungen, Bd. 10, 2. Auflage, Berlin - Göttingen - Heidelberg: Springer 1959, S. 135 ff

31 Küpfmüller, K.:Einführung in die Theoretische Elektrotechnik, 10. Auflage, Berlin - Heidelberg - New York: Springer 1973, S. 304 ff

32 Simonyi, K.: Theoretische Elektrotechnik, 8. Auflage, Berlin: VEB Deutscher Verlag der Wissenschaften 1980, S. 554 ff

33 Chilo, J.; Angenieux, G.; Monllor, C.: Proximity Effects of Interconnection Lines in High Speed Integrated Lgic Circuits, 13th Europ. Microwave Conf., Nürnberg, Sept. 5-8, 1983, pp. 369-373

34 Guckel, H.; Brennan, P. A.; Palócz, I.: A Parallel-Plate Waveguide Approach to Microminiaturized, Planar Transmission Lines for Integrated Circuits, IEEE Trans. Microwave Theory Tech., Vol. MTT-15, No. 8, Aug. 1967, pp. 468-476

35 Hasegawa, H.; Furukawa, M.; Yanai, H.: Properties of Microstrip Line on Si-SiO$_2$ System, IEEE Trans. Microwave Theory Tech., Vol. MTT-19, No. 11, Nov. 1971, pp. 869-881

36 Hasegawa, H.; Seki, S.: Analysis of Interconnection Delay on Very High-Speed LSI/VLSI Chips Using an MIS Microstrip Line Model, IEEE Trans. Electron Devices, Vol. ED-31, No. 12, Dec. 1984, pp. 1954-1960

37   von Hippel, A. R.: Dielectrics and Waves, London-New York: John Wiley & Sons 1954, pp. 228-234

38   Hoffmann, R. K.: Integrierte Mikrowellenschaltungen, Berlin-Heidelberg-New York-Tokio: Springer 1983, S. 142 ff.

39   Hoffmann, R. K.: Integrierte Mikrowellenschaltungen, Berlin-Heidelberg-New York-Tokio: Springer 1983, S. 154

40   Landau, L.D.; Lifschitz, E.M.: Lehrbuch der Theoretischen Physik: Elektrodynamik der Kontinua, Band VIII, 4. Auflage, Berlin: Akademie - Verlag 1985, S. 4-7 und S. 147 ff

41   Meetz, K.; Engl, W. L.: Elektromagnetische Felder, Berlin - Heidelberg - New York: Springer 1980, S. 136 ff und S. 234 ff

42   Gantmacher, F. R.: Matrizentheorie, Berlin-Heidelberg-New York-Tokio: Springer 1986, S. 304 ff und S. 314 ff

43   Törnig, W.: Numerische Mathematik für Ingenieure und Physiker, Band 1, Berlin-Heidelberg-New York: Springer 1979, S. 14-15 und S. 193

44   Hamel, G.: Theoretische Mechanik, Berlin-Heidelberg-New York: Springer 1967, S. 233 ff

45   Landau, L.D.; Lifschitz, E.M.: Lehrbuch der Theoretischen Physik: Mechanik, Band I, 11. Auflage, Berlin: Akademie - Verlag 1984, S. 1 ff und S. 90 ff

46   Päsler, M.: Prinzipe der Mechanik, Berlin: de Gruyter 1968, S.64 ff und S. 137 ff

47   Bronstein, I. N.; Semendjajew, K. A.: Taschenbuch der Mathematik, 23. Auflage, Thun und Frankfurt/M.: Verlag Harri Deutsch 1987, S. 391

48   Gantmacher, F. R.: Matrizenrechnung I, Berlin: VEB Deutscher Verlag der Wissenschaften 1965, S. 285

49   Gantmacher, F. R.: Matrizentheorie, Berlin-Heidelberg-New York-Tokio: Springer 1986, S. 121 ff

50   Branin Jr., F. H.: Transient Analysis of Lossless Transmission Lines, Proceedings of the IEEE, Vol. 55, Nov. 1967, pp. 1787-1801

51   Dommel, H. W.: Digital Computer Solution of Electromagnetic Transients in Single- and Multiphase Networks, IEEE Trans. Power Apparatus and Systems, Vol. PAS-88, No. 4, April 1969, pp. 388-396

52   Schwenkhagen, H.F.: Allgemeine Wechselstromlehre, zweiter Band, Berlin-Göttingen-Heidelberg: Springer 1959, S. 337 ff

53   Chang, F.-Y.: Transient Analysis of Lossless Coupled Transmission Lines in a Nonhomogeneous Dielectric Medium, IEEE Trans. Microwave Theory Tech., Vol. MTT-18, Sept. 1970, pp. 616-626

54   Ho, C. W.: Theorie and Computer-aided Analysis of Lossless Transmission Lines, IBM J. Res. Devel., Vol 17, May 1973, pp. 249-255

55   Marx, K. D.: Propagation Modes, Equivalent Circuits, and Characteristic Termination for Multiconductor Transmission Lines with Inhomogeneous Dielectrics, IEEE Trans. Microwave Theory Tech., Vol. MTT-21, July 1973, pp. 450-457

56   Thiem, G.: Ein Beitrag zum Übertragungsverhalten verlustbehafteter Mehrfachleitungen, Dissertation TH Karl-Marx-Stadt, 1976

57   Brennan, P. A.; Ruehli, A. E.: Time-Domain Skin Effect Model Using Resistors and Lossless Transmission Lines, IBM Technical Disclosure Bulletin, Vol. 21, No. 5, Oct. 1978, pp. 2162-2163

58   Gruodis, A. J.: Transient Analysis of Uniform Resistive Transmission Lines in a Homogeneous Medium, IBM J. Res. Devel., Vol 23, No. 11, Nov. 1979, pp. 675-681

59   Gruodis, A. J.; Chang, C. S.: Coupled Lossy Transmission Line Characterization and Simulation, IBM J. Res. Devel., Vol 25, No. 1, Jan. 1981, pp. 25-41

60   Grabinski, H.; Mucha, J. P.: A Numerical Approach to the Analysis of Signal Propagation on VLSI Interconnect Systems, IEEE-ICCD'85 New York, Oct. 1985, pp. 683-687

61   Tripathi, V. K.; Rettig, J. B.: A SPICE Model for Multiple Coupled Microstrips and Other Transmission Lines, IEEE Trans. Microwave Theory Tech., Vol. MTT-33, No. 12, Dec. 1985, pp. 1513-1518

62   Romeo, F.; Santomauro, M.: Time-Domain Simulation of n Coupled Transmission Lines, IEEE Trans. Microwave Theory Tech., Vol. MTT-35, No. 2, Feb. 1987, pp. 131-137

63   Tripathi, V. K.; Bucolo, R. J.: Analysis and Modeling of Multilevel Parallel and Crossing Interconnection Lines, IEEE Trans. on Electron Devices, Vol. ED-34, No. 3, March 1987, pp. 650-658

64   Djordjević, A. R.; Sarkar, T. K.; Harrington, R. F.: Time-Domain Response of Multiconductor Transmission Lines, Proceedings of the IEEE, Vol. 75, No. 6, June 1987, pp. 743-764

65   Keller, F.: Rechnergestützte Simulation des Zeitverhaltens linearer Leitungen in nichtlinearer Schaltungsumgebung, Reihe 9: Elektronik, Nr. 83, Düsseldorf: VDI Verlag 1988

66   Dyck, K.-P.; Grabinski, H.: LISIM - A Simulator for Time Domain Simulation of Lossy Transmission Line Systems in a Nonlinear Circuit Environment, IEEE CompEuro, Hamburg, May. 8-12, 1989, pp. 5.82 - 5.85

67   Dyck, K.-P.; Grabinski, H.: A Time Domain Simulation Technique for Lossy Transmission Line Systems in VLSI Circuit Simulation, ESM'89, Rome, June 7-9, 1989, pp. 317-323

68   Saraswat, K. C.; Mohammadi, F.: Effect of Scaling of Interconnections on the Time Delay of VLSI Circuits, IEEE J. of Solid-State Circuits, Vol. SC-17, No. 2, April 1982, pp. 275-280

69   Rubinstein, J; Penfield Jr., P; Horowitz, M. A.: Signal Delay in RC Tree Networks, IEEE Trans. on Computer-Aided Design, Vol. CAD-2, No. 3, July 1983, pp. 202-211

70   Bakoglu, H. B.; Meindl, J. D.: Optimal Interconnection Circuits for VLSI, IEEE Trans. on Electron Devices, Vol. ED-32, No. 5, May 1985, pp. 903-909

71   Rabiner, L. R.; Gold, B.: Theory and Application of Digital Signal Processing, London-Sydney-Toronto-New Delhi-Tokyo: PRENTICE-HALL 1975, p. 356 ff

72   Guckel, H.; Sun, Y. Y.: Uniform Multimode Transmission Lines, IEEE Trans. Microwave Theory Tech. (Short Paper), Vol. MTT-20, June 1972, pp. 412-413

73   Paul, C. R.: On Uniform Multimode Transmission Lines, IEEE Trans. Microwave Theory Tech. (Short Paper), Vol. MTT-21, Aug. 1973, pp. 556-558

74   Yen, C.-S.; Fazarinc, Z.; Wheeler, R. L.: Time-Domain Skin-Effect Model for Transient Analysis of Lossy Transmission Lines, Proceedings of the IEEE, Vol. 70, No. 7, July 1982, pp. 750-759

75   Chua, L. O.; Lin, P.-M.: Computer-Aided Analysis of Electronic Circuits, Englewood Cliffs, New Jersey: PRENTICE-HALL 1975

76 Mathis, W.: Theorie nichtlinearer Netzwerke, Berlin-Heidelberg-NewYork-London-Paris-Tokyo: Springer 1987

77 Dyck, K.-P.; Grabinski, H.: Abschätzung von Signallaufzeiten und Störungen auf Bussystemen, 1. CADMOS Diskussionssitzung, Dortmund, 21./22. Juni, 1990, Tagungsband S. 124-136

78 Hoffmann, R. K.: Integrierte Mikrowellenschaltungen, Berlin-Heidelberg-New York-Tokio: Springer 1983, S. 290 ff, S. 282 ff, S. 272 ff, S. 268 ff, S. 298 ff

79 Peters, R.: Modellierung von Leitungsdiskontinuitäten auf Boards (Teil 2), Diplomarbeit am Institut für Theoretische Elektrotechnik der Universität Hannover, April 1989

80 Melles, A.: Modellierung von Leitungsdiskontinuitäten auf Boards (Teil 1), Diplomarbeit am Institut für Theoretische Elektrotechnik der Universität Hannover, April 1989

81 Miersch, E. F.; Ruehli, A. E.: Analysis of Coupled Transmission Lines, IBM Technical Disclosure Bulletin, Vol. 19, No. 6, Nov. 1976, pp. 2363-2365

82 Ghoshal, U. S.; Smith, L. N.: Skin Effects in Narrow Copper Microstrip at 77 K, IEEE Trans. Microwave Theory Tech., Vol. MTT-36, No. 12, Dec. 1988, pp. 1788-1795

83 Grotelüschen, E.; Dyck, K.-P.; Grabinski, H.: Time Domain Simulation of Skin and Proximity Effekts in Multiconductor Transmission Lines, submitted for publication, 1990

84 Weeks, W. T.; Wu, L. L.; McAllister, M. F.; Singh, A.: Resistive and Inductive Skin Effect in Rectangular Conductors, IBM J. Res. Devel., Vol 23, No. 6, Nov. 1979, pp. 652-660

85 Kowalsky, H.-J.: Lineare Algebra, 9. Auflage, Berlin-NewYork: de Gruyter 1979, S. 25 ff, S 135 ff, S. 150, S. 160

86 Tietz, H.: Lineare Algebra, Münster Westf.: Aschendorff 1967, S. 34 ff, S. 125 ff, S. 140 ff

87 Lefschetz, S.: Applications of Algebraic Topology, Applied Mathematical Sciences, Vol. 16, NewYork-Heidelberg-Berlin: Springer 1975, pp. 51 ff

Anhang: Vektorräume und Endomorphismen - Definitionen, Sätze, Beweise

In Abschn. 3.4.4 wurde zur Lösung eines Differentialgleichungssystems eine verallgemeinerte Betrachtung dahingehend durchgeführt, daß die dort auftretenden Spaltenmatrizen als spezielle Repräsentationen von Vektoren nach Wahl einer geeigneten Raumbasis aufgefaßt wurden. Entsprechend mußte die über eine quadratische Matrix erfolgte Verknüpfung der Spaltenmatrizen miteinander dann bei gleicher Raumbasis als spezielle Repräsentation einer linearen Abbildung innerhalb dieses Vektorraums, also als Endomorphismus, aufgefaßt werden. Im folgenden sollen die dort benutzten Begriffe kurz definiert und benötigte Sätze angegeben und, soweit erforderlich, auch bewiesen werden. Für eine weitergehende Betrachtung sei auf die umfangreiche Literatur zur linearen Algebra bzw. zur linearen Geometrie hingewiesen, speziell auf [85, 86].

1. Definition des Vektorraums

Def. 1:   Existiert eine Operation + (im folgenden als Addition bezeichnet) derart, daß jedem geordneten Paar $(\vec{x}_\nu, \vec{x}_\mu)$ von Elementen einer Menge X ein Element $\vec{x}_\nu + \vec{x}_\mu \in X$ so zugeordnet wird, daß gilt

$$(\vec{x}_1 + \vec{x}_2) + \vec{x}_3 = \vec{x}_1 + (\vec{x}_2 + \vec{x}_3) \quad , \tag{D1.1}$$

$$\forall \, \vec{x} \in X \; \exists \, \vec{0} \in X: \; \vec{0} + \vec{x} = \vec{x} \quad , \tag{D1.2}$$

$$\forall \, \vec{x} \in X \; \exists \, (-\vec{x}) \in X: \; (-\vec{x}) + \vec{x} = \vec{0} \quad , \tag{D1.3}$$

$$\vec{x}_1 + \vec{x}_2 = \vec{x}_2 + \vec{x}_1 \quad , \tag{D1.4}$$

dann heißt X eine *abelsche (oder kommutative) Gruppe*.

Def. 2:   Es sei X eine abelsche Gruppe und K ein kommutativer Zahlenkörper. Existiert nun eine Operation · (im folgenden als Multiplikation bezeichnet) derart, daß jedem geordneten Paar $(a_\nu, \vec{x}_\mu)$ mit $a_\nu \in K$ und $\vec{x}_\mu \in X$ ein Element $a_\nu \cdot \vec{x}_\mu = a_\nu\, \vec{x}_\mu \in X$ so zuordnet wird, daß gilt

$$(a_1\, a_2) \cdot \vec{x} = a_1 \cdot (a_2 \cdot \vec{x}) \quad , \tag{D2.1}$$

$$a\,(\vec{x}_1 + \vec{x}_2) = a\,\vec{x}_1 + a\,\vec{x}_2 \quad , \tag{D2.2}$$

$$(a_1 + a_2)\vec{x} = a_1\vec{x} + a_2\vec{x} \quad , \tag{D2.3}$$

$$\forall\, \vec{x} \in X \; \exists\, 1 \in K: \; 1 \cdot \vec{x} = \vec{x} \quad , \tag{D2.4}$$

dann heißt X ein *Vektorraum über K*.

Im folgenden soll X stets ein Vektorraum der beschriebenen Art sein.

2.   Bilinearform und Hermitesche Form. Euklidscher und unitärer Vektorraum

Def. 3:   Eine Zuordnung β, die jedem geordneten Paar $(\vec{x}_\nu, \vec{x}_\mu)$ von Vektoren aus X über $\mathbf{R}$ eine reelle Zahl $\beta(\vec{x}_\nu, \vec{x}_\mu)$ eindeutig derart zuordnet, daß gilt

$$\beta(\vec{x}_1 + \vec{x}_2, \vec{x}_3) = \beta(\vec{x}_1, \vec{x}_3) + \beta(\vec{x}_2, \vec{x}_3) \quad , \tag{D3.1}$$

$$\beta(\vec{x}_1, \vec{x}_2 + \vec{x}_3) = \beta(\vec{x}_1, \vec{x}_2) + \beta(\vec{x}_1, \vec{x}_3) \quad , \tag{D3.2}$$

$$\beta(a\vec{x}_1, \vec{x}_2) = a\,\beta(\vec{x}_1, \vec{x}_2) = \beta(\vec{x}_1, a\vec{x}_2) \quad , \quad a \in \mathbf{R} \quad , \tag{D3.3}$$

heißt *Bilinearform oder 2-fache Linearform von X*.

Def. 4:   Eine Zuordnung β, die jedem geordneten Paar $(\vec{x}_\nu, \vec{x}_\mu)$ von Vektoren aus X über $\mathbf{C}$ eine komplexe Zahl $\beta(\vec{x}_\nu, \vec{x}_\mu)$ eindeutig derart zuordnet, daß gilt

$$\beta(\vec{x}_1+\vec{x}_2,\ \vec{x}_3)\ =\ \beta(\vec{x}_1,\ \vec{x}_3)+\beta(\vec{x}_2,\ \vec{x}_3)\ ,\qquad\qquad\text{(D4.1)}$$

$$\beta(a\vec{x}_1,\ \vec{x}_2)\ =\ a\,\beta(\vec{x}_1,\ \vec{x}_2)\ ,\qquad a\in\mathbf{C}\ ,\qquad\qquad\text{(D4.2)}$$

$$\beta(\vec{x}_1,\ \vec{x}_2)\ =\ \overline{\beta(\vec{x}_2,\ \vec{x}_1)}\ ,\qquad\qquad\text{(D4.3)}$$

heißt *Hermitesche Form von X.*[*]

Satz 1:   Für ein Hermitesche Form gilt:

$$\beta(\vec{x}_1,\ \vec{x}_2+\vec{x}_3)\ =\ \beta(\vec{x}_1,\ \vec{x}_2)+\beta(\vec{x}_1,\ \vec{x}_3)\ ,\qquad\qquad\text{(S1.1)}$$

$$\beta(\vec{x}_1,\ a\vec{x}_2)\ =\ \bar{a}\,\beta(\vec{x}_1,\ \vec{x}_2)\ ,\qquad a\in\mathbf{C}\ ,\qquad\qquad\text{(S1.2)}$$

$$\beta(\vec{x},\ \vec{x})\ \in\ \mathbb{R}\ .\qquad\qquad\text{(S1.3)}$$

Beweis: Aus (D4.3) und (D4.1) folgt:

$$\beta(\vec{x}_1,\ \vec{x}_2+\vec{x}_3)\ =\ \overline{\beta(\vec{x}_2+\vec{x}_3,\ \vec{x}_1)}\ =\ \overline{\beta(\vec{x}_2,\ \vec{x}_1)}+\overline{\beta(\vec{x}_3,\ \vec{x}_1)}\ =\ \beta(\vec{x}_1,\ \vec{x}_2)+\beta(\vec{x}_1,\ \vec{x}_3)\ .$$

Aus (D4.3) und (D4.2) folgt:

$$\beta(\vec{x}_1,\ a\vec{x}_2)\ =\ \overline{\beta(a\vec{x}_2,\ \vec{x}_1)}\ =\ \bar{a}\,\overline{\beta(\vec{x}_2,\ \vec{x}_1)}\ =\ \bar{a}\,\beta(\vec{x}_1,\ \vec{x}_2)\ .$$

Aus (D4.3) folgt schließlich:

$$\beta(\vec{x},\ \vec{x})\ =\ \overline{\beta(\vec{x},\ \vec{x})}\ \leftrightarrow\ \beta(\vec{x},\ \vec{x})\ \in\ \mathbf{R}\ .$$

Def. 5:   Eine Bilinearform β von X über $\mathbf{R}$, welche sowohl symmetrisch, also

$$\beta(\vec{x}_1,\ \vec{x}_2)\ =\ \beta(\vec{x}_2,\ \vec{x}_1)\ ,\qquad\qquad\text{(D5.1)}$$

---

[*] Durch Überstreichen seien konjugiert komplexe Größen gekennzeichnet.

wie auch positiv definit ist, also

$$\beta(\vec{x}, \vec{x}) > \vec{0} \ , \quad \vec{x} \neq \vec{0} \ , \tag{D5.2}$$

heißt *skalares Produkt von X*. Ein reeller Vektorraum mit skalarem Produkt heißt *euklidscher Vektorraum*.

Def. 6:   Eine Hermitesche Form β von X über $\mathbb{C}$, welche positiv definit ist, für die also stets gilt

$$\beta(\vec{x}, \vec{x}) > \vec{0} \ , \quad \vec{x} \neq \vec{0} \ , \tag{D6.1}$$

heißt *skalares Produkt von X*. Ein komplexer Vektorraum mit skalarem Produkt heißt *unitärer Raum*.

3.   Lineare Abbildung und Endomorphismus

Def. 7:   Eine Operation $\ddot{\varphi}$, welche Elemente des Vektorraums X über K auf Elemente des Vektorraums Y über K abbildet, in Zeichen $\ddot{\varphi}: X \to Y$, und für die gilt

$$\ddot{\varphi}(\vec{x}_1 + \vec{x}_2) = \ddot{\varphi}(\vec{x}_1) + \ddot{\varphi}(\vec{x}_2) \ , \quad \vec{x}_1, \vec{x}_2 \in X \ , \tag{D7.1}$$

$$\ddot{\varphi}(c\vec{x}) = c\,\ddot{\varphi}(\vec{x}) \ , \quad \vec{x} \in X \ , \quad c \in K \ , \tag{D7.2}$$

heißt *lineare Abbildung*.

Def. 8:   Es sei $\ddot{\varphi}$ eine lineare Abbildung $\ddot{\varphi}: X \to Y$ und $\ddot{\varphi}^*$ eine lineare Abbildung $\ddot{\varphi}^*: Y \to X$ und X und Y seien euklidsche oder unitäre Räume. Gilt nun

$$\ddot{\varphi}\,\vec{x} \cdot \vec{y} = \vec{x} \cdot \ddot{\varphi}^*\,\vec{y} \ , \quad \vec{x} \in X \ , \quad \vec{y} \in Y \ , \tag{D8.1}$$

dann heißt $\ddot{\varphi}^*$ die zu $\ddot{\varphi}$ *adjungierte Abbildung*.

Def. 9:   Eine lineare Abbildung $\ddot{\varphi}: X \to X$ heißt *Endomorphismus*.

4.   Definitionen und Sätze zu Endomorphismen

Def. 10:   Ein Endomorphismus $\ddot{\varphi}$ eines unitären oder euklidschen Raumes X, zu dem der adjungierte Endomorphismus $\ddot{\varphi}^*$ existiert und für den gilt

$$\ddot{\varphi}(\ddot{\varphi}^*\vec{x}) = \ddot{\varphi}^*(\ddot{\varphi}\vec{x}) \quad \forall\, \vec{x} \in X \quad \longleftrightarrow \quad \ddot{\varphi}\circ\ddot{\varphi}^* = \ddot{\varphi}^*\circ\ddot{\varphi} \ , \tag{D10.1}$$

heißt *normaler Endomorphismus*.[**]

Def. 11:   Ein Endomorphismus $\ddot{\varphi}$ eines unitären oder euklidschen Raumes X, für den

$$\ddot{\varphi}\vec{x}_1 \cdot \vec{x}_2 = \vec{x}_1 \cdot \ddot{\varphi}\vec{x}_2 \tag{D11.1}$$

gilt, heißt *selbstadjungierter Endomorphismus*.

Satz 2:   Jeder selbstadjungierte Endomorphismus ist normal.

Beweis: Für einen selbstadjungierten Endomorphismus $\ddot{\varphi}$ existiert gemäß Def. 11 der adjungierte Endomorphismus, nämlich $\ddot{\varphi} = \ddot{\varphi}^*$. somit ist $\ddot{\varphi}\circ\ddot{\varphi}^*$ trivialerweise vertauschbar, und $\ddot{\varphi}$ ist also entsprechend Def. 10 normal.

Satz 3:   Ein Endomorphismus $\ddot{\varphi}$ eines unitären oder euklidschen Raumes X ist *genau dann* normal, wenn sein adjungierter Endomorphismus $\ddot{\varphi}^*$ derart existiert, daß gilt

$$\ddot{\varphi}\vec{x}_1 \cdot \ddot{\varphi}\vec{x}_2 = \ddot{\varphi}^*\vec{x}_1 \cdot \ddot{\varphi}^*\vec{x}_2 \quad \forall\, \vec{x}_1, \vec{x}_2 \in X \ . \tag{S3.1}$$

[**]Der Operator $\circ$ verknüpft zwei aufeinanderfolgende Abbildungen.

Beweis: Es sei zunächst $\ddot{\varphi}$ als normal angenommen, also $\ddot{\varphi}\circ\ddot{\varphi}^* = \ddot{\varphi}^*\circ\ddot{\varphi}$. Hieraus folgt:

$$\ddot{\varphi}\,\vec{x}_1\cdot\ddot{\varphi}\,\vec{x}_2 = \vec{x}_1\cdot\ddot{\varphi}^*(\ddot{\varphi}\,\vec{x}_2) = \vec{x}_1\cdot\ddot{\varphi}(\ddot{\varphi}^*\vec{x}_2) = \ddot{\varphi}^*\vec{x}_1\cdot\ddot{\varphi}^*\vec{x}_2 \quad .$$

Umgekehrt soll jetzt (S3.1) als gültig vorausgesetzt werden. Es gilt dann:

$$\ddot{\varphi}(\ddot{\varphi}^*\vec{x}_1)\cdot\vec{x}_2 = \ddot{\varphi}^*\vec{x}_1\cdot\ddot{\varphi}^*\vec{x}_2 = \ddot{\varphi}\,\vec{x}_1\cdot\ddot{\varphi}\,\vec{x}_2 = \ddot{\varphi}^*(\ddot{\varphi}\,\vec{x}_1)\cdot\vec{x}_2 \quad .$$

Damit ist $[\ddot{\varphi}(\ddot{\varphi}^*\vec{x}_1) - \ddot{\varphi}^*(\ddot{\varphi}\,\vec{x}_1)]\cdot\vec{x}_2 = 0$. Da dies für alle $\vec{x}_1$ und $\vec{x}_2$ aus X gelten soll, folgt unmittelbar

$$\ddot{\varphi}(\ddot{\varphi}^*\vec{x}_1) = \ddot{\varphi}^*(\ddot{\varphi}\,\vec{x}_1)$$

bzw.

$$\ddot{\varphi}\circ\ddot{\varphi}^* = \ddot{\varphi}^*\circ\ddot{\varphi} \quad .$$

Satz 4:   Es sei $\ddot{\varphi}$ ein normaler Endomorphismus. Dann besitzen $\ddot{\varphi}$ und $\ddot{\varphi}^*$ dieselben Eigenvektoren. Ist ferner $\vec{a}_\nu$ Eigenvektor von $\ddot{\varphi}$ und damit auch von $\ddot{\varphi}^*$, dann ist c_ν der entsprechende Eigenwert bezüglich $\ddot{\varphi}$ und $\overline{c_\nu}$ der entsprechende Eigenwert bezüglich $\ddot{\varphi}^*$.

Beweis: Es gilt die identische Umformung

$$(\ddot{\varphi}\,\vec{a}-c\,\vec{a})^2 = \ddot{\varphi}\,\vec{a}\cdot\ddot{\varphi}\,\vec{a}-\ddot{\varphi}\,\vec{a}\cdot c\,\vec{a}-c\,\vec{a}\cdot\ddot{\varphi}\,\vec{a}+c\,\vec{a}\cdot c\,\vec{a} \quad .$$

Mit Def. 4 und Satz 1 folgt daraus:

$$(\ddot{\varphi}\,\vec{a}-c\,\vec{a})^2 = \ddot{\varphi}\,\vec{a}\cdot\ddot{\varphi}\,\vec{a}-\overline{c}\,(\ddot{\varphi}\,\vec{a}\cdot\vec{a})-c\,(\vec{a}\cdot\ddot{\varphi}\,\vec{a})+c\,\overline{c}\,(\vec{a}\cdot\vec{a}) \quad .$$

Unter Ausnutzung von Satz 3 ergibt sich:

$$(\ddot{\varphi}\,\vec{a}-c\,\vec{a})^2 = \ddot{\varphi}^*\vec{a}\cdot\ddot{\varphi}^*\vec{a}-\overline{c}\,(\vec{a}\cdot\ddot{\varphi}^*a)-c\,(\ddot{\varphi}^*\vec{a}\cdot\vec{a})+c\,\overline{c}\,(\vec{a}\cdot\vec{a}) \quad .$$

Satz 1 und Def. 4 wiederum liefern

$$(\ddot{\varphi}\,\vec{a} - c\,\vec{a})^2 = \ddot{\varphi}^{*}\vec{a}\cdot\ddot{\varphi}^{*}\vec{a} - \overline{c}\,\vec{a}\cdot\ddot{\varphi}^{*}a - \ddot{\varphi}^{*}\vec{a}\cdot\overline{c}\,\vec{a} + \overline{c}\,\vec{a}\cdot\overline{c}\,\vec{a} \quad .$$

Dies ist identisch mit der ersten Zeile des Beweises, wenn man $\ddot{\varphi}$ durch $\ddot{\varphi}^{*}$ und $\overline{c}$ durch c ersetzt. Somit gilt:

$$(\ddot{\varphi}\,\vec{a} - c\,\vec{a})^2 = (\ddot{\varphi}^{*}\vec{a} - \overline{c}\,\vec{a})^2 \quad .$$

Speziell für $\vec{a} = \vec{a}_\nu$ und $c = c_\nu$ bzw. $\overline{c} = \overline{c}_\nu$ ergeben sich dann die offenbar gleichwertigen Aussagen $\ddot{\varphi}\,\vec{a}_\nu = c_\nu\,\vec{a}_\nu$ und $\ddot{\varphi}^{*}\vec{a}_\nu = \overline{c}_\nu\,\vec{a}_\nu$.

Satz 5: Es sei $\ddot{\varphi}$ ein normaler Endomorphismus eines euklidschen Raumes X der Dimension Dim $X = n$, $n \in \mathbb{N}$, und $\ddot{\varphi}$ besitze lauter reelle Eigenwerte. *Genau dann* existiert zu X eine Orthonormalbasis, die aus lauter Eigenvektoren von $\ddot{\varphi}$ besteht.

Beweis: Die Existenz der (reellen) Eigenwerte von $\ddot{\varphi}$ ist vorgegeben und also gesichert. Es sei nun c_1 ein Eigenwert von $\ddot{\varphi}$ und $\vec{e}_1$ der zugehörige normierte Eigenvektor. Ist Dim $X = n = 1$, so ist Satz 5 schon bewiesen. Im folgenden sei jetzt $n > 1$ und Satz 5 für die Dimension n-1 als gültig vorausgesetzt. Außerdem möge U ein zu $\vec{e}_1$ orthogonaler Unterraum von X sein. Es gilt dann sicherlich Dim $U = n$-1. Ist nun $\vec{x} \in U$, also $\vec{x}\cdot\vec{e}_1 = 0$, dann folgt mit Satz 4:

$$\ddot{\varphi}\,\vec{x}\cdot\vec{e}_1 = \vec{x}\cdot\ddot{\varphi}^{*}\vec{e}_1 = \vec{x}\cdot(\overline{c_1}\,\vec{e}_1) = c_1(\vec{x}\cdot\vec{e}_1) = 0 \quad .$$

Damit gilt auch $\ddot{\varphi}\,\vec{x} \in U$, und $\ddot{\varphi}$ ist also auch bezüglich U ein Endomorphismus. Da vorausgesetzt wurde, daß Satz 5 für entsprechende Räume der Dimension n-1 bereits gilt, U aber die Dimension n-1 besitzt und $\ddot{\varphi}$ ein Endomorphismus von U ist, existiert für U also eine Orthonormalbasis $\{\vec{e}_2, \vec{e}_3, \dots, \vec{e}_n\}$ aus den Eigenvektoren von $\ddot{\varphi}$. Weil U orthogonaler Unterraum zu X ist, genügt es, diese Basis mit $\vec{e}_1$ zu erweitern, um zu einer Basis von X zu gelangen.

Umgekehrt möge nun bereits eine aus den Eigenvektoren von $\ddot\varphi$ bestehende Orthonormalbasis $\{\vec{e}_1, \vec{e}_2, \vec{e}_3, \dots , \vec{e}_n\}$ von X existieren. Dann muß $\ddot\varphi\,\vec{e}_\nu = c_\nu\,\vec{e}_\nu$ $\forall\;\nu \in [1, \dots , n]$ gelten. Definiert man außerdem einen Endomorphismus $\ddot\chi$ derart, daß gilt: $\ddot\chi\,\vec{e}_\nu = \overline{c_\nu}\,\vec{e}_\nu$, dann folgt

$$\ddot\varphi\,\vec{e}_\nu\cdot\vec{e}_\mu = (c_\nu\,\vec{e}_\nu)\cdot\vec{e}_\mu = c_\mu\,\delta_{\nu\mu} = c_\mu(\vec{e}_\nu\cdot\vec{e}_\mu) = c_\mu\overline{(\vec{e}_\mu\cdot\vec{e}_\nu)}$$

$$= \overline{\overline{c_\mu}\,\vec{e}_\mu\cdot\vec{e}_\nu} = \vec{e}_\nu\cdot\overline{(\overline{c_\mu}\,\vec{e}_\mu)} = \vec{e}_\nu\cdot(\ddot\chi\,\vec{e}_\mu)\;,$$

wo $\delta_{\nu\mu}$ das Kronecker-Symbol ist. $\ddot\chi$ ist also der zu $\ddot\varphi$ adjungierte Endomorphismus, und man erhält

$$\ddot\varphi^{*}(\ddot\varphi\,\vec{e}_\nu) = \ddot\varphi^{*}(c_\nu\,\vec{e}_\nu) = c_\nu(\ddot\varphi^{*}\vec{e}_\nu) = c_\nu\overline{c_\nu}\,\vec{e}_\nu = \overline{c_\nu}(\ddot\varphi\,\vec{e}_\nu)$$

$$= \ddot\varphi(\overline{c_\nu}\,\vec{e}_\nu) = \ddot\varphi(\ddot\varphi^{*}\vec{e}_\nu)\;,$$

also $\ddot\varphi^{*}\circ\ddot\varphi = \ddot\varphi\circ\ddot\varphi^{*}$.

Satz 6:   Ein selbstadjungierter Endomorphismus besitzt nur reelle Eigenwerte.

Beweis: Es sei $\ddot\varphi$ ein selbstadjungierter Endomorphismus eines zunächst *unitären* Raumes. c_ν sei ein Eigenwert von $\ddot\varphi$ und $\vec{a}_\nu$ der zugehörige Eigenvektor. Dann gilt:

$$c_\nu(\vec{a}_\nu\cdot\vec{a}_\nu) = (c_\nu\,\vec{a}_\nu)\cdot\vec{a}_\nu = \ddot\varphi\,\vec{a}_\nu\cdot\vec{a}_\nu = \vec{a}_\nu\cdot\ddot\varphi\,\vec{a}_\nu$$

$$= \vec{a}_\nu\cdot(c_\nu\,\vec{a}_\nu) = \overline{c_\nu}(\vec{a}_\nu\cdot\vec{a}_\nu)\;.$$

Wegen $\vec{a}_\nu\cdot\vec{a}_\nu \neq 0$ folgt: $c_\nu = \overline{c_\nu}$, also $c_\nu \in \mathbf{R}$. Für den Fall, daß $\ddot\varphi$ Endomorphismus eines *euklidschen* Raumes X ist, läßt sich durch Einbettung von X in einen unitären Raum auf einfache Weise zeigen, daß Satz 6 auch für euklidsche Räume Gültigkeit besitzt.

Schließlich folgt der für die hier durchzuführenden Betrachtungen besonders wichtige

Satz 7:   Zu jedem selbstadjungierten Endomorphismus $\tilde{\varphi}$ eines endlich-dimensionalen euklidschen oder unitären Raumes existiert eine Orthonormalbasis, die aus lauter Eigenvektoren von $\tilde{\varphi}$ besteht. Hinsichtlich dieser Basis wird $\tilde{\varphi}$ durch eine reelle Diagonalmatrix repräsentiert.

Beweis: Unter der Voraussetzung, daß $\tilde{\varphi}$ ein selbstadjungierter Endomorphismus ist, besitzt dieser wegen Satz 6 nur reelle Eigenwerte. Dann folgt aus Satz 5, daß zu $\tilde{\varphi}$ eine Orthonormalbasis aus Eigenvektoren von $\tilde{\varphi}$ existiert, sofern $\tilde{\varphi}$ normal ist. Die Normalität von $\tilde{\varphi}$ folgt aber aus Satz 2.

Anhang: Kapazitätsbeläge für Leitungen auf integrierten Schaltungen

Zur Berechnung der Kapazitätsbeläge eines Leitungssystems bedarf es der i.a. numerischen Lösung eines Randwertproblems. Für die Bestimmung der Induktivitätsbeläge gilt dies *nicht*: wegen $\mu = \mu_0 = $ const lassen sie sich auf vergleichsweise einfache Art berechnen (siehe Abschn. 3.1.2). Bei den auf integrierten Schaltungen typischerweise vorherrschenden Abmessungen ist dies sogar besonders einfach, siehe etwa Tabelle 3.3. Aus diesem Grund wird auf die Bestimmung der Induktivitätsbeläge hier nicht weiter eingegangen.

Während für Einzelleitungen und Doppelleitungen einfacher Geometrie noch mehr oder weniger komplizierte Arbeitsformeln zur Abschätzung der Kapazitätsbeläge existieren, ist dies für Leitungssysteme mit drei und mehr Leitungen nicht mehr der Fall. Andererseits gibt es eine große Anzahl professioneller Feldberechnungsprogramme, mit denen die numerische Ermittlung der Kapazitätskoeffizienten von Leitungssystemen unterschiedlichster Geometrien, Abmessungen und Materialien möglich ist. Der numerische Aufwand hierzu kann allerdings beträchtlich sein. Im folgenden werden deshalb die Kapazitätsbeläge einiger Einzelleitungen und Leitungssysteme unterschiedlicher Abmessungen exemplarisch in Tabellenform angegeben. Die gewählten Abmessungen und Materialien überdecken den Bereich der für integrierte Schaltungen auf Si-Substrat typischen Werte, wobei die einzelnen Leitungen eines Leitungssystems hier jeweils gleiche Abmessungen und gleiche Abstände untereinander aufweisen. Insgesamt handelt es sich um einen Auszug aus einer größeren Anzahl numerischer Berechnungen zur Parameterextraktion für Leitungen auf Boards und auf Si-Chips. Die Resultate wurden stichprobenartig sowohl mit den Resultaten analytischer Verfahren wie auch mit am Laboratorium für Informationstechnologie der Universität Hannover durchgeführten Meßergebnissen verglichen und zeigten dabei gute Übereinstimmung.

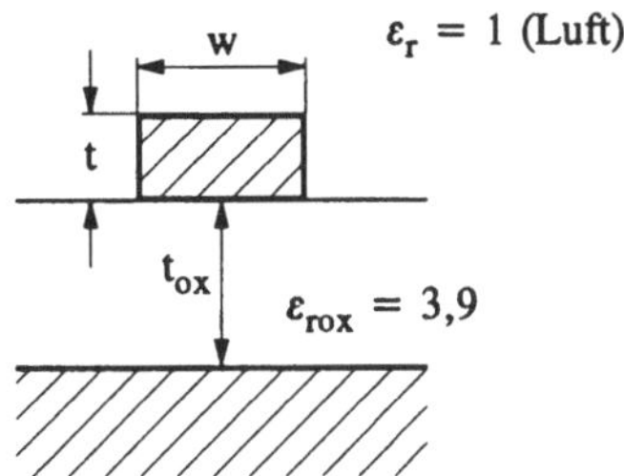

Bild 1. Einzelleitung auf Halbleitersubstrat *ohne* Passivierung

Tabelle 1. Beläge für Einzelleitung gemäß Bild 1

w	t_{ox}	t	C'	w	t_{ox}	t	C'
μm	μm	μm	pF/m	μm	μm	μm	pF/m
1,0	0,5	0,5	117,0	4,0	1,0	1,0	191,9
1,0	0,5	1,0	125,2	4,0	2,0	0,5	111,3
1,0	1,0	0,5	76,2	4,0	2,0	1,0	115,4
1,0	1,0	1,0	82,6	6,0	0,5	0,5	481,6
1,0	2,0	0,5	53,2	6,0	0,5	1,0	488,4
1,0	2,0	1,0	58,0	6,0	1,0	0,5	260,6
2,5	0,5	0,5	226,2	6,0	1,0	1,0	265,9
2,5	0,5	1,0	233,8	6,0	2,0	0,5	148,4
2,5	1,0	0,5	132,0	6,0	2,0	1,0	152,3
2,5	1,0	1,0	137,9	10,0	0,5	0,5	776,0
2,5	2,0	0,5	83,1	10,0	0,5	1,0	782,0
2,5	2,0	1,0	87,4	10,0	1,0	0,5	408,5
4,0	0,5	0,5	335,5	10,0	1,0	1,0	413,3
4,0	0,5	1,0	342,7	10,0	2,0	0,5	222,9
4,0	1,0	0,5	187,1	10,0	2,0	1,0	226,5

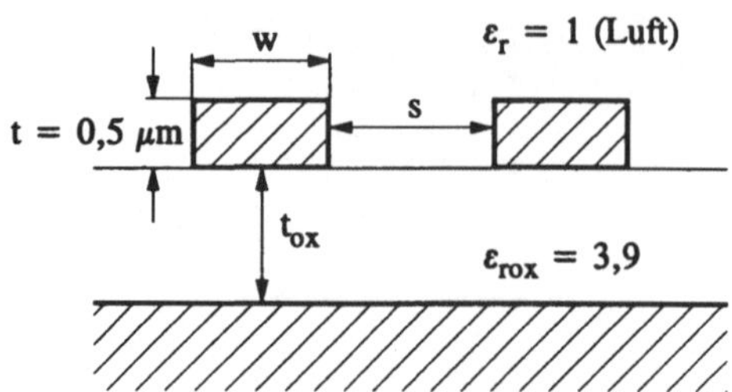

Bild 2. Doppelleitung auf Halbleitersubstrat *ohne* Passivierung

Tabelle 2. Beläge für Doppelleitung gemäß Bild 2

| w | s | t_{ox} | C'_{11} | C'_{12} | w | s | t_{ox} | C'_{11} | C'_{12} |
μm	μm	μm	pF/m	pF/m	μm	μm	μm	pF/m	pF/m
1,0	1,0	0,5	111,1	7,5	2,5	2,5	1,0	128,1	4,2
1,0	1,0	1,0	67,2	11,7	2,5	2,5	2,0	76,2	7,6
1,0	1,0	2,0	42,1	16,3	2,5	4,0	0,5	225,2	1,5
1,0	2,5	0,5	115,7	1,8	2,5	4,0	1,0	130,0	2,0
1,0	2,5	1,0	73,4	3,1	2,5	4,0	2,0	79,2	3,8
1,0	2,5	2,0	47,6	6,0	2,5	6,0	0,5	225,9	0,8
1,0	4,0	0,5	116,7	0,8	2,5	6,0	1,0	131,0	1,1
1,0	4,0	1,0	75,0	1,3	2,5	6,0	2,0	80,9	1,8
1,0	4,0	2,0	50,2	2,8	2,5	10,0	0,5	226,6	0,4
1,0	6,0	0,5	117,1	0,4	2,5	10,0	1,0	131,7	0,5
1,0	6,0	1,0	75,7	0,6	2,5	10,0	2,0	81,2	0,7
1,0	6,0	2,0	51,6	1,3	4,0	1,0	0,5	327,0	10,6
1,0	10,0	0,5	117,6	0,2	4,0	1,0	1,0	175,5	14,9
1,0	10,0	1,0	76,2	0,2	4,0	1,0	2,0	97,3	20,3
1,0	10,0	2,0	52,5	0,4	4,0	2,5	0,5	332,5	3,6
2,5	1,0	0,5	218,8	9,3	4,0	2,5	1,0	182,4	5,0
2,5	1,0	1,0	121,5	13,6	4,0	2,5	2,0	103,6	8,4
2,5	1,0	2,0	70,1	19,0	4,0	4,0	0,5	334,0	2,0
2,5	2,5	0,5	224,0	2,9	4,0	4,0	1,0	184,6	2,6

(Fortsetzung)

Tabelle 2. Beläge für Doppelleitung gemäß Bild 2 *(Fortsetzung)*

w	s	t_{ox}	C'_{11}	C'_{12}	w	s	t_{ox}	C'_{11}	C'_{12}
μm	μm	μm	pF/m	pF/m	μm	μm	μm	pF/m	pF/m
4,0	4,0	2,0	106,7	4,4	6,0	10,0	0,5	481,6	0,8
4,0	6,0	0,5	333,6	1,2	6,0	10,0	1,0	259,7	0,9
4,0	6,0	1,0	185,7	1,4	6,0	10,0	2,0	146,8	1,3
4,0	6,0	2,0	108,6	2,3	10,0	1,0	0,5	764,6	14,6
4,0	10,0	0,5	335,7	0,6	10,0	1,0	1,0	393,4	19,3
4,0	10,0	1,0	185,5	0,6	10,0	1,0	2,0	206,1	24,4
4,0	10,0	2,0	110,0	1,0	10,0	2,5	0,5	771,6	5,7
6,0	1,0	0,5	471,9	12,0	10,0	2,5	1,0	401,8	7,3
6,0	1,0	1,0	247,7	16,4	10,0	2,5	2,0	213,1	10,9
6,0	1,0	2,0	133,5	21,7	10,0	4,0	0,5	773,5	3,6
6,0	2,5	0,5	477,9	4,4	10,0	4,0	1,0	404,4	4,2
6,0	2,5	1,0	255,0	5,9	10,0	4,0	2,0	216,7	6,2
6,0	2,5	2,0	139,9	9,4	10,0	6,0	0,5	774,8	2,3
6,0	4,0	0,5	479,6	2,6	10,0	6,0	1,0	405,9	2,7
6,0	4,0	1,0	257,4	3,2	10,0	6,0	2,0	219,0	3,6
6,0	4,0	2,0	143,2	5,1	10,0	10,0	0,5	776,1	1,3
6,0	6,0	0,5	480,6	1,6	10,0	10,0	1,0	407,3	1,4
6,0	6,0	1,0	258,7	1,9	10,0	10,0	2,0	220,8	1,8
6,0	6,0	2,0	145,3	2,8					

Hinweis: Aus Symmetriegründen gilt hier: $C'_{11} = C'_{22}$

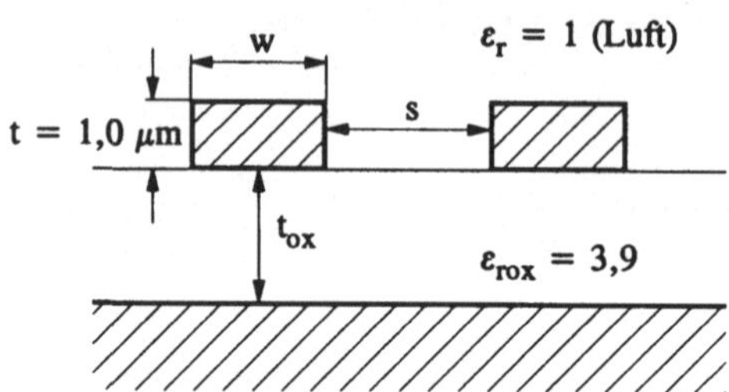

Bild 3. Doppelleitung auf Halbleitersubstrat *ohne* Passivierung

Tabelle 3. Beläge für Doppelleitung gemäß Bild 3

w	s	t_{ox}	C'_{11}	C'_{12}	w	s	t_{ox}	C'_{11}	C'_{12}
μm	μm	μm	pF/m	pF/m	μm	μm	μm	pF/m	pF/m
1,0	1,0	0,5	116,8	12,3	2,5	2,5	1,0	132,6	6,0
1,0	1,0	1,0	71,2	16,7	2,5	2,5	2,0	79,1	9,5
1,0	1,0	2,0	44,8	21,4	2,5	4,0	0,5	232,1	2,4
1,0	2,5	0,5	122,7	3,4	2,5	4,0	1,0	135,1	3,0
1,0	2,5	1,0	78,4	4,8	2,5	4,0	2,0	82,5	4,9
1,0	2,5	2,0	51,0	8,0	2,5	6,0	0,5	232,3	1,3
1,0	4,0	0,5	124,3	1,6	2,5	6,0	1,0	136,4	1,6
1,0	4,0	1,0	80,6	2,2	2,5	6,0	2,0	84,6	2,5
1,0	4,0	2,0	54,1	3,9	2,5	10,0	0,5	234,1	0,6
1,0	6,0	0,5	125,1	0,8	2,5	10,0	1,0	137,3	0,7
1,0	6,0	1,0	81,7	1,0	2,5	10,0	2,0	86,1	1,0
1,0	6,0	2,0	55,9	1,8	4,0	1,0	0,5	332,1	15,3
1,0	10,0	0,5	125,7	0,3	4,0	1,0	1,0	179,0	19,8
1,0	10,0	1,0	82,4	0,4	4,0	1,0	2,0	99,7	25,3
1,0	10,0	2,0	56,4	0,6	4,0	2,5	0,5	338,5	5,3
2,5	1,0	0,5	224,2	14,0	4,0	2,5	1,0	186,7	6,8
2,5	1,0	1,0	125,1	18,5	4,0	2,5	2,0	106,3	10,4
2,5	1,0	2,0	72,5	24,0	4,0	4,0	0,5	340,5	3,0
2,5	2,5	0,5	230,3	4,5	4,0	4,0	1,0	189,3	3,6

(Fortsetzung)

Tabelle 3. Beläge für Doppelleitung gemäß Bild 3 *(Fortsetzung)*

w	s	t_{ox}	C'_{11}	C'_{12}		w	s	t_{ox}	C'_{11}	C'_{12}
μm	μm	μm	pF/m	pF/m		μm	μm	μm	pF/m	pF/m
4,0	4,0	2,0	109,9	5,6		6,0	10,0	0,5	488,2	1,1
4,0	6,0	0,5	341,7	1,7		6,0	10,0	1,0	264,7	1,2
4,0	6,0	1,0	190,0	2,0		6,0	10,0	2,0	150,4	1,6
4,0	6,0	2,0	112,1	3,0		10,0	1,0	0,5	768,7	19,3
4,0	10,0	0,5	342,8	0,8		10,0	1,0	1,0	396,3	24,2
4,0	10,0	1,0	191,9	0,9		10,0	1,0	2,0	208,1	29,3
4,0	10,0	2,0	113,7	1,3		10,0	2,5	0,5	776,3	7,5
6,0	1,0	0,5	476,7	16,7		10,0	2,5	1,0	405,2	9,1
6,0	1,0	1,0	251,1	21,3		10,0	2,5	2,0	215,4	12,9
6,0	1,0	2,0	135,7	26,7		10,0	4,0	0,5	778,7	4,7
6,0	2,5	0,5	483,5	6,2		10,0	4,0	1,0	408,3	5,3
6,0	2,5	1,0	259,0	7,7		10,0	4,0	2,0	219,2	7,5
6,0	2,5	2,0	142,5	11,3		10,0	6,0	0,5	780,2	3,0
6,0	4,0	0,5	485,6	3,6		10,0	6,0	1,0	410,1	3,3
6,0	4,0	1,0	261,8	4,3		10,0	6,0	2,0	221,8	4,4
6,0	4,0	2,0	146,2	6,3		10,0	10,0	0,5	781,8	1,6
6,0	6,0	0,5	485,9	2,2		10,0	10,0	1,0	411,7	1,8
6,0	6,0	1,0	262,5	2,5		10,0	10,0	2,0	223,9	2,2
6,0	6,0	2,0	148,5	3,5						

Hinweis: Aus Symmetriegründen gilt hier: $C'_{11} = C'_{22}$

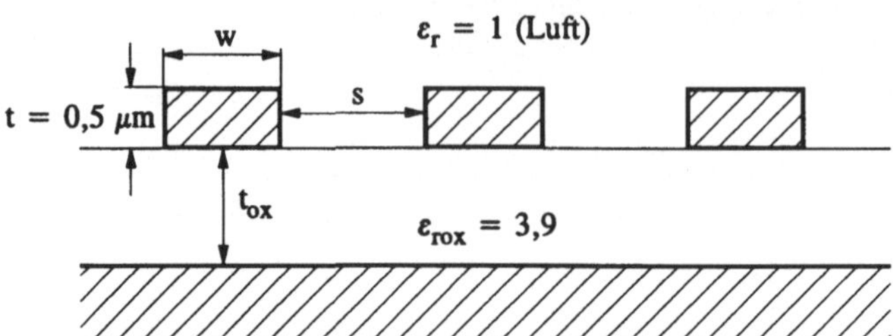

Bild 4. Dreifachleitung auf Halbleitersubstrat *ohne* Passivierung

Tabelle 4. Beläge für Dreifachleitung gemäß Bild 4

| w | s | t_{ox} | C'_{11} | C'_{22} | C'_{12} | C'_{13} |
μm	μm	μm	pF/m	pF/m	pF/m	pF/m
1,0	1,0	0,5	108,5	103,9	6,9	0,7
1,0	1,0	1,0	65,3	57,6	10,9	0,8
1,0	1,0	2,0	40,5	31,1	15,3	1,3
1,0	2,5	0,5	113,1	109,2	1,7	0,3
1,0	2,5	1,0	71,5	69,1	2,9	0,4
1,0	2,5	2,0	46,2	41,3	5,7	0,6
1,0	4,0	0,5	114,1	112,0	0,8	0,2
1,0	4,0	1,0	73,2	72,2	1,2	0,2
1,0	4,0	2,0	48,9	46,2	2,7	0,4
1,0	6,0	0,5	114,7	113,8	0,4	0,1
1,0	6,0	1,0	73,9	73,5	0,6	0,1
1,0	6,0	2,0	50,4	48,9	1,2	0,2
1,0	10,0	0,5	115,6	114,8	0,2	0,0
1,0	10,0	1,0	74,8	74,2	0,2	0,1
1,0	10,0	2,0	51,5	50,9	0,4	0,1
2,5	1,0	0,5	216,8	210,8	8,6	0,8
2,5	1,0	1,0	120,2	111,1	12,8	0,8
2,5	1,0	2,0	69,5	57,8	18,1	1,0
2,5	2,5	0,5	221,8	218,2	2,7	0,5

(Fortsetzung)

Tabelle 4. Beläge für Dreifachleitung gemäß Bild 4 *(Fortsetzung)*

w	s	t_{ox}	C_{11}'	C_{22}'	C_{12}'	C_{13}'
μm	μm	μm	pF/m	pF/m	pF/m	pF/m
2,5	2,5	1,0	126,7	123,4	3,9	0,5
2,5	2,5	2,0	75,4	69,3	7,2	0,7
2,5	4,0	0,5	223,2	220,4	1,4	0,3
2,5	4,0	1,0	128,7	127,1	1,9	0,3
2,5	4,0	2,0	78,5	74,9	3,6	0,5
2,5	6,0	0,5	224,0	223,0	0,8	0,2
2,5	6,0	1,0	129,8	128,9	1,0	0,2
2,5	6,0	2,0	80,3	78,3	1,8	0,3
2,5	10,0	0,5	224,8	224,6	0,3	0,1
2,5	10,0	1,0	130,6	130,1	0,4	0,1
2,5	10,0	2,0	81,6	80,5	0,7	0,1
4,0	1,0	0,5	325,1	318,1	9,8	0,8
4,0	1,0	1,0	174,6	164,5	14,0	0,8
4,0	1,0	2,0	97,2	84,7	19,3	0,9
4,0	2,5	0,5	330,4	328,1	3,4	0,5
4,0	2,5	1,0	181,3	177,4	4,7	0,6
4,0	2,5	2,0	103,3	96,4	8,0	0,7
4,0	4,0	0,5	332,0	330,9	1,9	0,4
4,0	4,0	1,0	183,5	181,4	2,5	0,4
4,0	4,0	2,0	106,4	102,4	4,2	0,5
4,0	6,0	0,5	332,9	332,7	1,1	0,2
4,0	6,0	1,0	184,7	183,5	1,4	0,3
4,0	6,0	2,0	108,4	106,1	2,2	0,4
4,0	10,0	0,5	333,9	333,4	0,5	0,1
4,0	10,0	1,0	185,7	185,1	0,6	0,1
4,0	10,0	2,0	109,9	108,9	0,9	0,2
6,0	1,0	0,5	470,2	462,1	11,1	0,8
6,0	1,0	1,0	247,4	236,1	15,3	0,8

(Fortsetzung)

Tabelle 4. Beläge für Dreifachleitung gemäß Bild 4 *(Fortsetzung)*

| w | s | t_{ox} | C'_{11} | C'_{22} | C'_{12} | C'_{13} |
μm	μm	μm	pF/m	pF/m	pF/m	pF/m
6,0	1,0	2,0	134,1	120,6	20,6	0,9
6,0	2,5	0,5	475,8	473,0	4,2	0,6
6,0	2,5	1,0	254,4	249,7	5,5	0,7
6,0	2,5	2,0	140,3	132,7	8,9	0,7
6,0	4,0	0,5	477,6	476,1	2,5	0,4
6,0	4,0	1,0	256,8	254,2	3,1	0,5
6,0	4,0	2,0	143,6	139,0	4,9	0,6
6,0	6,0	0,5	478,7	478,1	1,6	0,3
6,0	6,0	1,0	258,2	256,6	1,8	0,3
6,0	6,0	2,0	145,7	142,9	2,7	0,4
6,0	10,0	0,5	479,9	479,3	0,8	0,2
6,0	10,0	1,0	259,4	258,8	0,9	0,2
6,0	10,0	2,0	147,4	145,9	1,2	0,2
10,0	1,0	0,5	762,0	752,4	13,1	0,8
10,0	1,0	1,0	393,3	380,1	17,6	0,8
10,0	1,0	2,0	207,5	192,4	22,7	0,9
10,0	2,5	0,5	768,3	763,1	5,3	0,6
10,0	2,5	1,0	400,9	394,5	6,8	0,7
10,0	2,5	2,0	214,0	205,0	10,3	0,7
10,0	4,0	0,5	770,2	768,3	3,4	0,5
10,0	4,0	1,0	403,5	400,0	4,0	0,5
10,0	4,0	2,0	217,5	211,9	5,9	0,6
10,0	6,0	0,5	771,6	770,8	2,3	0,4
10,0	6,0	1,0	405,0	402,9	2,6	0,4
10,0	6,0	2,0	219,8	216,2	3,5	0,5
10,0	10,0	0,5	773,1	773,5	1,2	0,2
10,0	10,0	1,0	406,6	405,6	1,4	0,2
10,0	10,0	2,0	221,7	219,7	1,7	0,3

Hinweis: Aus Symmetriegründen gilt hier: $C'_{33} = C'_{11}$ und $C'_{23} = C'_{12}$

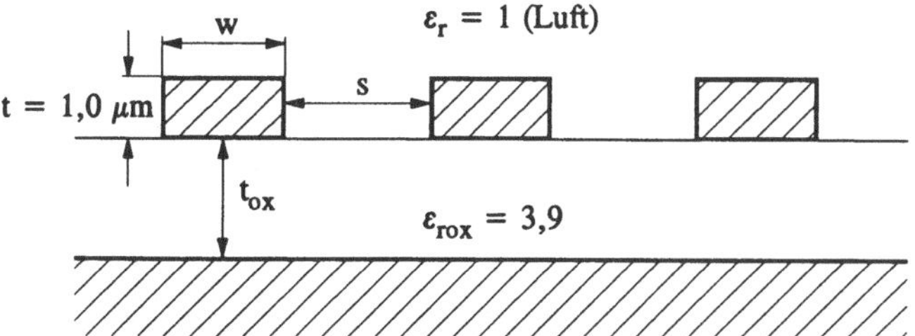

Bild 5. Dreifachleitung auf Halbleitersubstrat *ohne* Passivierung

Tabelle 5. Beläge für Dreifachleitung gemäß Bild 5

w	s	t_{ox}	C'_{11}	C'_{22}	C'_{12}	C'_{13}
μm	μm	μm	pF/m	pF/m	pF/m	pF/m
1,0	1,0	0,5	114,5	107,5	11,4	0,9
1,0	1,0	1,0	69,6	59,5	15,7	1,0
1,0	1,0	2,0	43,5	32,0	20,3	1,5
1,0	2,5	0,5	120,3	118,5	3,1	0,5
1,0	2,5	1,0	76,7	73,2	4,5	0,6
1,0	2,5	2,0	49,8	43,6	7,6	0,8
1,0	4,0	0,5	121,9	120,4	1,5	0,3
1,0	4,0	1,0	79,0	77,4	2,0	0,4
1,0	4,0	2,0	52,9	49,4	3,7	0,5
1,0	6,0	0,5	122,8	122,1	0,8	0,2
1,0	6,0	1,0	80,2	79,4	1,0	0,2
1,0	6,0	2,0	54,9	52,9	1,7	0,3
1,0	10,0	0,5	123,7	123,1	0,3	0,1
1,0	10,0	1,0	81,1	80,8	0,4	0,1
1,0	10,0	2,0	56,2	55,2	0,6	0,1
2,5	1,0	0,5	222,5	214,3	13,2	0,9
2,5	1,0	1,0	124,2	112,9	17,6	1,0
2,5	1,0	2,0	72,2	58,6	23,1	1,1
2,5	2,5	0,5	228,4	225,8	4,2	0,6

(Fortsetzung)

Tabelle 5. Beläge für Dreifachleitung gemäß Bild 5 *(Fortsetzung)*

w	s	t_{ox}	C'_{11}	C'_{22}	C'_{12}	C'_{13}
μm	μm	μm	pF/m	pF/m	pF/m	pF/m
2,5	2,5	1,0	131,5	127,0	5,6	0,7
2,5	2,5	2,0	78,6	71,2	9,1	0,8
2,5	4,0	0,5	230,3	229,2	2,2	0,4
2,5	4,0	1,0	134,0	131,7	2,8	0,5
2,5	4,0	2,0	82,1	77,7	4,7	0,6
2,5	6,0	0,5	231,5	231,2	1,2	0,3
2,5	6,0	1,0	135,4	134,2	1,5	0,3
2,5	6,0	2,0	84,3	81,7	2,4	0,4
2,5	10,0	0,5	232,6	232,2	0,6	0,1
2,5	10,0	1,0	136,6	136,0	0,7	0,1
2,5	10,0	2,0	85,9	84,8	0,9	0,2
4,0	1,0	0,5	330,5	321,5	14,3	0,9
4,0	1,0	1,0	178,5	166,3	18,8	0,9
4,0	1,0	2,0	99,8	85,4	24,3	1,0
4,0	2,5	0,5	336,7	333,4	5,0	0,7
4,0	2,5	1,0	185,9	180,8	6,4	0,7
4,0	2,5	2,0	106,3	98,2	10,0	0,8
4,0	4,0	0,5	338,7	337,1	2,8	0,5
4,0	4,0	1,0	188,5	185,7	3,4	0,5
4,0	4,0	2,0	109,9	104,9	5,3	0,6
4,0	6,0	0,5	340,0	339,4	1,7	0,3
4,0	6,0	1,0	190,1	188,5	1,9	0,4
4,0	6,0	2,0	112,2	109,2	2,8	0,4
4,0	10,0	0,5	341,4	341,1	0,8	0,2
4,0	10,0	1,0	191,4	190,8	0,9	0,2
4,0	10,0	2,0	114,0	112,4	1,2	0,2
6,0	1,0	0,5	475,4	465,4	15,6	0,9
6,0	1,0	1,0	251,2	237,9	20,1	0,9

(Fortsetzung)

Tabelle 5. Beläge für Dreifachleitung gemäß Bild 5 *(Fortsetzung)*

w	s	t_{ox}	C'_{11}	C'_{22}	C'_{12}	C'_{13}
μm	μm	μm	pF/m	pF/m	pF/m	pF/m
6,0	1,0	2,0	136,6	121,3	25,6	1,0
6,0	2,5	0,5	481,8	477,9	5,8	0,7
6,0	2,5	1,0	258,8	252,9	7,3	0,7
6,0	2,5	2,0	143,3	134,4	10,9	0,8
6,0	4,0	0,5	484,0	481,9	3,5	0,5
6,0	4,0	1,0	261,6	258,2	4,1	0,6
6,0	4,0	2,0	146,9	141,3	6,0	0,7
6,0	6,0	0,5	485,4	484,5	2,1	0,4
6,0	6,0	1,0	263,3	261,2	2,4	0,4
6,0	6,0	2,0	149,3	145,9	3,4	0,5
6,0	10,0	0,5	487,4	487,2	1,1	0,2
6,0	10,0	1,0	264,8	263,9	1,2	0,2
6,0	10,0	2,0	151,3	149,4	1,5	0,3
10,0	1,0	0,5	766,8	755,4	17,7	0,8
10,0	1,0	1,0	396,8	381,8	22,4	0,9
10,0	1,0	2,0	209,9	193,2	27,6	0,9
10,0	2,5	0,5	773,8	767,7	7,0	0,7
10,0	2,5	1,0	405,0	397,5	8,6	0,7
10,0	2,5	2,0	216,8	206,5	12,2	0,8
10,0	4,0	0,5	776,1	773,5	4,4	0,6
10,0	4,0	1,0	408,0	403,7	5,1	0,6
10,0	4,0	2,0	220,5	214,0	7,1	0,7
10,0	6,0	0,5	777,7	776,5	2,9	0,5
10,0	6,0	1,0	409,8	407,1	3,2	0,5
10,0	6,0	2,0	223,1	219,0	4,2	0,5
10,0	10,0	0,5	779,6	779,4	1,6	0,3
10,0	10,0	1,0	411,6	410,3	1,7	0,3
10,0	10,0	2,0	225,3	223,0	2,1	0,3

Hinweis: Aus Symmetriegründen gilt hier: $C'_{33} = C'_{11}$ und $C'_{23} = C'_{12}$

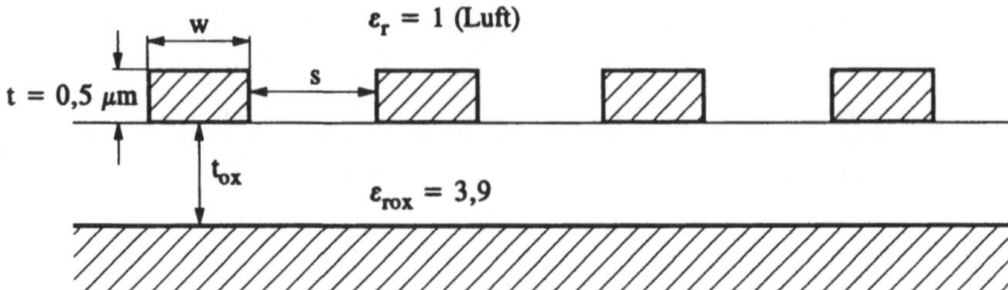

Bild 6. Vierfachleitung auf Halbleitersubstrat *ohne* Passivierung

Tabelle 6. Beläge für Vierfachleitung gemäß Bild 6

| w | s | t_{ox} | C'_{11} | C'_{22} | C'_{12} | C'_{13} | C'_{14} | C'_{23} |
μm	μm	μm	pF/m	pF/m	pF/m	pF/m	pF/m	pF/m
1,0	1,0	0,5	108,3	103,3	6,9	0,7	0,3	6,8
1,0	1,0	1,0	65,1	57,0	10,9	0,7	0,4	10,8
1,0	1,0	2,0	40,2	30,3	15,2	1,2	0,4	14,9
1,0	2,5	0,5	112,9	111,9	1,7	0,3	0,1	1,7
1,0	2,5	1,0	71,3	68,7	2,9	0,4	0,2	2,9
1,0	2,5	2,0	46,0	40,8	5,7	0,6	0,2	5,6
1,0	4,0	0,5	114,0	113,8	0,8	0,2	0,1	0,8
1,0	4,0	1,0	73,1	72,0	1,2	0,2	0,1	1,2
1,0	4,0	2,0	48,7	45,9	2,7	0,3	0,2	2,6
1,0	6,0	0,5	114,6	114,1	0,4	0,1	0,0	0,4
1,0	6,0	1,0	73,9	73,4	0,6	0,1	0,1	0,6
1,0	6,0	2,0	50,3	48,7	1,2	0,2	0,1	1,2
1,0	10,0	0,5	115,2	115,0	0,2	0,0	0,0	0,2
1,0	10,0	1,0	74,5	74,1	0,2	0,1	0,0	0,2
1,0	10,0	2,0	51,3	50,5	0,4	0,1	0,0	0,4
2,5	1,0	0,5	216,6	210,1	8,6	0,7	0,3	8,5
2,5	1,0	1,0	119,9	110,4	12,8	0,8	0,4	12,6
2,5	1,0	2,0	69,2	57,2	18,1	0,9	0,4	17,9
2,5	2,5	0,5	221,6	219,7	2,7	0,5	0,2	2,7

(Fortsetzung)

Tabelle 6. Beläge für Vierfachleitung gemäß Bild 6 *(Fortsetzung)*

w	s	t_{ox}	C'_{11}	C'_{22}	C'_{12}	C'_{13}	C'_{14}	C'_{23}
μm	μm	μm	pF/m	pF/m	pF/m	pF/m	pF/m	pF/m
2,5	2,5	1,0	126,5	122,9	3,9	0,5	0,2	3,9
2,5	2,5	2,0	75,2	68,7	7,2	0,6	0,3	7,1
2,5	4,0	0,5	223,1	222,3	1,4	0,3	0,1	1,4
2,5	4,0	1,0	128,6	126,8	1,9	0,3	0,1	1,9
2,5	4,0	2,0	78,3	74,5	3,6	0,5	0,2	3,6
2,5	6,0	0,5	224,0	223,8	0,8	0,2	0,1	0,8
2,5	6,0	1,0	129,7	128,7	1,0	0,2	0,1	1,0
2,5	6,0	2,0	80,2	78,0	1,8	0,3	0,1	1,8
2,5	10,0	0,5	224,8	224,7	0,3	0,1	0,0	0,3
2,5	10,0	1,0	130,6	130,3	0,4	0,1	0,0	0,4
2,5	10,0	2,0	81,5	80,4	0,7	0,1	0,1	0,7
4,0	1,0	0,5	324,8	317,4	9,8	0,8	0,3	9,7
4,0	1,0	1,0	174,3	163,8	14,0	0,8	0,4	13,9
4,0	1,0	2,0	96,9	84,0	19,3	0,9	0,4	19,1
4,0	2,5	0,5	330,2	327,6	3,4	0,5	0,2	3,4
4,0	2,5	1,0	181,1	176,8	4,7	0,6	0,3	4,7
4,0	2,5	2,0	103,0	95,8	8,0	0,7	0,3	8,0
4,0	4,0	0,5	331,8	330,6	1,9	0,4	0,2	1,9
4,0	4,0	1,0	183,3	181,0	2,5	0,4	0,2	2,4
4,0	4,0	2,0	106,2	101,9	4,2	0,5	0,2	4,2
4,0	6,0	0,5	332,8	332,4	1,1	0,2	0,1	1,1
4,0	6,0	1,0	184,6	183,3	1,4	0,3	0,1	1,4
4,0	6,0	2,0	108,3	105,7	2,2	0,4	0,1	2,2
4,0	10,0	0,5	333,9	333,6	0,5	0,1	0,0	0,5
4,0	10,0	1,0	185,7	185,2	0,6	0,1	0,1	0,6
4,0	10,0	2,0	109,8	108,5	0,9	0,2	0,1	0,9
6,0	1,0	0,5	469,9	461,4	11,1	0,8	0,3	11,0
6,0	1,0	1,0	247,1	235,4	15,3	0,8	0,3	15,3

(Fortsetzung)

Tabelle 6. Beläge für Vierfachleitung gemäß Bild 6 *(Fortsetzung)*

w	s	t_{ox}	C'_{11}	C'_{22}	C'_{12}	C'_{13}	C'_{14}	C'_{23}
μm	μm	μm	pF/m	pF/m	pF/m	pF/m	pF/m	pF/m
6,0	1,0	2,0	133,8	119,9	20,6	0,8	0,4	20,5
6,0	2,5	0,5	475,6	472,4	4,2	0,6	0,2	4,2
6,0	2,5	1,0	254,2	249,1	5,5	0,6	0,3	5,5
6,0	2,5	2,0	140,0	132,0	8,9	0,7	0,3	8,9
6,0	4,0	0,5	477,4	475,7	2,5	0,4	0,2	2,5
6,0	4,0	1,0	256,6	253,7	3,1	0,5	0,2	3,1
6,0	4,0	2,0	143,4	138,4	4,9	0,6	0,2	4,9
6,0	6,0	0,5	478,6	477,8	1,6	0,3	0,1	1,6
6,0	6,0	1,0	258,0	256,3	1,8	0,3	0,1	1,8
6,0	6,0	2,0	145,6	142,5	2,7	0,4	0,2	2,7
6,0	10,0	0,5	479,9	479,4	0,8	0,2	0,1	0,8
6,0	10,0	1,0	259,3	258,6	0,9	0,2	0,1	0,9
6,0	10,0	2,0	147,3	145,6	1,2	0,2	0,1	1,2
10,0	1,0	0,5	761,7	751,7	13,1	0,8	0,3	13,1
10,0	1,0	1,0	393,0	379,4	17,6	0,8	0,3	17,6
10,0	1,0	2,0	207,2	191,7	22,7	0,8	0,3	22,6
10,0	2,5	0,5	768,1	762,5	5,3	0,6	0,2	5,3
10,0	2,5	1,0	400,6	393,9	6,8	0,7	0,3	6,8
10,0	2,5	2,0	213,7	204,3	10,3	0,7	0,3	10,2
10,0	4,0	0,5	770,0	767,8	3,4	0,5	0,2	3,4
10,0	4,0	1,0	403,3	399,5	4,0	0,5	0,2	4,0
10,0	4,0	2,0	217,2	211,3	5,9	0,6	0,2	5,9
10,0	6,0	0,5	771,5	770,4	2,3	0,4	0,1	2,3
10,0	6,0	1,0	404,9	402,5	2,6	0,4	0,1	2,6
10,0	6,0	2,0	219,6	215,8	3,5	0,5	0,2	3,5
10,0	10,0	0,5	773,0	772,8	1,2	0,2	0,1	1,2
10,0	10,0	1,0	406,5	405,3	1,4	0,2	0,1	1,4
10,0	10,0	2,0	221,6	219,4	1,7	0,3	0,1	1,7

Hinweis: Aus Symmetriegründen gilt hier: $C'_{33} = C'_{22}$, $C'_{44} = C'_{11}$, $C'_{24} = C'_{13}$ und $C'_{34} = C'_{12}$

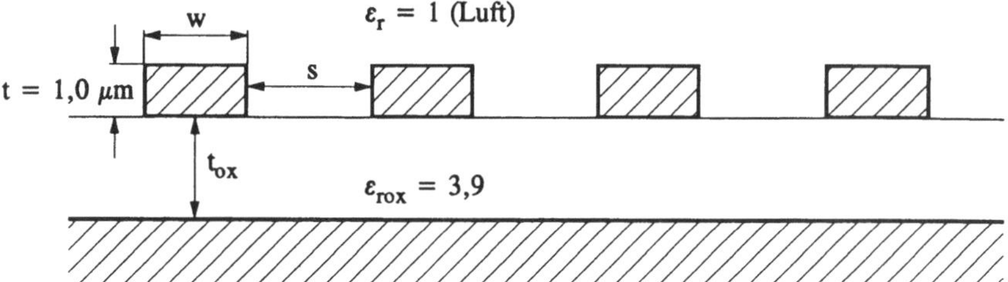

Bild 7. Vierfachleitung auf Halbleitersubstrat *ohne* Passivierung

Tabelle 7. Beläge für Vierfachleitung gemäß Bild 7

w	s	t_{ox}	C'_{11}	C'_{22}	C'_{12}	C'_{13}	C'_{14}	C'_{23}
μm	μm	μm	pF/m	pF/m	pF/m	pF/m	pF/m	pF/m
1,0	1,0	0,5	114,2	107,0	11,4	0,8	0,4	11,2
1,0	1,0	1,0	69,3	59,0	15,7	0,9	0,4	15,5
1,0	1,0	2,0	43,1	31,2	20,3	1,3	0,5	19,8
1,0	2,5	0,5	120,1	118,0	3,1	0,5	0,2	3,1
1,0	2,5	1,0	76,5	72,7	4,5	0,6	0,3	4,4
1,0	2,5	2,0	49,5	43,0	7,6	0,7	0,3	7,5
1,0	4,0	0,5	121,8	121,1	1,5	0,3	0,1	1,5
1,0	4,0	1,0	78,9	77,0	2,0	0,4	0,2	2,0
1,0	4,0	2,0	52,8	49,0	3,7	0,5	0,2	3,7
1,0	6,0	0,5	122,8	122,3	0,8	0,2	0,1	0,8
1,0	6,0	1,0	80,1	79,2	1,0	0,2	0,1	1,0
1,0	6,0	2,0	54,8	52,6	1,7	0,3	0,1	1,7
1,0	10,0	0,5	123,7	123,6	0,3	0,1	0,0	0,3
1,0	10,0	1,0	81,0	80,8	0,4	0,1	0,0	0,4
1,0	10,0	2,0	56,1	55,1	0,6	0,1	0,1	0,6
2,5	1,0	0,5	222,1	213,6	13,2	0,8	0,4	13,0
2,5	1,0	1,0	123,9	112,2	17,6	0,9	0,4	17,4
2,5	1,0	2,0	71,8	58,0	23,1	0,9	0,5	22,8
2,5	2,5	0,5	228,2	225,2	4,2	0,6	0,3	4,2

(Fortsetzung)

Tabelle 7. Beläge für Vierfachleitung gemäß Bild 7 *(Fortsetzung)*

w	s	t_{ox}	C'_{11}	C'_{22}	C'_{12}	C'_{13}	C'_{14}	C'_{23}
μm	μm	μm	pF/m	pF/m	pF/m	pF/m	pF/m	pF/m
2,5	2,5	1,0	131,2	126,5	5,6	0,7	0,3	5,6
2,5	2,5	2,0	78,4	70,6	9,1	0,7	0,3	9,0
2,5	4,0	0,5	230,2	228,8	2,2	0,4	0,2	2,2
2,5	4,0	1,0	133,8	131,3	2,8	0,5	0,2	2,8
2,5	4,0	2,0	81,9	77,2	4,7	0,6	0,2	4,6
2,5	6,0	0,5	231,4	231,0	1,2	0,3	0,1	1,2
2,5	6,0	1,0	135,3	133,9	1,5	0,3	0,1	1,5
2,5	6,0	2,0	84,1	81,4	2,4	0,4	0,2	2,3
2,5	10,0	0,5	232,6	232,4	0,6	0,1	0,0	0,6
2,5	10,0	1,0	136,5	136,0	0,7	0,1	0,1	0,7
2,5	10,0	2,0	85,8	84,4	0,9	0,2	0,1	0,9
4,0	1,0	0,5	330,2	320,8	14,3	0,8	0,4	14,2
4,0	1,0	1,0	178,2	165,6	18,8	0,9	0,4	18,6
4,0	1,0	2,0	99,5	84,8	24,3	0,9	0,4	24,0
4,0	2,5	0,5	336,4	332,8	5,0	0,7	0,3	5,0
4,0	2,5	1,0	185,6	180,1	6,4	0,7	0,3	6,4
4,0	2,5	2,0	106,1	97,6	10,0	0,8	0,3	9,9
4,0	4,0	0,5	338,5	336,7	2,8	0,5	0,2	2,8
4,0	4,0	1,0	188,3	185,2	3,4	0,5	0,2	3,4
4,0	4,0	2,0	109,6	104,4	5,3	0,6	0,3	5,3
4,0	6,0	0,5	339,9	339,1	1,7	0,3	0,1	1,6
4,0	6,0	1,0	190,0	188,1	1,9	0,4	0,1	1,9
4,0	6,0	2,0	112,0	108,8	2,8	0,4	0,2	2,8
4,0	10,0	0,5	341,3	341,1	0,8	0,2	0,1	0,8
4,0	10,0	1,0	191,4	190,6	0,9	0,2	0,1	0,9
4,0	10,0	2,0	113,9	112,2	1,2	0,2	0,1	1,2
6,0	1,0	0,5	475,1	464,7	15,6	0,8	0,4	15,5
6,0	1,0	1,0	250,8	237,2	20,1	0,8	0,4	20,0

(Fortsetzung)

Tabelle 7. Beläge für Vierfachleitung gemäß Bild 7 *(Fortsetzung)*

w	s	t_{ox}	C'_{11}	C'_{22}	C'_{12}	C'_{13}	C'_{14}	C'_{23}
μm	μm	μm	pF/m	pF/m	pF/m	pF/m	pF/m	pF/m
6,0	1,0	2,0	136,3	120,7	25,6	0,9	0,4	25,4
6,0	2,5	0,5	481,6	477,3	5,8	0,7	0,3	5,8
6,0	2,5	1,0	258,5	252,3	7,3	0,7	0,3	7,2
6,0	2,5	2,0	143,0	133,7	10,9	0,8	0,3	10,8
6,0	4,0	0,5	483,8	481,4	3,5	0,5	0,2	3,4
6,0	4,0	1,0	261,4	257,7	4,1	0,6	0,2	4,0
6,0	4,0	2,0	146,6	140,8	6,0	0,6	0,3	6,0
6,0	6,0	0,5	485,3	484,1	2,1	0,4	0,2	2,1
6,0	6,0	1,0	263,1	260,8	2,4	0,4	0,2	2,4
6,0	6,0	2,0	149,1	145,5	3,4	0,5	0,2	3,3
6,0	10,0	0,5	486,9	486,6	1,1	0,2	0,1	1,1
6,0	10,0	1,0	264,7	263,7	1,2	0,2	0,1	1,2
6,0	10,0	2,0	151,2	149,2	1,5	0,3	0,1	1,5
10,0	1,0	0,5	766,5	754,7	17,7	0,8	0,3	17,6
10,0	1,0	1,0	396,5	381,1	22,4	0,8	0,3	22,3
10,0	1,0	2,0	209,6	192,5	27,6	0,8	0,4	27,5
10,0	2,5	0,5	773,5	767,0	7,0	0,7	0,3	6,9
10,0	2,5	1,0	404,7	396,8	8,6	0,7	0,3	8,5
10,0	2,5	2,0	216,5	205,9	12,2	0,8	0,3	12,1
10,0	4,0	0,5	775,9	772,9	4,4	0,6	0,2	4,4
10,0	4,0	1,0	407,7	403,1	5,1	0,6	0,2	5,0
10,0	4,0	2,0	220,3	213,4	7,1	0,7	0,3	7,0
10,0	6,0	0,5	777,6	776,1	2,9	0,4	0,2	2,9
10,0	6,0	1,0	409,6	406,7	3,2	0,5	0,2	3,2
10,0	6,0	2,0	222,9	218,5	4,2	0,5	0,2	4,2
10,0	10,0	0,5	779,5	779,5	1,6	0,3	0,1	1,6
10,0	10,0	1,0	411,5	410,0	1,7	0,3	0,1	1,7
10,0	10,0	2,0	225,2	222,7	2,1	0,3	0,1	2,1

Hinweis: Aus Symmetriegründen gilt hier: $C'_{33} = C'_{22}$, $C'_{44} = C'_{11}$, $C'_{24} = C'_{13}$ und $C'_{34} = C'_{12}$

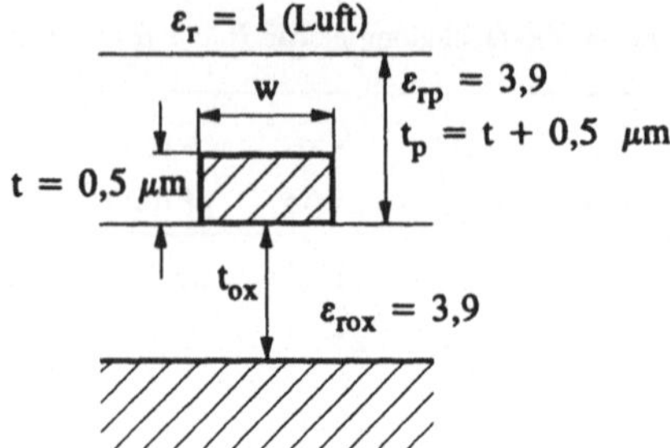

Bild 8. Einzelleitung auf Halbleitersubstrat *mit* Passivierung

Tabelle 8. Beläge für Einzelleitung gemäß Bild 8

w	t_{ox}	t	C'
μm	μm	μm	pF/m
1,0	0,5	0,5	157,0
1,0	1,0	0,5	105,8
1,0	2,0	0,5	74,4
2,5	0,5	0,5	266,2
2,5	1,0	0,5	161,7
2,5	2,0	0,5	104,0
4,0	0,5	0,5	375,1
4,0	1,0	0,5	217,1
4,0	2,0	0,5	132,5
6,0	0,5	0,5	520,6
6,0	1,0	0,5	290,9
6,0	2,0	0,5	170,2
10,0	0,5	0,5	813,7
10,0	1,0	0,5	439,7
10,0	2,0	0,5	246,2

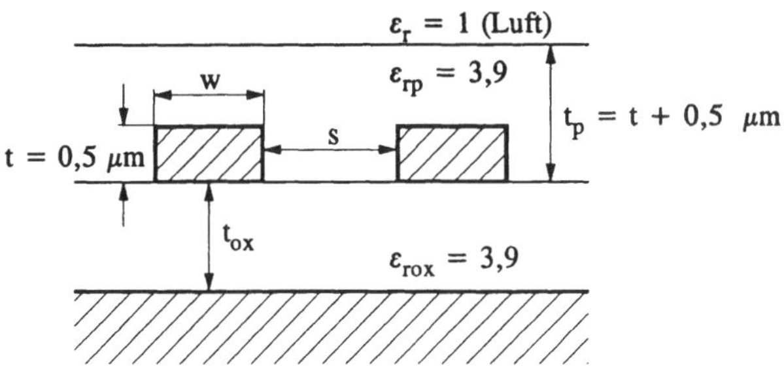

Bild 9. Doppelleitung auf Halbleitersubstrat *mit* Passivierung

Tabelle 9. Beläge für Doppelleitung gemäß Bild 9

w	s	t_{ox}	C'_{11}	C'_{12}	w	s	t_{ox}	C'_{11}	C'_{12}
μm	μm	μm	pF/m	pF/m	μm	μm	μm	pF/m	pF/m
1,0	1,0	0,5	137,1	27,2	2,5	2,5	0,5	258,8	7,8
1,0	1,0	1,0	84,4	33,2	2,5	2,5	1,0	151,0	11,5
1,0	1,0	2,0	53,8	38,9	2,5	2,5	2,0	90,2	16,9
1,0	2,5	0,5	150,9	6,5	2,5	4,0	0,5	263,2	2,9
1,0	2,5	1,0	96,4	10,1	2,5	4,0	1,0	156,4	4,9
1,0	2,5	2,0	62,1	15,2	2,5	4,0	2,0	95,6	8,6
1,0	4,0	0,5	154,8	2,2	2,5	6,0	0,5	264,9	1,2
1,0	4,0	1,0	101,4	4,0	2,5	6,0	1,0	159,2	2,0
1,0	4,0	2,0	67,1	7,5	2,5	6,0	2,0	99,4	4,1
1,0	6,0	0,5	156,3	0,8	2,5	10,0	0,5	266,0	0,4
1,0	6,0	1,0	103,8	1,5	2,5	10,0	1,0	160,6	0,6
1,0	6,0	2,0	70,6	3,3	2,5	10,0	2,0	102,1	1,3
1,0	10,0	0,5	157,1	0,2	4,0	1,0	0,5	351,7	31,6
1,0	10,0	1,0	105,0	0,4	4,0	1,0	1,0	192,6	37,6
1,0	10,0	2,0	72,9	0,9	4,0	1,0	2,0	109,0	43,8
2,5	1,0	0,5	244,3	29,7	4,0	2,5	0,5	366,8	8,7
2,5	1,0	1,0	138,6	35,7	4,0	2,5	1,0	205,4	12,6
2,5	1,0	2,0	81,6	42,0	4,0	2,5	2,0	117,8	18,0

(Fortsetzung)

Tabelle 9. Beläge für Doppelleitung gemäß Bild 9 *(Fortsetzung)*

w	s	t_{ox}	C'_{11}	C'_{12}	w	s	t_{ox}	C'_{11}	C'_{12}
μm	μm	μm	pF/m	pF/m	μm	μm	μm	pF/m	pF/m
4,0	4,0	0,5	371,5	3,6	6,0	6,0	2,0	164,5	5,2
4,0	4,0	1,0	211,1	5,6	6,0	10,0	0,5	520,0	0,9
4,0	4,0	2,0	123,4	9,4	6,0	10,0	1,0	289,2	1,2
4,0	6,0	0,5	373,5	1,6	6,0	10,0	2,0	167,7	1,9
4,0	6,0	1,0	214,0	2,4	10,0	1,0	0,5	784,8	39,1
4,0	6,0	2,0	127,4	4,6	10,0	1,0	1,0	410,0	45,3
4,0	10,0	0,5	374,7	0,6	10,0	1,0	2,0	218,6	51,0
4,0	10,0	1,0	215,7	0,9	10,0	2,5	0,5	802,8	11,7
4,0	10,0	2,0	130,3	1,5	10,0	2,5	1,0	424,9	15,9
6,0	1,0	0,5	495,4	34,0	10,0	2,5	2,0	228,6	21,7
6,0	1,0	1,0	264,7	40,0	10,0	4,0	0,5	808,5	5,4
6,0	1,0	2,0	145,4	46,0	10,0	4,0	1,0	431,6	7,7
6,0	2,5	0,5	511,3	9,8	10,0	4,0	2,0	234,8	11,9
6,0	2,5	1,0	278,0	13,8	10,0	6,0	0,5	811,1	2,8
6,0	2,5	2,0	154,5	19,3	10,0	6,0	1,0	435,2	3,9
6,0	4,0	0,5	516,4	4,3	10,0	6,0	2,0	239,5	6,3
6,0	4,0	1,0	284,1	6,4	10,0	10,0	0,5	812,8	1,4
6,0	4,0	2,0	160,3	10,3	10,0	10,0	1,0	437,5	1,7
6,0	6,0	0,5	518,6	2,1	10,0	10,0	2,0	243,1	2,5
6,0	6,0	1,0	287,3	3,0					

Hinweis: Aus Symmetriegründen gilt hier: $C'_{11} = C'_{22}$

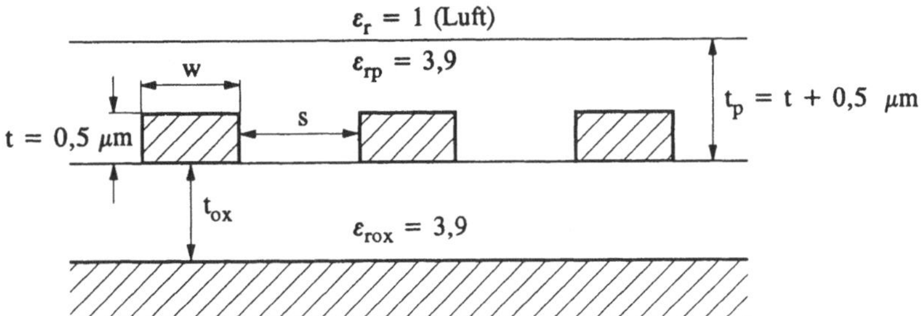

Bild 10. Dreifachleitung auf Halbleitersubstrat *mit* Passivierung

Tabelle 10. Beläge für Dreifachleitung gemäß Bild 10

| w | s | t_{ox} | C'_{11} | C'_{22} | C'_{12} | C'_{13} |
μm	μm	μm	pF/m	pF/m	pF/m	pF/m
1,0	1,0	0,5	135,9	117,2	26,8	1,1
1,0	1,0	1,0	83,8	63,6	32,7	1,3
1,0	1,0	2,0	53,3	34,2	38,2	1,9
1,0	2,5	0,5	150,0	144,3	6,4	0,5
1,0	2,5	1,0	96,0	87,0	10,0	0,7
1,0	2,5	2,0	61,9	50,1	15,0	1,0
1,0	4,0	0,5	154,2	152,1	2,2	0,3
1,0	4,0	1,0	101,3	97,0	4,0	0,4
1,0	4,0	2,0	67,2	60,1	7,5	0,6
1,0	6,0	0,5	155,8	155,1	0,8	0,1
1,0	6,0	1,0	103,8	101,8	1,5	0,2
1,0	6,0	2,0	70,9	67,0	3,3	0,3
1,0	10,0	0,5	156,8	156,5	0,2	0,0
1,0	10,0	1,0	105,2	104,3	0,4	0,1
1,0	10,0	2,0	73,4	71,6	0,9	0,1
2,5	1,0	0,5	243,6	222,8	29,3	0,9
2,5	1,0	1,0	138,5	116,3	35,3	1,0
2,5	1,0	2,0	81,9	60,4	41,6	1,2
2,5	2,5	0,5	258,2	251,3	7,7	0,6

(Fortsetzung)

Tabelle 10. Beläge für Dreifachleitung gemäß Bild 10 *(Fortsetzung)*

w	s	t_{ox}	C'_{11}	C'_{22}	C'_{12}	C'_{13}
μm	μm	μm	pF/m	pF/m	pF/m	pF/m
2,5	2,5	1,0	151,0	140,7	11,4	0,7
2,5	2,5	2,0	90,6	77,3	16,8	0,9
2,5	4,0	0,5	262,8	260,1	2,9	0,4
2,5	4,0	1,0	156,6	151,5	4,9	0,5
2,5	4,0	2,0	96,2	88,0	8,6	0,6
2,5	6,0	0,5	264,7	263,6	1,2	0,2
2,5	6,0	1,0	159,5	156,9	2,0	0,3
2,5	6,0	2,0	100,2	95,5	4,1	0,4
2,5	10,0	0,5	266,0	266,0	0,4	0,1
2,5	10,0	1,0	161,2	160,0	0,6	0,1
2,5	10,0	2,0	103,1	100,9	1,3	0,2
4,0	1,0	0,5	351,1	328,8	31,1	0,9
4,0	1,0	1,0	192,8	169,3	37,1	1,0
4,0	1,0	2,0	109,7	87,0	43,4	1,1
4,0	2,5	0,5	366,2	358,4	8,6	0,6
4,0	2,5	1,0	205,5	194,3	12,4	0,7
4,0	2,5	2,0	118,5	104,3	17,9	0,9
4,0	4,0	0,5	371,0	367,7	3,5	0,4
4,0	4,0	1,0	211,4	205,6	5,6	0,5
4,0	4,0	2,0	124,2	115,3	9,4	0,7
4,0	6,0	0,5	373,2	371,7	1,6	0,3
4,0	6,0	1,0	214,5	211,5	2,5	0,3
4,0	6,0	2,0	128,4	123,3	4,6	0,4
4,0	10,0	0,5	374,7	374,5	0,6	0,1
4,0	10,0	1,0	216,4	215,0	0,9	0,2
4,0	10,0	2,0	131,5	129,1	1,6	0,2
6,0	1,0	0,5	495,1	471,0	33,4	0,9
6,0	1,0	1,0	265,5	240,2	39,4	0,9

(Fortsetzung)

Tabelle 10. Beläge für Dreifachleitung gemäß Bild 10 *(Fortsetzung)*

| w | s | t_{ox} | C'_{11} | C'_{22} | C'_{12} | C'_{13} |
μm	μm	μm	pF/m	pF/m	pF/m	pF/m
6,0	1,0	2,0	146,8	122,7	45,7	1,0
6,0	2,5	0,5	510,9	502,1	9,7	0,7
6,0	2,5	1,0	278,7	266,4	13,6	0,7
6,0	2,5	2,0	155,8	140,5	19,2	0,8
6,0	4,0	0,5	516,1	512,1	4,2	0,5
6,0	4,0	1,0	284,9	278,3	6,3	0,6
6,0	4,0	2,0	161,7	152,0	10,3	0,7
6,0	6,0	0,5	518,5	516,6	2,1	0,3
6,0	6,0	1,0	288,2	284,7	3,0	0,4
6,0	6,0	2,0	166,1	160,4	5,2	0,5
6,0	10,0	0,5	520,2	519,8	0,9	0,2
6,0	10,0	1,0	290,4	288,7	1,2	0,2
6,0	10,0	2,0	169,5	166,8	1,9	0,3
10,0	1,0	0,5	784,0	756,7	37,8	0,8
10,0	1,0	1,0	411,0	382,7	43,8	0,9
10,0	1,0	2,0	220,7	194,1	49,8	0,9
10,0	2,5	0,5	801,4	790,0	11,5	0,7
10,0	2,5	1,0	425,3	410,6	15,6	0,7
10,0	2,5	2,0	230,3	212,8	21,3	0,8
10,0	4,0	0,5	807,1	802,3	5,3	0,5
10,0	4,0	1,0	432,0	424,3	7,6	0,6
10,0	4,0	2,0	236,6	225,5	11,8	0,7
10,0	6,0	0,5	809,9	807,5	2,8	0,4
10,0	6,0	1,0	435,7	431,4	3,8	0,5
10,0	6,0	2,0	241,3	234,6	6,2	0,5
10,0	10,0	0,5	812,0	811,4	1,4	0,2
10,0	10,0	1,0	438,2	436,1	1,7	0,3
10,0	10,0	2,0	245,0	241,7	2,5	0,3

Hinweis: Aus Symmetriegründen gilt hier: $C'_{33} = C'_{11}$ und $C'_{23} = C'_{12}$

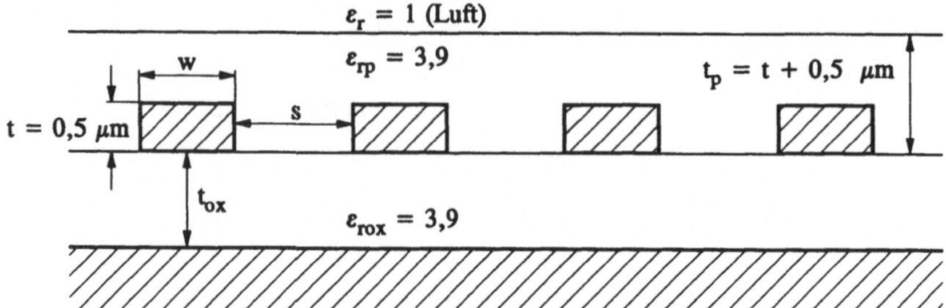

Bild 11. Vierfachleitung auf Halbleitersubstrat *mit* Passivierung

Tabelle 11. Beläge für Vierfachleitung gemäß Bild 11

| w | s | t_{ox} | C_{11}' | C_{22}' | C_{12}' | C_{13}' | C_{14}' | C_{23}' |
μm	μm	μm	pF/m	pF/m	pF/m	pF/m	pF/m	pF/m
1,0	1,0	0,5	135,6	116,4	26,8	1,0	0,4	26,6
1,0	1,0	1,0	83,4	62,8	32,7	1,1	0,5	32,4
1,0	1,0	2,0	52,9	33,3	38,2	1,6	0,6	37,5
1,0	2,5	0,5	149,8	143,8	6,4	0,5	0,2	6,4
1,0	2,5	1,0	95,8	86,4	10,0	0,6	0,3	10,0
1,0	2,5	2,0	61,6	49,4	15,0	0,9	0,4	14,8
1,0	4,0	0,5	154,0	151,9	2,2	0,3	0,1	2,2
1,0	4,0	1,0	101,1	96,6	4,0	0,4	0,2	4,0
1,0	4,0	2,0	67,0	59,6	7,5	0,6	0,2	7,4
1,0	6,0	0,5	155,7	155,0	0,8	0,1	0,1	0,8
1,0	6,0	1,0	103,8	101,6	1,5	0,2	0,1	1,5
1,0	6,0	2,0	70,7	66,6	3,3	0,3	0,1	3,3
1,0	10,0	0,5	156,8	156,4	0,2	0,0	0,0	0,2
1,0	10,0	1,0	105,2	104,2	0,4	0,1	0,0	0,4
1,0	10,0	2,0	73,4	71,5	0,9	0,1	0,1	0,9
2,5	1,0	0,5	243,3	222,0	29,3	0,9	0,4	29,2
2,5	1,0	1,0	138,2	115,6	35,3	0,9	0,4	35,1
2,5	1,0	2,0	81,6	59,7	41,6	1,1	0,5	41,2
2,5	2,5	0,5	258,0	250,7	7,7	0,6	0,2	7,7

(Fortsetzung)

Tabelle 11. Beläge für Vierfachleitung gemäß Bild 11 *(Fortsetzung)*

| w | s | t_{ox} | C'_{11} | C'_{22} | C'_{12} | C'_{13} | C'_{14} | C'_{23} |
μm	μm	μm	pF/m	pF/m	pF/m	pF/m	pF/m	pF/m
2,5	2,5	1,0	150,7	140,1	11,4	0,7	0,3	11,4
2,5	2,5	2,0	90,3	76,6	16,8	0,8	0,4	16,6
2,5	4,0	0,5	262,7	259,7	2,9	0,4	0,1	2,9
2,5	4,0	1,0	156,4	151,0	4,9	0,5	0,2	4,9
2,5	4,0	2,0	95,9	87,4	8,6	0,6	0,2	8,6
2,5	6,0	0,5	264,7	263,4	1,2	0,2	0,1	1,2
2,5	6,0	1,0	159,4	156,6	2,0	0,3	0,1	2,0
2,5	6,0	2,0	100,0	95,2	4,1	0,4	0,2	4,0
2,5	10,0	0,5	266,0	265,9	0,4	0,1	0,0	0,4
2,5	10,0	1,0	161,2	159,9	0,6	0,1	0,0	0,6
2,5	10,0	2,0	103,0	100,7	1,3	0,2	0,1	1,3
4,0	1,0	0,5	350,8	328,1	31,1	0,9	0,4	31,0
4,0	1,0	1,0	192,5	168,5	37,1	0,9	0,4	36,9
4,0	1,0	2,0	109,4	86,3	43,4	1,0	0,5	43,1
4,0	2,5	0,5	365,9	357,8	8,6	0,6	0,2	8,6
4,0	2,5	1,0	205,3	193,7	12,4	0,7	0,3	12,4
4,0	2,5	2,0	118,2	103,6	17,9	0,8	0,3	17,8
4,0	4,0	0,5	370,9	367,3	3,5	0,4	0,2	3,5
4,0	4,0	1,0	211,2	205,1	5,6	0,5	0,2	5,5
4,0	4,0	2,0	124,0	114,8	9,4	0,6	0,3	9,3
4,0	6,0	0,5	373,1	371,5	1,6	0,3	0,1	1,6
4,0	6,0	1,0	214,4	211,2	2,5	0,3	0,1	2,4
4,0	6,0	2,0	128,2	122,9	4,6	0,4	0,2	4,6
4,0	10,0	0,5	374,7	374,4	0,6	0,1	0,0	0,6
4,0	10,0	1,0	216,4	214,8	0,9	0,2	0,1	0,9
4,0	10,0	2,0	131,4	128,9	1,6	0,2	0,1	1,5
6,0	1,0	0,5	494,8	470,2	33,4	0,8	0,3	33,3
6,0	1,0	1,0	265,2	239,5	39,4	0,9	0,4	39,3

(Fortsetzung)

Tabelle 11. Beläge für Vierfachleitung gemäß Bild 11 *(Fortsetzung)*

w	s	t_{ox}	C'_{11}	C'_{22}	C'_{12}	C'_{13}	C'_{14}	C'_{23}
μm	μm	μm	pF/m	pF/m	pF/m	pF/m	pF/m	pF/m
6,0	1,0	2,0	146,5	122,0	45,7	0,9	0,4	45,4
6,0	2,5	0,5	510,6	501,5	9,7	0,7	0,3	9,7
6,0	2,5	1,0	278,5	265,7	13,6	0,7	0,3	13,6
6,0	2,5	2,0	155,5	139,8	19,2	0,8	0,3	19,1
6,0	4,0	0,5	515,9	511,7	4,2	0,5	0,2	4,2
6,0	4,0	1,0	284,7	277,8	6,3	0,6	0,2	6,3
6,0	4,0	2,0	161,5	151,4	10,3	0,7	0,3	10,2
6,0	6,0	0,5	518,3	516,3	2,1	0,3	0,1	2,1
6,0	6,0	1,0	288,1	284,3	3,0	0,4	0,2	3,0
6,0	6,0	2,0	165,9	160,0	5,2	0,5	0,2	5,2
6,0	10,0	0,5	520,1	519,6	0,9	0,2	0,1	0,9
6,0	10,0	1,0	290,3	288,5	1,2	0,2	0,1	1,2
6,0	10,0	2,0	169,4	166,5	1,9	0,3	0,1	1,9
10,0	1,0	0,5	783,7	755,9	37,8	0,8	0,3	37,7
10,0	1,0	1,0	410,7	381,9	43,8	0,8	0,3	43,7
10,0	1,0	2,0	220,4	193,4	49,8	0,8	0,4	49,7
10,0	2,5	0,5	801,2	789,3	11,4	0,7	0,3	11,5
10,0	2,5	1,0	425,1	409,9	15,6	0,7	0,3	15,6
10,0	2,5	2,0	230,0	212,1	21,3	0,8	0,3	21,3
10,0	4,0	0,5	806,9	801,8	5,3	0,5	0,2	5,3
10,0	4,0	1,0	431,8	423,7	7,6	0,6	0,2	7,6
10,0	4,0	2,0	236,3	224,9	11,8	0,7	0,3	11,7
10,0	6,0	0,5	809,7	807,1	2,8	0,4	0,1	2,8
10,0	6,0	1,0	435,6	430,9	3,8	0,5	0,2	3,8
10,0	6,0	2,0	241,1	234,1	6,2	0,5	0,2	6,2
10,0	10,0	0,5	811,9	811,1	1,4	0,2	0,1	1,4
10,0	10,0	1,0	438,2	435,8	1,7	0,3	0,1	1,7
10,0	10,0	2,0	244,9	241,4	2,5	0,3	0,1	2,5

Hinweis: Aus Symmetriegründen gilt hier: $C'_{33} = C'_{22}$, $C'_{44} = C'_{11}$, $C'_{24} = C'_{13}$ und $C'_{34} = C'_{12}$

Sachverzeichnis